唐龙谷 编著

半导体工艺和器件仿真软件 Silvaco TCAD 实用教程

清华大学出版社
北 京

内容简介

为了满足半导体工艺和器件及其相关领域人员对计算机仿真知识的需求，帮助其掌握当前先进的计算机仿真工具，特编写本书。本书以 Silvaco TCAD 2012 为背景，由浅入深、循序渐进地介绍了 Silvaco TCAD 器件仿真基本概念、Deckbuild 集成环境、Tonyplot 显示工具、ATHENA 工艺仿真、ALTAS 器件仿真、MixedMode 器件-电路混合仿真以及 C 注释器等高级工具。

本书内容丰富、层次分明、突出实用性，注重语法的学习，例句和配图非常丰富；所附光盘含有书中具有独立仿真功能的例句的完整程序、教学 PPT 和大量学习资料。读者借助本书的学习可以实现快速入门，且能深入理解 TCAD 的应用。

本书既可以作为高等学校微电子或电子科学与技术专业高年级本科生和研究生的教材，也可供相关专业的工程技术人员学习和参考。

图书在版编目(CIP)数据

半导体工艺和器件仿真软件 Silvaco TCAD 实用教程/唐龙谷编著. --北京：清华大学出版社，2014（2023.7重印）

ISBN 978-7-302-35431-4

Ⅰ. ①半… Ⅱ. ①唐… Ⅲ. ①半导体工艺—计算机仿真—教材 ②半导体器件—计算机仿真—教材 Ⅳ. ①TN305-39 ②TN303-39

中国版本图书馆 CIP 数据核字(2014)第 023072 号

责任编辑：邹开颜　赵从棉
封面设计：唐龙谷
责任校对：赵丽敏
责任印制：宋　林

出版发行：清华大学出版社
网　址：http://www.tup.com.cn，http://www.wqbook.com
地　址：北京清华大学学研大厦 A 座　　邮　编：100084
社 总 机：010-83470000　　邮　购：010-62786544
投稿与读者服务：010-62776969，c-service@tup.tsinghua.edu.cn
质量反馈：010-62772015，zhiliang@tup.tsinghua.edu.cn

印 装 者：北京国马印刷厂
经　销：全国新华书店
开　本：185mm×260mm（附光盘1张）　印　张：15.5　字　数：373 千字
版　次：2014 年 7 月第 1 版　印　次：2023 年 7 月第12次印刷
定　价：45.00元

产品编号：052097-03

序言

FOREWORD

治理环境污染是一个发展中国家所要面对的重要难题，大力节约能源、加快建设资源节约型、环境友好型社会是我国的基本国策，也是我国经济转型升级的主要目标之一。我国是一个资源相对匮乏的人口大国，人均石油、煤炭可采储量分别仅为世界平均水平的10%和57%，而每万元GDP的能耗是世界平均水平的3倍以上。要实现节能和绿色、环保，就离不开半导体技术的发展。

半导体技术的应用产生了大功率半导体器件和大规模集成电路，前者作为一个核心器件被广泛用于各种能量转换和传输装置中，在各种资源从其原始状态转化为可供人类实际应用的过程中起到助推器作用；后者更是被应用于人们的日常生活、工业自动化和国防安全等地球的各个角落。

半导体器件家族拥有众多成员，其中以硅基CMOS器件为基础的微电子技术主要用于信息的处理。微电子技术发展迅猛，摩尔定律提出的后数十年里集成电路的发展一直遵循着摩尔定律，而加工精度和物理"限制"的预言也一再被打破。微电子领域的技术突破除不断研发更为先进的加工手段，也越来越寻求在新材料和新的器件结构方面的革新。功率半导体器件是进行电能(功率)处理的半导体器件，是弱电控制与强电运行间的桥梁。每个电子产品均离不开功率半导体技术，功率半导体的目的是使电能更高效、更节能、更环保。目前IGBT是功率半导体器件的主流。半导体器件家族也包括其他光电器件、霍尔器件和热敏、压敏、微机电系统(MEMS)等器件。从材料的发展角度，第一代和第二代半导体材料的代表分别是硅和砷化镓，第三代半导体材料的代表是碳化硅和氮化镓。虽然硅器件在可预见的将来仍然是主流，但其他材料所具有的独特优势也将促使其不断发展。

随着技术的进步以至于趋近物理极限，半导体技术的发展越来越离不开先进的设计技术。半导体器件是非常精细、复杂的系统，涉及相当多的物理原理，精确预测器件特性需要求解多个相互耦合的半导体微分方程，物理量也非常多，对于二维或三维复杂结构求解就更加困难，最大的难度是很多半导体方程通常没有解析解，这就迫切需要借助先进的计算机仿真手段。Silvaco TCAD是目前商用最成功的半导体工艺和器件的仿真软件之一，可以实现半导体器件的工艺仿真、器件特性仿真和小规模器件与电路的混合仿真，精确预测工艺结果、器件在二维/三维下的直流、交流和时域响应，预测器件的电学、热学和光学结果。Silvaco TCAD也能仿真除硅之外的多种半导体材料，通过科学、系统的仿真实现优良的

设计。

半导体技术起源于国外，我国起步较晚，发展速度较慢，与国际先进水平仍存在较大差距，这体现在材料、工艺、制造装备、设计工具等诸多方面。随着国家实力的增强以及不容忽视的广大市场，我们能购买和使用世界最先进的半导体工艺和器件仿真软件，这是我们实现赶超的大好条件。很欣慰作者能够结合自身在半导体工艺和器件仿真领域钻研数年所取得的经验和成就，并乐于将他所积累的知识和经验系统地融入他的著作中，为我们编写了关于半导体工艺和器件仿真工具 Silvaco TCAD 的全面系统的学习教材，我热切希望能借此契机涌现越来越多的半导体器件设计英才，推动祖国的半导体事业更快更好的发展。

中国工程院院士

2014 年 1 月

前言

FOREWORD

现代电子工业飞速发展，极大地改善了人们的生产和生活。半导体器件的持续改进、完善以及不断涌现的新器件促使电子工业加速发展，但激烈的竞争也让半导体行业倍感压力。由于技术更新快，设备和原材料的投入相当巨大，现在建立一条生产线动辄要数亿美元。对高技术人才的需求也是前所未有的。

对于半导体行业来说，时间是成本的一大组成，如何更早地将产品推向市场，是决定生存和发展的关键。如何缩短开发周期，以更低成本将产品推向市场呢？人们急切需要一种快速而有效的设计工具。得益于固体物理和半导体物理这些基础理论的成熟、经验数据的积累以及优化算法的发展，在半导体领域逐步开发出计算机仿真的方法，基于 TCAD 软件的计算机辅助设计进入了人们的视野，且由于计算机功能的增强，建立工作站的成本持续降低，使得 TCAD 软件得以快速发展。

经过二十多年的发展，来自硅谷的 Silvaco 公司的产品在 TCAD、参数提取、互连建模、模拟、数字和射频电路设计等半导体仿真设计领域获得了广泛应用。其中 TCAD 可以仿真半导体器件的电学、光学和热学行为，分析二维或三维器件的直流、交流和时域响应以及光-电、电-光转换等特性，研究器件在电路中的行为，分析离子注入、扩散、氧化、刻蚀、淀积、光刻、外延、抛光和硅化物等工艺和工艺变动对器件特性的影响。Silvaco TCAD 功能非常全、易学易用，运算速度快，具有丰富的扩展功能，可有效应用于半导体器件的结构设计和工艺设计，并已成为半导体工艺和器件仿真领域的主要产品。

本书共 5 章。第 1 章主要介绍 TCAD 的基本概念、Silvaco TCAD 的特点、语法格式和集成环境 Deckbuild 的命令，为 Silvaco TCAD 学习和使用打下坚实基础。第 2 章主要介绍二维工艺仿真器 ATHENA 的使用，对各个单项工艺的仿真有详细的说明，最后介绍了优化工具的使用。第 3 章主要介绍二维器件仿真器 ATLAS 的使用，从器件结构生成、材料参数定义、物理模型定义、计算方法、特性获取到结果分析的仿真流程及常见的器件功能仿真都有详细讲解。第 4 章主要介绍器件-电路混合仿真的使用，以电路瞬态响应的仿真为重点，展开电路网表的描述、控制和电路分析状态、器件状态的详细讲解。第 5 章主要是一些高级功能的介绍，它们是用 C 注释器编辑的函数文件来描述材料参数、自定义材料、工艺校准、实验设计和优化功能。书中每个章节都提供了大量的示例来加强对仿真的理解和学习，全书示例总数超过 290 个。为了便于读者更直观地理解和掌握仿真技能，作者精心为本书配备了光盘，其中包括书中能实现完整仿真功能的示例、各章节的主要彩图、仿真软件的介绍

材料和用户手册、作者授课时制作的 PPT 等资料。

在 2009 年本书还只是在校学习交流的小册子，毕业后作者加入半导体器件研发企业，因此更能兼顾不同读者群的需求，也以此目的完善书中的内容和材料。几年来在老师、同学、领导和同事那里获得了非常多的帮助和启发，特别是株洲南车时代电气股份有限公司和电力电子器件湖南省重点实验室的领导和同事的支持和鼓励，使作者的认识水平不断加深，也促使书稿内容不断丰富和完善，作者非常感激他们，同时也真切地希望将所积累的经验和各位读者一起分享。基于此，本书的特点是由浅入深，循序渐进，关注语法的学习，注重引导和启发，讲解既包括整体方案和流程控制，又能深入到每一步细节。希望本书能带领各位读者进入 TCAD 仿真的殿堂，体验到半导体工艺和器件仿真的乐趣。

本书可以作为本科高年级和研究生的教材。科研工作者也可以此为参考工具，在器件和工艺的设计及验证上获得些许帮助。

感谢四川大学石瑞英教授和龚敏教授对作者的悉心教导，指引作者进入半导体工艺和器件仿真领域；感谢杨治美老师对全书做了认真仔细的校对以及提供部分习题；感谢株洲南车时代电气股份有限公司张明专家对书中内容编排和素材选取方面的指导。

谨以此书献给我辛勤劳作的父母，正是他们不言的教诲，使我一步步成长到今天。祝他们永远健康！快乐！幸福！

限于作者的水平，不足之处在所难免，敬请广大读者和用户批评指正。

编　者

2014 年 1 月

目录

CONTENTS

第 1 章　仿真基础 ······ 1

1.1　TCAD ······ 1

1.1.1　数值计算 ······ 1

1.1.2　基于物理的计算 ······ 2

1.2　Silvaco TCAD ······ 3

1.2.1　主要组件 ······ 4

1.2.2　目录结构 ······ 6

1.2.3　文件类型 ······ 7

1.3　Deckbuild ······ 8

1.3.1　Deckbuild Preferences ······ 9

1.3.2　语法格式 ······ 13

1.3.3　go ······ 14

1.3.4　set ······ 14

1.3.5　Tonyplot ······ 15

1.3.6　extract ······ 25

1.4　学习方法 ······ 32

思考题与习题 ······ 33

第 2 章　二维工艺仿真 ······ 34

2.1　ATHENA 概述 ······ 34

2.2　工艺仿真流程 ······ 39

2.2.1　定义网格 ······ 39

2.2.2　衬底初始化 ······ 43

2.2.3　工艺步骤 ······ 47

2.2.4　提取特性 ······ 47

2.2.5　结构操作 ······ 47

2.2.6　Tonyplot 显示 ······ 48

2.3　单项工艺 ······ 48

2.3.1 离子注入 …… 49
2.3.2 扩散 …… 56
2.3.3 淀积 …… 59
2.3.4 刻蚀 …… 64
2.3.5 外延 …… 70
2.3.6 抛光 …… 71
2.3.7 光刻 …… 74
2.3.8 硅化物 …… 87
2.3.9 电极 …… 88
2.3.10 帮助 …… 89
2.4 集成工艺 …… 92
2.5 优化 …… 95
2.5.1 优化设置 …… 95
2.5.2 待优化参数 …… 96
2.5.3 优化目标 …… 96
2.5.4 优化结果 …… 97
思考题与习题 …… 98

第3章 二维器件仿真 …… 99

3.1 ATLAS 概述 …… 99
3.2 器件仿真流程 …… 103
3.3 定义结构 …… 103
3.3.1 ATLAS 生成结构 …… 104
3.3.2 DevEdit 生成结构 …… 111
3.3.3 DevEdit 编辑已有结构 …… 117
3.4 材料参数及模型 …… 120
3.4.1 接触特性 …… 120
3.4.2 材料特性 …… 122
3.4.3 界面特性 …… 125
3.4.4 物理模型 …… 125
3.5 数值计算方法 …… 127
3.6 获取器件特性 …… 131
3.6.1 直流特性 …… 132
3.6.2 交流小信号特性 …… 137
3.6.3 瞬态特性 …… 138
3.6.4 高级特性 …… 140
3.7 圆柱对称结构 …… 159
3.8 器件仿真结果分析 …… 161
3.8.1 实时输出 …… 161
3.8.2 日志文件 …… 166

3.8.3 Deckbuild 提取 …… 167
3.8.4 Tonyplot 显示 …… 167
3.8.5 output 和 probe …… 167
思考题与习题 …… 176

第4章 器件-电路混合仿真 …… 177

4.1 MixedMode 概述 …… 177
4.2 电路仿真流程 …… 179
4.3 MixedMode 的语法 …… 179
4.3.1 网表状态 …… 179
4.3.2 控制和电路分析状态 …… 181
4.3.3 瞬态参数 …… 185
4.4 电路仿真示例 …… 188
4.4.1 FRD 正向恢复仿真 …… 188
4.4.2 FRD 反向恢复仿真 …… 191
4.4.3 PIN 二极管的光响应仿真 …… 194
4.5 电路仿真结果分析 …… 197
4.5.1 结果输出形式 …… 197
4.5.2 结果分析 …… 199
思考题与习题 …… 200

第5章 高级特性 …… 201

5.1 C 注释器 …… 201
5.2 自定义材料 …… 203
5.2.1 材料类型 …… 203
5.2.2 自定义材料 …… 204
5.3 工艺参数校准 …… 205
5.4 DBinternal …… 208
5.4.1 Template 文件 …… 208
5.4.2 Experiment 文件 …… 209
5.4.3 DBinternal 命令 …… 211
5.5 VWF …… 212
5.5.1 DOE …… 213
5.5.2 优化 …… 221
5.6 三维仿真 …… 224
5.6.1 ATLAS3D …… 224
5.6.2 Tonyplot3D …… 227
5.6.3 VictoryCell …… 229
思考题与习题 …… 235

参考文献 …… 236

第 1 章

仿 真 基 础

Silvaco 产品涵盖半导体仿真相当广泛的领域，主要的产品有 TCAD、Analog/AMS/RF、Custom IC CAD、Interconnect Modeling 和 Digital CAD。Silvaco TCAD 可以仿真半导体工艺和器件特性，其主要的集成环境为 Deckbuild，工艺仿真器、器件仿真器以及可视化工具等模块均可在 Deckbuild 界面灵活地调用。Silvaco TCAD 有 Linux 版本，也有 Windows 版本。在 Linux 版本下有更多的图形用户界面(GUI)，方便用户选择参数，然后自动转化成相应的语句，而 Windows 版本则需要书写语句。对于这两种方式每个人都会有自己的喜好，但一般倾向于图形化界面，作者在开始接触 Silvaco TCAD 的时候也是如此。但图形化界面也有不足的地方，容易使人产生依赖，即用惯了图形化界面来选择参数就不会特别在意语法的学习，而且图形界面并没有包含所有参数。如果使用写语句的方式来组织仿真，则更有利于全面、透彻地理解和掌握，所以作者建议初学者学习 Silvaco TCAD 时应首先从语法学习着手，因此本书以 Windows 版本下的 Silvaco TCAD 为主，但有时为便于说明也会采用一些 Linux 版本中的图形界面。

本章主要介绍 Silvaco TCAD 的基本框架，集成环境 Deckbuild，Deckbuild 的命令"extract"、"go"、"set"和"Tonyplot"以及 Silvaco 文档的分布和学习方法。

1.1 TCAD

TCAD 是 Technology Computer Aided Design 的缩写，指半导体工艺仿真以及器件仿真工具。商用的 TCAD 工具有 Silvaco 公司的 ATHENA 和 ATLAS，Synopsys 公司的 TSuprem 和 Medici 以及 ISE 公司（已经被 Synopsys 公司收购）的 Dios 和 Dessis。Synopsys 公司最新发布的 TCAD 工具命名为 Sentaurus。在光电器件仿真领域不得不提到的另外一个 TCAD 软件是 Crosslight。

1.1.1 数值计算

计算机仿真必须基于数值计算。Silvaco TCAD 中的数值计算是基于一系列的物理模型及其方程的，这些方程以已经成熟的固体物理和半导体物理理论或者是一些经验公式为基础。Silvaco TCAD 提供灵活的方式来设置方程的量，它们可以设置为定值，如 $\mu_n =$

1200cm^2/(V·S)；也可以用自定义函数来描述，这需要C注释器编写相应的函数表达式文件；如果有相应物理模型来描述参数的话，则参数是由另一些模型方程计算得到的(如模型conmob为迁移率随掺杂浓度变化的模型)。3.5节数值计算方法中将提到解耦合方程以及相应的迭代和初始猜测策略。实际的物理系统非常复杂，连续系统的信息量也巨大到无法估量，必须将其离散化，那么自然的半导体仿真应用上就基于网格计算。

网格计算是将半导体仿真区域划分成网格，在网格点处计算出希望得到的特性(如电学性质、光学性质、工艺步骤的速率等)。网格划分对仿真至关重要，精细的网格能得到较精确的结果，但将增加计算时间。网格点是计算中很重要的资源，要合理地利用。

Silvaco TCAD有多种方式可以灵活地控制网格：

(1) 由网格线以及网格线之间的间距来描述仿真区域的网格。

(2) 通过网格释放来使后续步骤中不是很紧要的区域的网格点变少，网格释放之后也可以再重新建立合适的精细的网格。

(3) 用三角形参数来控制网格的长宽比。如果将矩形网格的对角线相连，则可以形成两个三角形，控制三角形的角度就可控制网格的长宽比。

(4) 在适当的区域增删网格线。

数值计算必须综合考虑精确性、计算速度和收敛性。精确性与网格密度、计算时的步长疏密、算法和物理模型的选择等有关。计算速度由网格密度、计算步长的疏密以及算法等决定。收敛性与计算步长的疏密、初始值以及算法有关。仿真计算时参数设置上需要在精确性、计算速度和收敛性之间取得折中。网格划分与计算的精确性、计算速度和收敛性直接相关，在仿真计算时需要尤其注意，而初学者往往忽略这最重要的一点。Silvaco中的网格点总数①是有限制的，在仿真时要合理利用这一资源。

1.1.2 基于物理的计算

仿真的精确性与选择的物理模型相关。基于物理的计算是指在仿真计算时采用的方程是有物理意义的，在不同的应用场合使用不同的物理模型。通常Silvaco的仿真思路和采用的模型是基于成熟的成果，这些成果通常发表在IEEE上。Silvaco采用这些成果并打造成Silvaco library。

器件仿真时主要用到的物理模型和方程如下：

(1) 基本半导体方程：泊松方程，载流子连续性方程，传输方程(漂移-扩散传输模型和能量平衡传输模型)，位移电流方程，……

(2) 载流子统计的基本理论：费米-狄拉克统计理论，玻耳兹曼统计理论，状态有效密度理论，能带理论，禁带变窄理论，……

(3) 不完全电离(低温仿真或重掺杂)，缺陷或陷阱造成的空间电荷理论，……

(4) 边界物理：欧姆接触，肖特基接触，浮接触，电流边界，绝缘体接触，上拉元件接触，分布电阻接触，能量平衡边界，……

(5) 物理模型：迁移率模型，载流子生成-复合模型，碰撞电离模型，带-带隧穿模型，栅电流模型，器件级的可靠性模型，铁电体介电常数模型，外延应力模型，压力影响硅带隙模

---

① 二维ATLAS仿真中网格点上限是10万个，三维仿真的网格点上限是4000万个。

型，应力硅电场迁移率模型，纤锌矿材料极化模型，……

(6) 光电子模型：生成-复合模型，增益模型，光学指数模型，……

(7) 磁场下载流子传输模型，……

(8) 各向异性介电常数模型，……

(9) 单粒子翻转模型，……

器件仿真的通用框架是泊松方程和连续性方程。其中 Jn、Jp、Gn、Gp、Rn、Rp、迁移率、载流子浓度、禁带变窄、少子寿命和光生成速率等参数都有专门的模型来定义。不同的模型表达式会有差别。将基本方程中的量去耦[①]，然后用相应的模型求出这些量，再代入方程进行计算。

电流密度方程和电荷传输模型通常采用玻耳兹曼近似。这些由不同的传输模型，如漂移-扩散模型、能量平衡传输模型和水力学模型等决定。电荷传输模型主要受所选的生成-复合模型的影响。电荷传输模型和生成-复合模型使用一些和载流子统计相关的概念。

ATLAS 手册中物理部分对物理模型有详细的描述。

1.2 Silvaco TCAD

Silvaco 名称是由三部分组成的，即“Sil”、“va”和“co”，从字面意思上不难理解到是“硅”、“谷”和“公司”英文单词的前几个字母的组合。Silvaco 的中文名称为矽谷科技公司。

来自美国的矽谷科技公司(Silvaco 公司)经过 20 多年的成长与发展，现已成为众多领域卓有建树的 EDA 公司，具有包括 TCAD 工艺和器件模拟、SPICE 参数提取、高速精确电路仿真、全定制 IC 设计与验证等功能。

Silvaco 拥有包括芯片厂、晶圆厂、IC 设计企业、IC 材料业者、ASIC 业者、大学和研究中心等在内的庞大的客户群。如今，Silvaco 已在全球设立多家分公司以提供更好的客户服务和合作机会。

Silvaco 是现今市场上唯一能够提供给 Foundry(芯片代工厂)最完整的解决方案和 IC 软件的厂商。提供 TCAD、Modeling 以及 EDA 前端和后端的支持，也能提供完整的 Analog Design Flow 给 IC 设计业者。产品 SmartSpice 是当今公认的模拟软件的黄金标准，因为支持多集成 CPU 的 SmartSpice 的仿真速度比起同类型软件更好，它是国外模拟设计师的最爱；SmartSpice 的收敛性也被公认为仿真器中最好的。Silvaco 还有其他整套流程包括版图工具以及验证工具。许多世界知名 Foundry 包括台积电、联电、Jazz 和 X-FAB 都与 Silvaco 有 PDK 的合作。

Silvaco 公司在 2006 年正式进入中国市场，希望凭借在国外超过 20 年的经验提供给国内 Foundry 最佳的解决方案。Silvaco 公司是现今市场上唯一能够提供整套包括建模、TCAD、模拟软件以及 PDK 方案的 EDA 公司。

从图 1.1 中也可看出 Silvaco 的产品覆盖了半导体产业相当广泛的领域。这也是本书将标题定为半导体仿真软件的原因。

---

① 在器件仿真部分介绍计算方法时将提到变量去耦合。

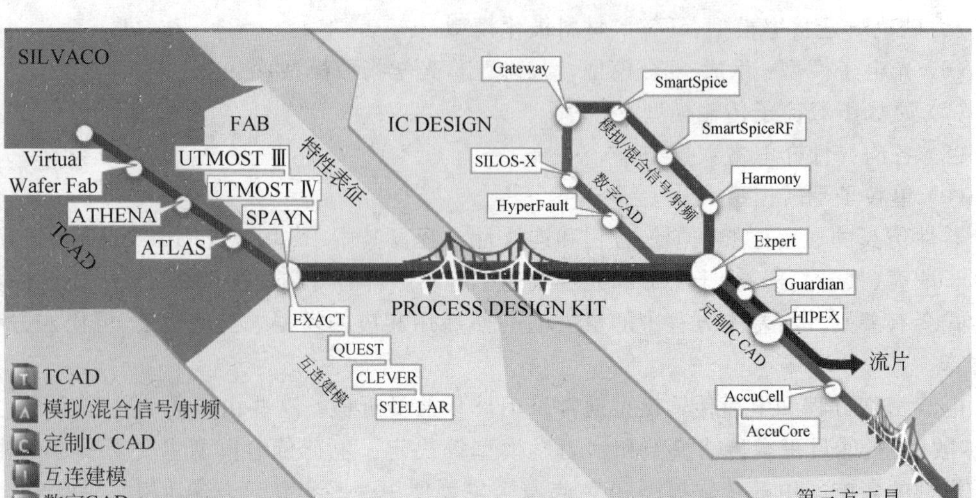

图 1.1 Silvaco 产品分布图

1.2.1 主要组件

Silvaco TCAD 的功能有一维、二维和三维工艺仿真，二维和三维器件仿真。主要的仿真功能及相应模块如下：

- 工艺仿真

  3D——Victory Process，Victory Cell

  2D——ATHENA，SSuprem4，MC Implant，Elite，MC Deposit/Etch，Optolith

  1D——ATHENA 1D，SSuprem3

- 器件仿真

  3D——Victory Device，Device 3D，Giga3D，Luminous3D，Quantum3D，TFT3D，Magnetic3D，Thermal3D，MixedMode3D

  2D——ATLAS，S-pisces，Blaze，MC Device，Giga，MixedMode，Quantum，Ferro，Magnetic，TFT，LED，Luminous，Laser，VCSEL，Organic Display，Organic Solar，Noise，Mercury

- 交互式工具

  Deckbuild，Maskviews，DevEdit，Tonyplot，Tonyplot3D

- Virtual Wafer Fab

Silvaco TCAD 的主要组件包括交互式工具 Deckbuild、Tonyplot，二维工艺仿真器 ATHENA、二维器件仿真器 ATLAS、器件编辑器 DevEdit 和三维仿真器 Victory，此外还有一些内部的模块。

1. Deckbuild

各 TCAD 仿真组件均可在集成环境 Deckbuild 的界面灵活调用，例如先由 ATHENA 或 DevEdit 生成器件结构，再由 ATLAS 对器件特性或器件-电路混合特性进行仿真，最后由 Tonyplot 或 Tonyplot3D 显示输出。

Deckbuild 的特性功能如下：

- 输入和编辑仿真文件；
- 查看仿真输出并对其进行控制；
- 提供仿真器间的自动转换；
- 提供工艺优化以快速而准确地获得仿真参数；
- 内建的提取功能对仿真得到的特性进行提取；
- 内建的显示提供对结构的图像输出；
- 可从器件仿真的结果中提取对应 SPICE 模型的参数。

Silvaco 仿真流程如图 1.2 所示，由工艺仿真器或器件编辑器得到器件结构，然后通过器件仿真器求解相应的特性，结果由可视化工具 Tonyplot 显示出来或显示在实时输出窗口。命令文件的输入和各仿真器的调用都是在集成环境 Deckbuild 中完成的。

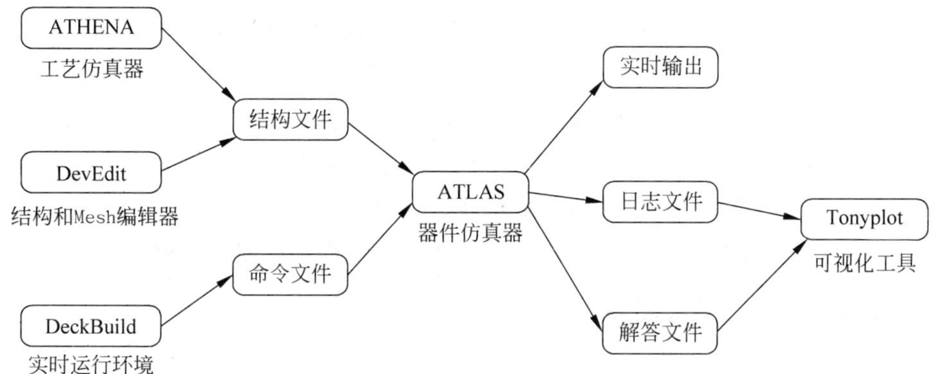

图 1.2 Silvaco 仿真流程图

2. Tonyplot 可视化工具

Tonyplot 用于对结构的显示，结构包括一维、二维结构，三维结构的显示需要使用 Tonyplot3D。Tonyplot 可显示的类型非常丰富，包括几何结构和物理量的分布等，也可以显示器件仿真所得到的曲线。

Tonyplot 可以将显示结果导出图片，也可将结构中的物理量的分布导出成数据文件，这样就能清楚地获取仿真的结果数据，以便采用其他绘图软件进行处理。Tonyplot 还提供动画制作等功能，支持将各步工艺的图像结果制作成动画以观察工艺的动态效果。

1.3.5 节将详细介绍 Tonyplot，Tonyplot3D 将在 5.6.2 节进行介绍。

3. ATHENA

工艺仿真器 ATHENA 能帮助工艺开发和优化半导体制造工艺。ATHENA 提供一个易于使用、模块化的、可扩展的平台。ATHENA 能对所有关键制造步骤(离子注入、扩散、刻蚀、淀积、光刻以及氧化等)进行快速精确的模拟。仿真能得到包括 CMOS、Bipolar、SiGe、SOI、Ⅲ-Ⅴ、光电子以及功率器件等器件的结构，并精确预测器件结构中的几何参数、掺杂分布和应力等。优化设计参数使速度、产量、击穿、泄漏电流和可靠性达到最佳结合。

它通过模拟取代了耗费成本的硅片实验，可缩短开发周期和提高成品率。

ATHENA 工艺仿真软件的主要模块有：SSuprem、二维硅工艺仿真器、蒙特卡洛注入仿真器、硅化物仿真模块、精英淀积和刻蚀仿真器、蒙特卡洛淀积和刻蚀仿真器、先进的闪存材料工艺仿真器和光电印刷仿真器。相应的工艺步骤仿真将在第 2 章详细介绍。

4. ATLAS

ATLAS 器件仿真器可以模拟半导体器件的电学、光学和热学行为。ATLAS 提供一个基于物理的、使用简便的、模块化的、可扩展的平台，用以分析所有二维和三维模式下半导体器件的直流、交流和时域响应。

ATLAS 可以仿真硅化物、Ⅲ-Ⅴ、Ⅱ-Ⅵ、Ⅳ-Ⅳ或聚合/有机物等各种材料。可以仿真的器件类型很多，如 CMOS、双极、高压功率、VCSEL、TFT、光电子、激光、LED、CCD、传感器、熔丝、铁电材料、NVM、SOI、HEMT、Fin 和 HBT 等器件。

ATLAS 器件仿真器的主要模块有 S-Pisces(二维硅器件模拟器)、Device3D(三维硅器件模拟器)、Blaze2D/3D(高级材料的二维/三维器件模拟器)、TFT2D/3D(无定型和多晶体二维/三维模拟器)、VCSELS 模拟器、Laser(半导体激光二极管模拟器)、Luminous2D/3D(光电子器件模块)、Ferro(铁电场相关的介电常数模拟器)、Quantum(二维/三维量子效应模拟模块)、Giga2D/3D(二维/三维非等温器件模拟模块)、NOISE(半导体噪声模拟模块)、ATLAS C 注释器模块和 MixedMode(二维/三维组合器件和电路仿真模块)等。

5. 器件编辑器 DevEdit2D/3D

器件编辑器 DevEdit2D/3D 可以编辑器件结构。器件编辑器有很多优点，如器件编辑器中的“区域”是由一系列特定位置的“点”构成的，因此器件结构的轮廓可以很灵活地控制。器件编辑器还可以在工艺仿真得到的结构基础上进行编辑，如重新划分网格；将 ATHENA 生成的二维剖面往 Z 方向扩展，得到三维结构。另外，器件编辑器在定义复杂电极(如通孔)时较 ATHENA 和 ATLAS 方便。器件编辑器的使用将在器件特性仿真的结构定义部分讲解。

6. 掩膜输出编辑器

Maskviews Layout Editor 可以编辑掩膜结构，以便光刻等后续工艺中采用。Maskviews 有图形化界面。掩膜结构也可以用 layout 命令生成。三维工艺仿真是由掩膜驱动的，即工艺之前先定义采用的掩膜中的某一层，然后再开始工艺步骤。

掩膜编辑器将在 2.3.7 节进行介绍，在 5.6.3 节部分也有说明。

1.2.2 目录结构

在仿真之前需要先熟悉 Silvaco 的架构。此前介绍的只是 TCAD 的一些概念以及 Silvaco 各仿真模块的特性，接下来介绍软件使用的信息，如文件分布、文件类型等。

以 Windows 下的版本为例，目录结构的样式如下：

```
X:\ sedatools
  |— Doc(程序安装以及 sflm① 说明文档)
  |— exe(可执行程序的快捷方式)
  |— Shortcuts(程序控制及主要仿真环境的快捷方式)
  |— lib(组件库)
    |— athena(二维工艺仿真器)
      |— 5.20.0.R(版本号)
        |— common(包含模型文件、模板、材料参数等)
        |— docs(用户手册及组件更新的说明文档)
        |— notes(各版本的新特性说明文档)
        — x86-nt(应用程序和环境)
    |— atlas(二维器件仿真器)
    |— Deckbuild
    |— Tonyplot
    |— tonyplot3d
    |— ssuprem3
    |— devedit
    |— Maskviews
    |— rpc.sflmserverd
    …
  |— examples(示例库)
    |— athenald(工艺仿真的子示例库)
    |— athena_adaptmesh
    |— athena_diffusion
    |— athena_implant
    |— bjt
    |— diode
    |— mos1
    |— optoelectronics
    |— power
    …
```

1.2.3 文件类型

仿真时需要熟悉 Silvaco 的文件系统，Silvaco TCAD 的主要文件类型有：

(1) 输入文件(*.in)：Deckbuild 集成环境的仿真输入文件；

(2) 结构文件(*.str)：工艺仿真或器件编辑器得到的器件结构；

(3) 器件仿真结果文件(*.log)：器件仿真时存储仿真曲线数据；

(4) 设置文件(*.set)：Tonyplot 的显示设置；

---

① standard floating license manager，license 管理器。

(5) 掩膜结构文件(*.lay):光刻的掩膜信息;

(6) 提取的结果文件(*.dat):提取得到的数据;

(7) 函数文件(*.lib):C 注释器编写的函数文件;

(8) 其他文件类型:*.sepc,*.opt,…调用的其他数据文件。

1.3 Deckbuild

Deckbuild 是一个交互式、图形化的实时运行环境,在工艺和器件仿真中作为仿真平台。Deckbuild 有仿真输入和编辑的窗口,也有仿真输出和控制的窗口。Deckbuild 有很强的灵活的工具,也提供很多自动的特性,如仿真器的切换、内建的提取(extract)等。

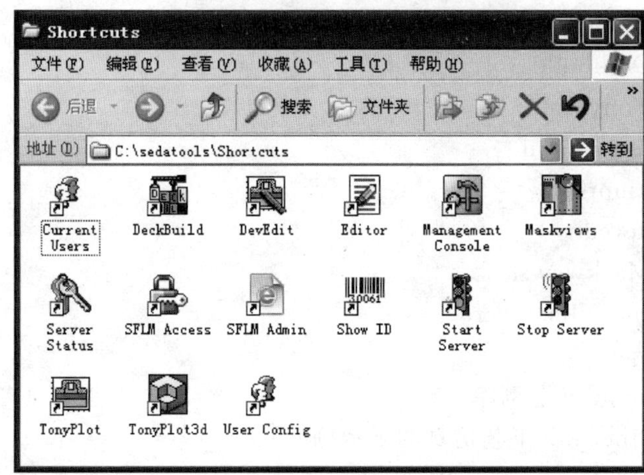

图 1.3 快捷方式文件夹

启动 Deckbuild 可以在桌面上单击 S. EDA Tools 图标来打开程序的快捷方式文件夹(路径 C:\sedatools\Shortcuts,见图 1.3),然后直接双击 Deckbuild 图标,也可以执行"开始"→"所有程序"→S. EDA Tools→Deckbuild 命令来打开。

Linux 版本下 Silvaco TCAD 的可执行程序在 bin 目录下,形如/opt/silvaco/bin。程序启动的方式需视操作系统而定,与环境变量(如路径)的定义也有关。

启动之后即出现如图 1.4 所示的 Deckbuild 的界面,Deckbuild 上部窗口为命令编辑区,下部窗口为仿真状态的实时输出区域。

Deckbuild 界面中顶部是主菜单、编辑控制和进度控制。主要有 File、Commands、Execution 等菜单。Commands 子菜单提供简单的提取语句、显示当前结构和工艺优化的功能。编辑控制包含新建、打开、保存、剪切、复制、粘贴和撤销等常用编辑操作。

进度控制的快捷键及其意义如下:

Run(Ctrl+R):从上至下执行到"断点"(即"Stop at line"的"line")时结束;

Stop(Shift+F5):运行完当前行暂停;

Next(F10):运行完下一行暂停;

Continue(F5):在之前暂停运行的行开始往下运行;

Initialize：从历史文件初始化仿真；

Kill(Ctrl+K)：强制结束；

Line(Ctrl+L)：重置当前行为选择的行；

Stop at line(Ctrl+B)：设置当前行为断点。

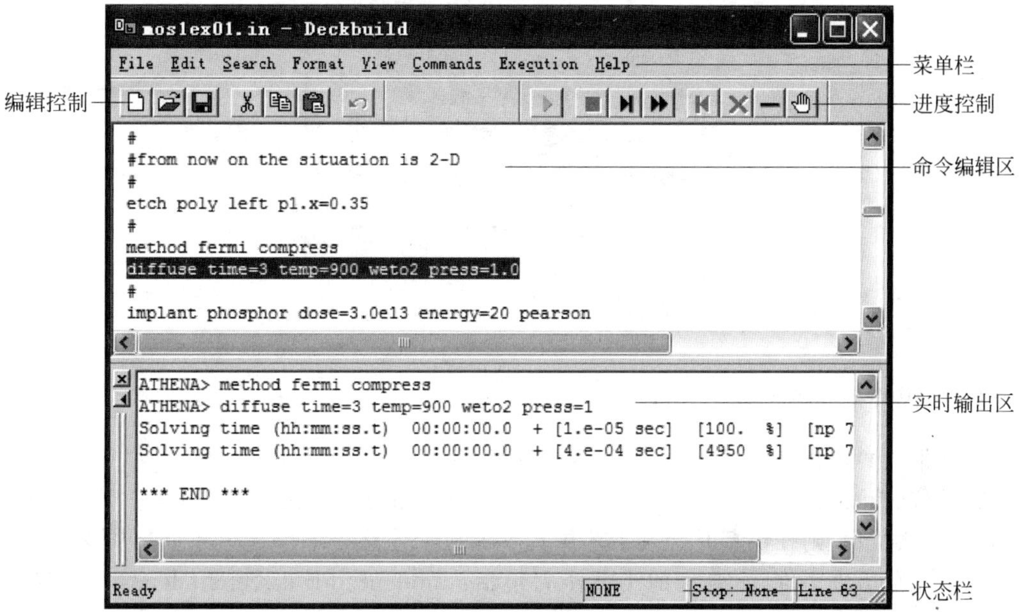

图 1.4 Deckbuild 界面

仿真的进度控制也可以由顶部的 Execution 菜单来实现，例如可以用 Execution→Clear 来撤销“断点”。

Edit 菜单中的 Set Simulator Version 选项可选择仿真器的默认版本，在 Deckbuild 中调用仿真器时可以指定版本，对于器件仿真还可以设定使用的 CPU 核的数目。

Deckbuild 窗口的底部是状态栏，样式及意义如下：

其中，Ready 为仿真的状态；ATHENA 为当前使用的仿真器；“Stop：None”表示当前未设置断点；Line 21 表示光标所在的行号。

1.3.1 Deckbuild Preferences

选择 Edit→Preferences 命令将打开 Deckbuild 配置框。Deckbuild Preferences 设置 Deckbuild 的特性，了解这些设置可以更好地对仿真进行控制。

1. Deckbuild 的工作路径

Silvaco TCAD 在运行中生成的临时文件和仿真结果都保存在工作路径中。仿真语句中若调用了外部文件，如 C 注释器编辑的函数文件（*.lib）和显示设置文件（*.set）等，也将在工作路径下寻找相应文件，如果没有就会提示出错。

Deckbuild默认的工作路径为C:\sedatools\Work，如果安装完成后并没有这样一个文件夹，则需要手动指定一个路径。工作路径可在Deckbuild Preferences配置框中的Working Directory选项卡中进行查看或更改。如图1.5所示为工作路径的设置框。

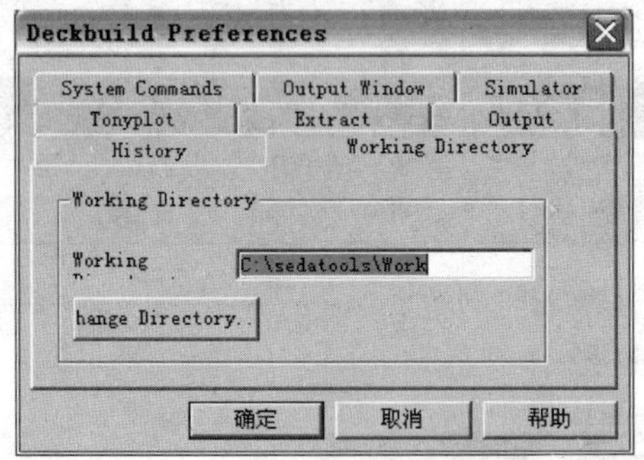

图1.5　Deckbuild Preferences—Working Directory

2. History Settings

History Settings功能允许回退到输入文件的某一行，直接从这一行开始往下执行仿真，这为调试仿真语句带来了便利。在History Settings选项卡中选中Make History复选框，如图1.6所示，则在仿真时会按工艺仿真步骤在工作路径下保存一系列历史文件(器件仿真不会保存历史文件)。典型的工艺步骤包括：implant、diffuse、etch、deposit，而其他的状态如注释、显示(Tonyplot)、空行等将会忽略掉而没有历史文件保存。工艺仿真的历史文件的命名样式为"hist_*.str"，其中"*"号为仿真步骤所在的行数(Deckbuild状态栏底部显示的Line)。例如第10行有一个工艺步骤，则执行这一行的工艺之后就会保存历史文件"hist_10.str"。

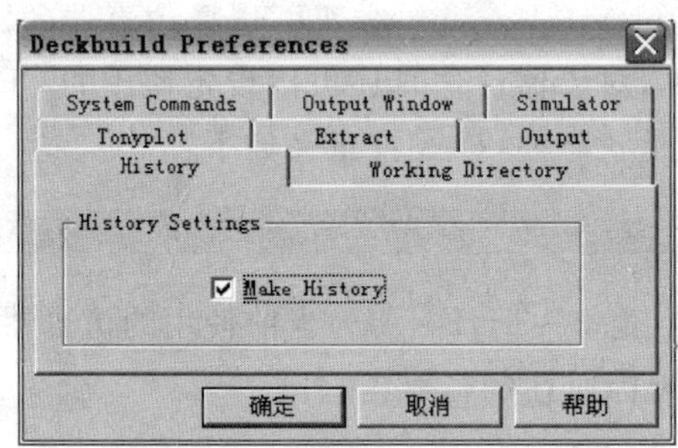

图1.6　Deckbuild Preferences—Make History

使用历史文件应遵循以下步骤：

(1) 将光标停在某一行，单击Execution菜单中的Line按钮选中此行。

(2) 单击Execution菜单中的Next按钮，导入工艺仿真模型文件，提示仿真即将开始。

(3) 单击Execution菜单中的Init按钮，导入之前在运行此行时保存的历史文件。

(4) 单击Execution菜单中的Continue按钮，依次往下执行仿真。重新运行后各后续工艺生成的历史文件也将被更新。

历史文件会占用工作区的存储空间，有时需要将其清理掉。Deckbuild有很灵活的方式清理历史文件，即在退出 Deckbuild 时将弹出一个询问是否删除历史文件的提示框，单击"是"按钮并退出 Deckbuild 就可以将历史文件全部清理掉了。不保存历史文件也会使仿真速率有所提高。实际使用中应根据需要来设置是否 Make History。

3. Output Window Settings

如图 1.7 所示，在 Output Window Settings 选项卡中选中 Clear output window before running 复选框，则仿真开始时就会清除掉之前在实时输出窗口显示的内容。

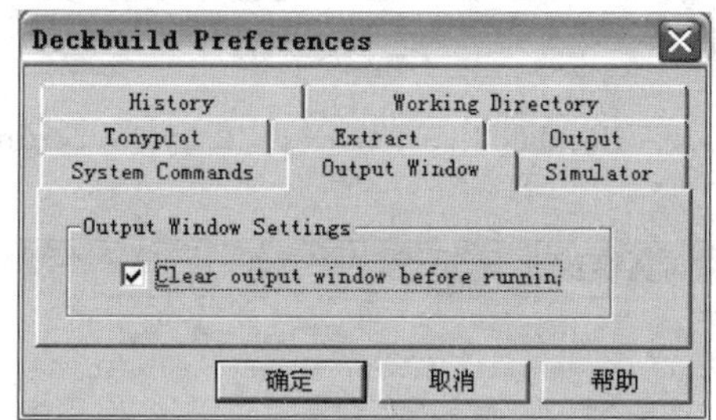

图 1.7　Deckbuild Preferences—Output Window Settings

4. Simulator Preferences

如图 1.8 所示，Simulator preferences 可以选择默认的仿真器，默认值是"None"。这些仿真器有 Athena、Atlas、Clever、DevEdit、Mercury 和 SSuprem3 等。

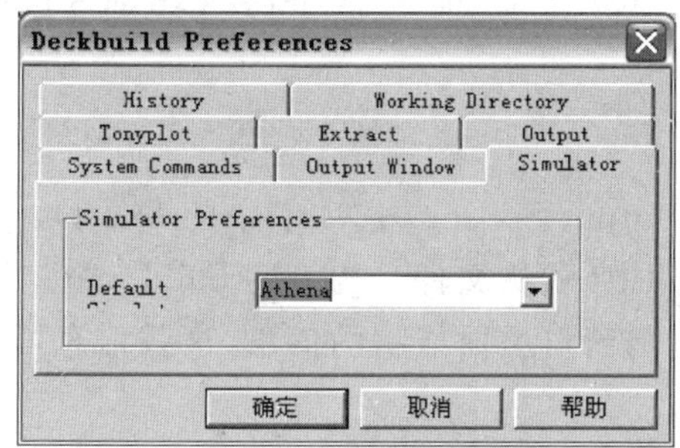

图 1.8　Deckbuild Preferences—Simulator Preferences

5. Tonyplot Settings

Tonyplot Settings 设置 Deckbuild 是否可调用 Tonyplot 可视化工具，如图 1.9 所示。

6. Extract Settings

Extract Settings 选项卡中有是否保存提取的日志的选项，日志文件的文件名默认为 results. final，如图 1.10 所示。results. final 文件中的信息在实时输出窗口里也有，用文件存储起来可方便用户查看。后续仿真中提取的信息会追加到 results. final 文件里，而不会将其替换掉。

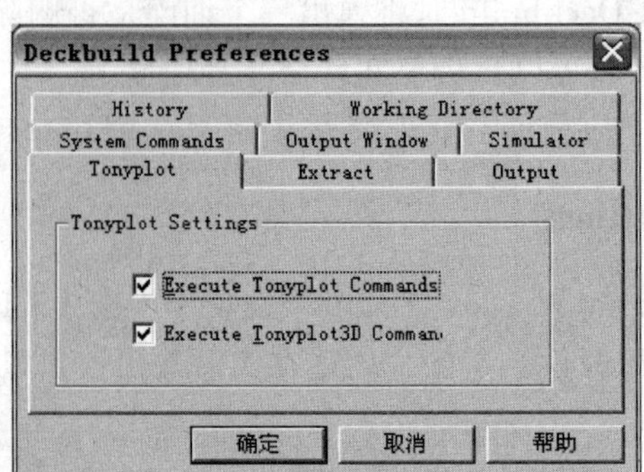

图 1.9 Deckbuild Preferences—Tonyplot Settings

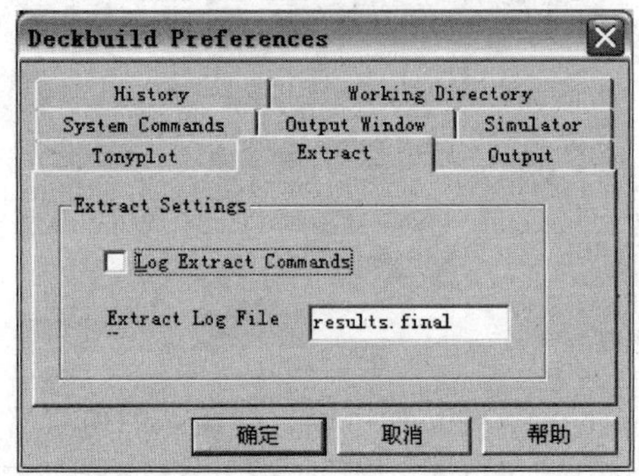

图 1.10 Deckbuild Preferences—Extract Settings

7. Output Settings

如图 1.11 所示，选中 Output Settings 选项卡中的 File Output 复选框，则实时输出窗口显示的内容将保存在文件中，默认文件名为 deckbuild. out。如果对仿真熟悉到一定程度，一定要学会观察实时输出窗口里面显示的信息，这些信息可以帮助用户更好地控制仿真，指导对参数的调节。

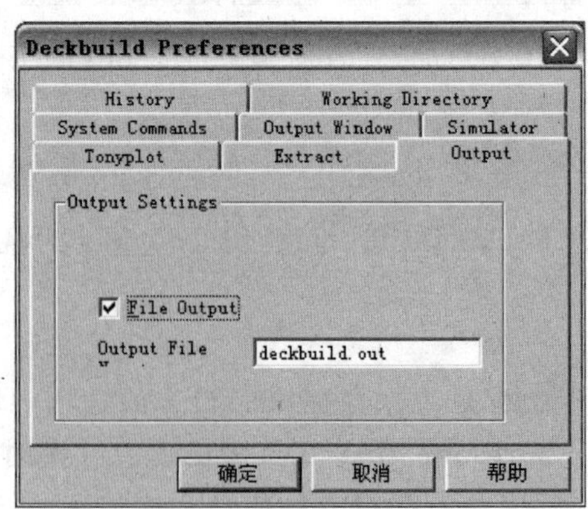

图 1.11 Deckbuild Preferences—Output Settings

Deckbuild 具有很多方便的特性：

(1) 内建的显示工具显示当前结构；

(2) 对仿真器进行全面的控制；

(3) 允许备份或调用历史记录；

(4) 显示当前执行的行以及在输出窗口显示实时的仿真状态；

(5) 仿真器 SSuprem3、DevEdit、ATHENA 和 ATLAS 等可在 Deckbuild 中直接调用。

Deckbuild 内建的提取命令可以对工艺和器件的仿真结果进行提取，提取以“函数计算器”的形式对得到的数据进行处理。Extract 内建的一维器件仿真器 QUICKMOS 和 QUICKBIP 可以方便快捷地对 MOS 和 Bipolar 器件的电学特性进行测试。Extract 的结果以数据(*.dat)的形式保存，便于对数据进行后续处理。

1.3.2 语法格式

Deckbuild 的语法由“command”[①]和“parameter”两部分组成。一条语句只有一个命令，而参数可以有多个。

Deckbuild 语法通用格式如下：

```
COMMAND PARAMETER1 = <n> PARAMETER2 = <c> [PARAMETER3 | PARAMETER4]
```

其中 n 代表数值，如 30；c 代表字符串，如 silicon。中括号内的参数为可选参数，“|”号表示两边的参数选其一，command 一般为单个单词。Silvaco 中字符串参数的命名规则很简单，如果参数只有一个属性，则用一个单词就可以表示，如“硅”用单词 silicon、“材料”用单词 material 表示；如果参数具有两个或多个属性，则参数的名称将由两个或多个单词的缩写拼接而成，单词之间由点连接，一般是左边的参数限定或说明右边的参数。例如“温度值”(temp.val)，“偏置步长”(bias.step)，“材料序号”(mat.occno，occno 是 number of occurrence 的缩写)，“某二维区域内的最大浓度”(2d. max. conc)等。对于特定的命令，如果仿真语句中没有给出参数值则会采用默认值。通过查询手册可以知道默认数值及默认单位。

语法书写有以下规则：

(1) 命令可以简写，以不与其他简写相冲突为原则，如 deposit 可以用 depo 代替。

(2) 不区分大小写。

(3) 命令和参数之间、参数和参数之间以空格分开。

(4) 如果语句一行写不完，在该行的末尾加反斜杠“\”(注意“\”前需留有空格)，则下一行和该行将被视为同一个命令。

(5) “#”号后面是注释，仿真时不运行注释后面的内容。如果命令行中有“#”，则将提示存在未知的参数使程序发生错误而停止。

(6) 空行不运行。

Deckbuild 命令有 go、set、Tonyplot 和 extract，以下将对这 4 个命令进行讲解，以便在

---

① 器件仿真时的 statement 作用同 command。

后续的工艺仿真和器件仿真中集中关注相应的仿真语法。

1.3.3 go

仿真之前需要启动相应仿真器。go 的作用是启用或切换仿真器，仿真器可以是 ATHENA、ATLAS、SSuprem3 和 DevEdit 等，go 语法为[①]：

```
GO <SIMULATOR> | SIMFLAGS = < >
```

其中 simulator 为仿真器名称，simflags 指出仿真参数或程序版本。

例 1-1 启动器件仿真器 ATLAS。

```
go atlas
```

例 1-2 启动器件仿真器 ATLAS，版本号 5.18.3。

```
go atlas simflags = " - V 5.18.3.R"
```

例 1-3 启动器件仿真器 ATLAS，版本号 5.18.3，使用 4 个 CPU 核进行运算。

```
go atlas simflags = " - V 5.18.3.R - p 4"
```

例 1-4 启动三维器件编辑器。

```
go devedit " - 3d"
```

在运行完启动仿真器的语句后，实时输出窗口内会显示当前仿真器的版本及可用的模块。如启动 ATHENA 工艺仿真器后，输出窗口将显示以下信息：

```
==========================================================
ATHENA                          : Enabled
SSUPREM4                        : Enabled
Monte Carlo Implant             : Enabled
ELITE                           : Enabled
Monte Carlo Deposit/Etch        : Enabled
OPTOLITH                        : Enabled
==========================================================
Loading model file 'C:\sedatools\lib\Athena\5.20.0.R\ common\ athenamod'...done.
```

上面的信息显示了具有授权许可的仿真模块，以及仿真采用的模型文件 athenamod。

1.3.4 set

命令 set 可以设置 Deckbuild 的全局变量，也可设置 Tonyplot 的显示方式。显示方式保存在 *.set 文件中，Tonyplot 将按照 *.set 文件的描述来显示结果。

语法如下：

---

① 本书的排版样式说明：文字外加黑边框表示这些内容是语法；可在 DeckBuild 中输入的命令语句除表示省略的点外，其他都可以用英文输入法在 DeckBuild 输入，为了配合说明，有的语句进行了加粗。书中语法格式部分采用大写，逐个参数的解释部分采用小写。

```
SET <VARIABLE> = [ <VALUE> | <EXPR>] [NOMINAL]
```

variable 为任意变量，在后续语句中使用该变量则需写为"$<variable>"，即在前加一美元符号。

例 1-5 用全局变量来设置工艺参数。

```
set temp = 1000
set gaspress = 1
diffuse time = 30 temp = $temp press = $gaspress
```

此例中变量为 temp 和 gaspress 值分别为 1000 和 1。这样在后续仿真语句中声明"$temp"和"$gaspress"时，设置的值将自动赋予这些变量。

这种全局变量设置的方法可以给仿真参数的设置带来很大的方便，尤其是应用在变参数仿真中，可使仿真参数更易维护和修改。在 5.5.1 节介绍 DOE(实验设计)时将知道必须指定变量才能实现参数的扫描。

value 可以是数字，也可是由某些变量经运算后得到的结果。

例 1-6 设置变量为经某种运算后的结果。

```
extract name = "oxide thickness" thickness oxide
set etch_thickness = ( $"oxide thickness" * 10000) + 0.05
etch oxide dry thickness = $etch_thickness
```

上面的例句中，第一句提取氧化层厚度，将其名称设为 oxide thickness。第二句设置变量"etch_thickness"值为之前提取得到的氧化层厚度经一个运算(乘以 10000 再加上 0.05)得到的结果。第三句干法刻蚀二氧化硅，刻蚀的厚度就是之前运算的值，即"etch_thickness"。如果语句读起来暂时觉得困难，可在熟悉了提取和工艺仿真后再回到此处体会。

在淀积工艺中定义网格密度的时候常采用这种方式，如将纵向网格数(division)设置成厚度除以网格间距的商。

例 1-7 按照设置文件"show.set"来进行显示。

```
tonyplot structure.str - set show.set
```

在 Tonyplot 界面的 File 下拉菜单中选择 Save Set Files...命令可将当前的显示方式保存在相应的 set 文件中。set 文件需要存放在工作路径下，这样程序才能查找到。用设置文件来定义显示的方式可以提供很大的方便，可避免每次查看仿真结果的时候都进行相同的操作。

1.3.5 Tonyplot

Tonyplot 是可视化工具，可将仿真时生成的临时文件(结构)、工艺仿真中保存的结构文件、器件编辑器生成的结构文件、器件仿真保存的 log 文件和提取得到的 dat 文件显示出来。Tonyplot 也是交互式工具，其内建的计算器可以对数据进行计算。

Tonyplot 界面如图 1.12 所示，没有打开数据文件的时候将显示 Tonyplot 的版本信

息。顶部主要有File、Edit、Plot和Tools等菜单。Tonyplot可以相当方便地对仿真结果进行显示，各种应用功能也非常丰富，如测量、截取一维数据和制作动画等。Tonyplot也可以将显示的结果导出，例如将log文件导出成cvs格式文件，用Cutline工具在二维结构中导出含一维数据分布的dat文件。

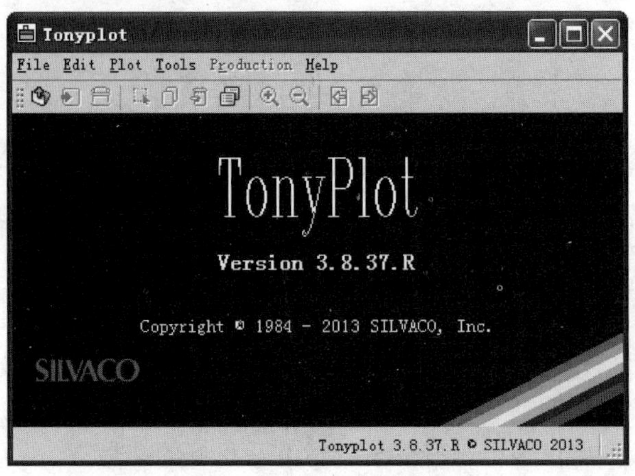

图 1.12 Tonyplot界面

图1.13是Tonyplot显示的一个MOS结构，显示的信息有浓度分布、结的边界、区域边界、电极的名称、各区域的材料和横向、纵向的尺寸等。由于用颜色来表示物理量Net Doping，所以由颜色来区分材料的信息实际上被覆盖了。

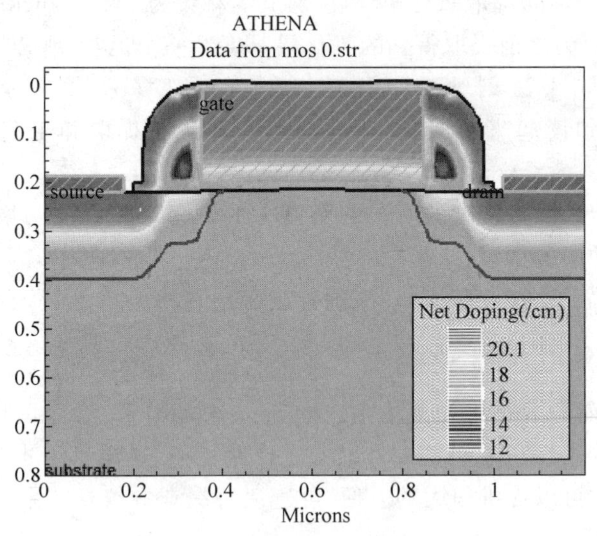

图 1.13 Tonyplot显示结构文件

图1.14为Tonyplot显示的由器件仿真得到的MOS输出特性曲线，曲线有三条，分别对应栅电压为1.1V、2.2V和3.3V时漏极电流随漏-源电压的变化。

下面分别对Tonyplot的各个菜单的功能进行讲解。

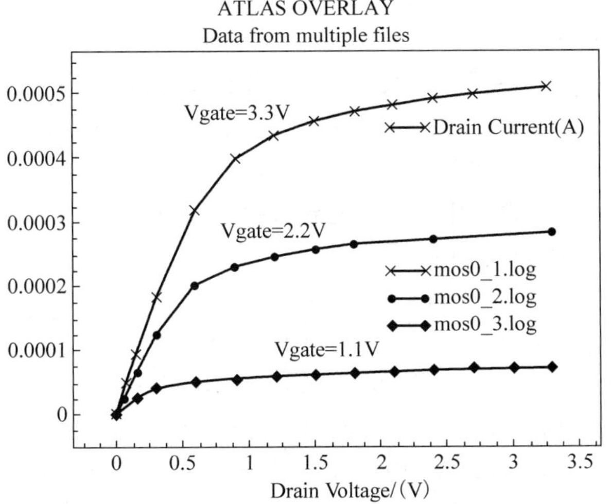

图 1.14 Tonyplot 显示器件仿真的数据文件

1. File 下拉菜单

File 下拉菜单中可执行的主要操作有：

Open——打开需要显示的文件。

Open/Save Set Files——导入或保存显示设置文件。

Save As——文件另存为其他格式。

Export——导出数据文件。

Save Series——将 Tonyplot 中显示的多个文件保存为系列图片文件。当所有子图都被选中时，按照顺序分别保存为 output1.jpg、output2.jpg、output3.jpg，……

Command Stream——编写命令语句(Tonyplot Command Stream，TPCS)来定义显示方式，相当于直接书写 set 文件(注意和自动保存为 set 文件的方式相区别)，单击后将出现 TPCS 的编辑框。打开某个 set 文件则可以更清楚地知道 TPCS 的书写规则。

Tonyplot 可以打开的文件类型有结构文件(＊.str)、日志文件(＊.log)、RSM 文件(＊.rsm)、统计文件(＊.sta)、用户数据文件(＊.dat)和压缩文件(＊.gz)等。

Tonyplot 有三种方式打开要显示的文件：Add Plot、Overlay Plot 和 Replace Plot，默认的是 Add Plot。器件仿真所得到的特性通常需要用到 Overlay Plot，例如图 1.14 中的输出特性就是将几条曲线重叠显示的。

2. Edit 下拉菜单

Edit 菜单的主要操作如下：

Select All——选择 Tonyplot 显示的所有子图。

Swap Two Plots——如果 Tonyplot 显示了两个结果且都被选中(执行 Select All)，则将这两个结果的显示顺序更换。

Redraw All Plots——更新显示结果。

Make Overlay——在后面新开子图，并将 Tonyplot 显示的几个子图重叠显示于其中。

Split Overlay——将 Make Overlay 所重叠的图释放出来并在其后新开若干子图，子图的顺序按照重叠的先后次序。

Plot Difference——新开一个子图，显示两个相似结果的差别。两个结果相似主要体现在网格一致和有相同的物理量。例如多次离子注入并不会改变网格，但杂质分布会有变化，这时就可以用 Plot Difference 来显示每一次注入的变化。

Duplicate Selected——将选中的子图复制，在最后面新开子图并以初始方式显示。

Delete Selected——删除选中的子图。

Materials——查看材料的默认颜色。

Functions——提供函数计算功能，对显示的量进行计算(见图 1.15)。函数有两种类型，一种是 Graph Functions，对用 XY 坐标表示的电学量进行计算。例如计算三极管的电流放大倍数 β 时，可定义 Graph Func 2 为“(Collector Current)/(Base Current)”，这时在 Tonyplot：Contours[①] 的“Quantity”中选择“Function 2”，则将显示出 β 值。另一种是 Impurity Functions，即对杂质进行计算。如定义 Impurity Func 1 为“(Donor Conc) - (Acceptor Conc)”。

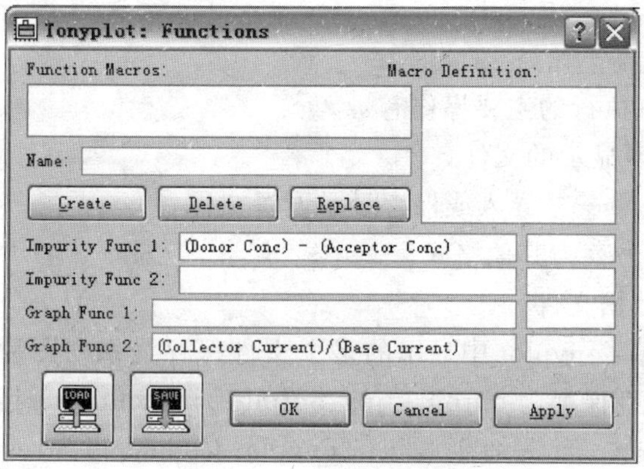

图 1.15　Tonyplot：Functions

Tonyplot 只有 Function 1 和 Function 2 两个函数计算器。典型的函数功能如 $a+b$，$a-b$，a/b，$a*b$，a^b，$-a$，abs(a)，log(a)，log10(a)，exp(a)，sqrt(a)，sin(a)，cos(a)，tan(a)，asin(a)，acos(a)，atan(a)，sinh(a)，cosh(a)，mag(a,b)，hypot(a,b)，max(a,b)，min(a,b)和 dydx(a,b)等。由于较容易读懂，此处对具体函数表达式不做详细说明。

Preferences——设置 Tonyplot 的显示特性(见图 1.16)。如应用选项中的工具条、快捷方式和窗口设置；文档选项中的画图选项、工具选项、结构颜色、序列颜色、序列标记等。文档选项中经常用到的是序列颜色和序列标记，例如重叠显示由器件仿真得到的多条曲线时，采用显眼的易区分的颜色、加粗线条和增大标记的尺寸等将更有利于查看结果。

Preferences 中 Key Options 选项可以定义 Tonyplot 窗口中标记的位置，这些标记有 Contours、Regions、Graphs、Lines、Vectors 和 Levels 等，相应的位置及效果如图 1.17 所示。Coutours 最多可以显示三个，如图 1.18 所示，Coutours 1 用二维云图显示电场强度分布，

① Tonyplot：Contours 将在 Tonyplot Display(2D Mesh)中介绍。

Coutours 2 则用等位线显示出电势分布。

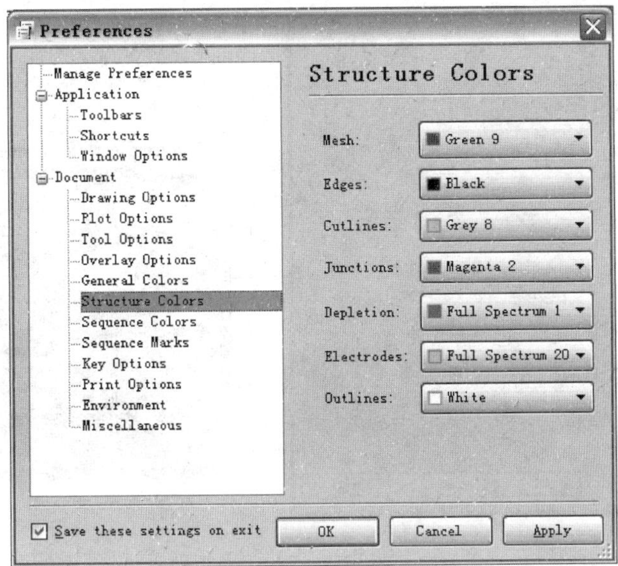

图 1.16 Tonyplot preferences

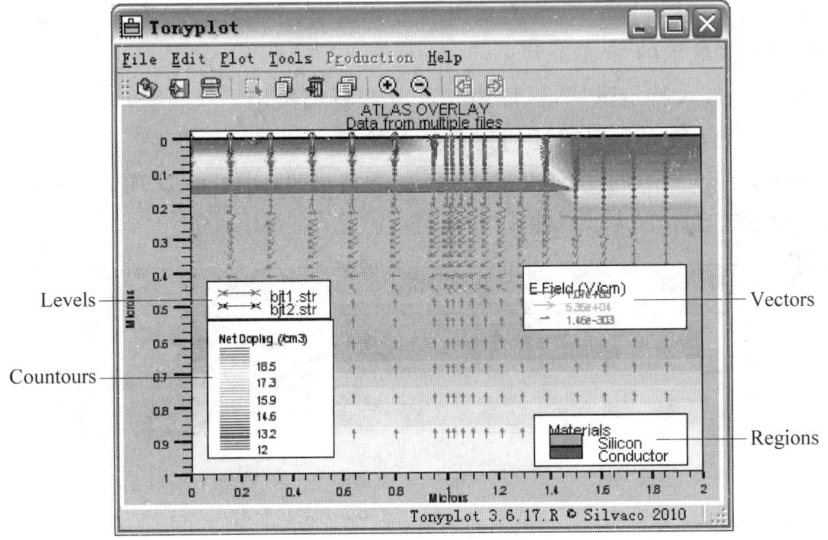

图 1.17 Tonyplot：Key Options

3. Plot 下拉菜单

Plot 菜单的主要功能如下：

Display——调出 Display(2D Mesh)对话框，设置仿真数据的显示方式。

Annotation——注解。可设置标题名称、轴的位置和名称以及轴显示的范围。

Labels——在 Tonyplot 界面添加标签。如图 1.14 中的“Vgate＝1.1V”、“Vgate＝2.2V”和“Vgate＝3.3V”即添加的文本标签。

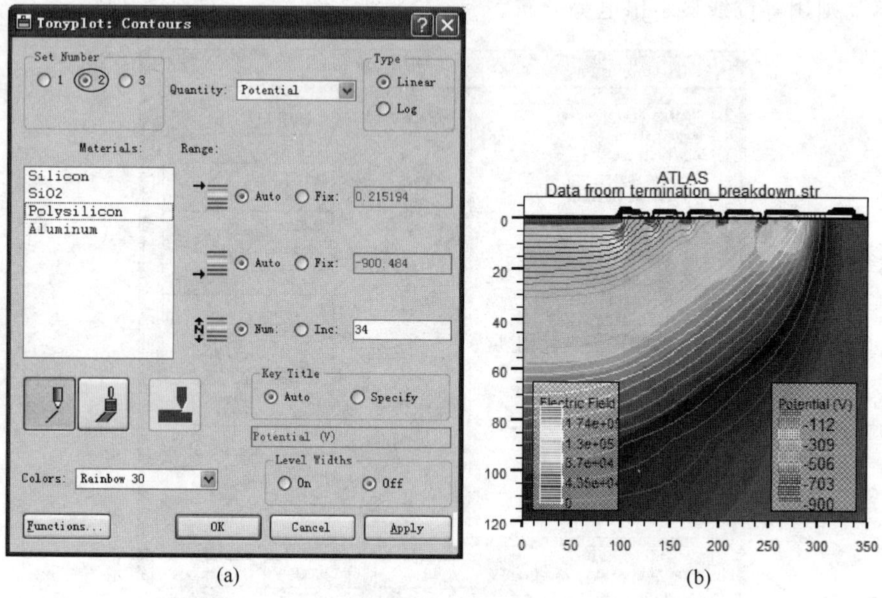

(a) (b)

图 1.18

(a) Coutours 2 设置；(b) Coutours 1 显示电场强度

Level Names——用 Overlay 的方式进行显示时各层图形的名称，默认是采用文件名，如图 1.14 中图示框显示的“mos0_1.log”、“mos0_2.log”和“mos0_3.log”。

Set Zoom——放大特定区域，区域由 x 和 y 坐标值给出。

Zoom Out——从放大状态回复到完全显示状态。

当 Tonyplot 窗口显示的是结构文件时，右击将出现 Display 选项，选择 Display 后，则弹出图 1.19 所示的显示方式选择窗口。

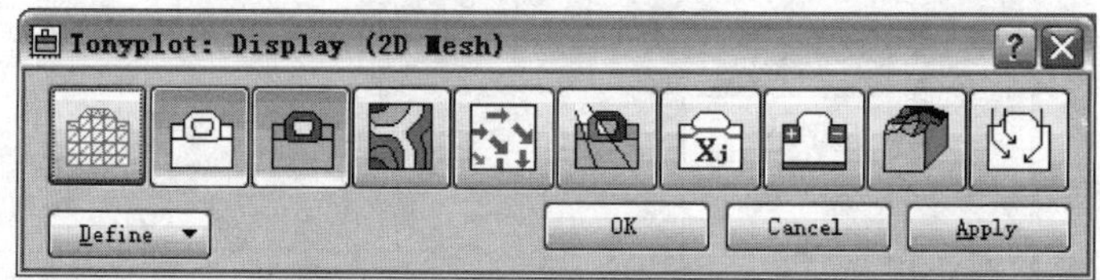

图 1.19 Tonyplot Display (2D Mesh)

下面从左至右介绍 Tonyplot:Display (2D Mesh)的功能：

Mesh：显示结构中的网格分布；

Edges：显示结构的边界；

Regions：用不同颜色区分材料区域；

Contours：显示器件结构内部的物理量的分布(有的物理量需要在 output① 中列出才能保存在结构文件中，如：con. band 和 val. band 为导带和价带位置的信息)；

Vectors：显示器件内部的矢量信息(如电场分布、电流分布、……)；

---

① output 可以定义在结构文件中是否保存一些电学信息，在第 3 章器件仿真部分将有详细的介绍。

Light：显示光线在器件内部的特性(光强、波长和反射率、……)；

Junction：显示器件结构中 PN 结的位置；

Electrodes：显示电极的名称；

3D：显示三维信息；

Lines：按照颜色来显示。

4. Tools 下拉菜单

Tools 菜单的主要操作有：

Cutline——在 Tonyplot 显示区域中划“线”(直线、折线或指定坐标点连成的线)并新开一个子图绘制“线”上的数据。Cutline 只能用于截取二维结构中的一维数据。与此类似，Cutplane 选项可以在三维显示(Tonyplot3D)中截取二维的面数据。

图 1.20 是 Cutline 的窗口，划线的方式有竖线、横线、斜线、折线或是由起始点和终止点连成的直线等。可在调出 Cutline 选项框时直接在 Tonyplot 窗口中划出一条线来，也可以在 Cutline 选项框选择最后一种方式，填写坐标，然后单击 Create 按钮。“线”上的数据将在新开的一个子图中显示出来。

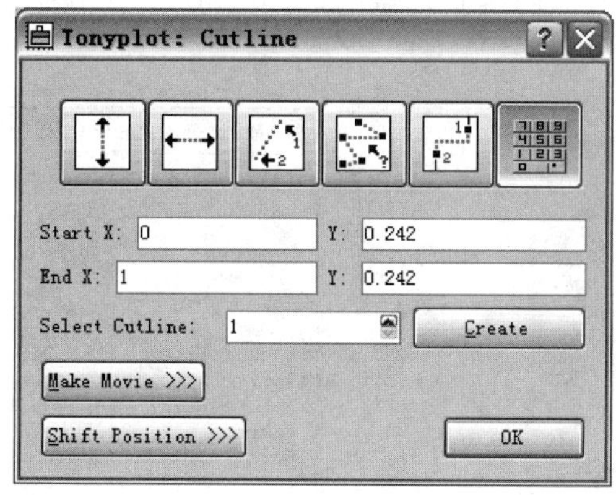

图 1.20 Tonyplot：Cutline

图 1.21 的左侧子图为仿真得到的 MOS 结构图，在原结构图中用 Cutline 划一条横线(点(0.000,0.242)到点(1.000,0.242)的直线)可得到横线上的一维数据，数据显示在新开的子图中(右侧子图)。一维数据图中显示的量有导带、价带以及电子准费米能级的位置。使用 Cutline 得到的一维数据子图中的数据可以用 File→Export 命令导出。

Ruler——测量图中两点的距离。按住鼠标左键并拖动可得到起止两点间的距离信息 Δx、Δy 和 Length，两点间的连线和水平线的夹角 angle 以及斜率 slope 等，效果如图 1.22 所示。使用 Ruler 前先将特定区域放大可使测试更准确，区域放大可按住鼠标左键并拖动，拖曳的范围即会放大到填满整个 Tonyplot 窗口。

Probe——单击 Probe 菜单，然后用左键在 Tonyplot 显示区域单击某一“点”就可获得该点的信息。如果点在网格的同一个三角形内，那么显示的结果会是相同的，而不是所认为的点的坐标不同结果就不同。这是网格离散化带来的必然结果，意识到这一点将帮助我们更深入地理解 TCAD 的精髓。如图 1.23 所示，使用 Probe 工具显示了坐标为(−0.1481,

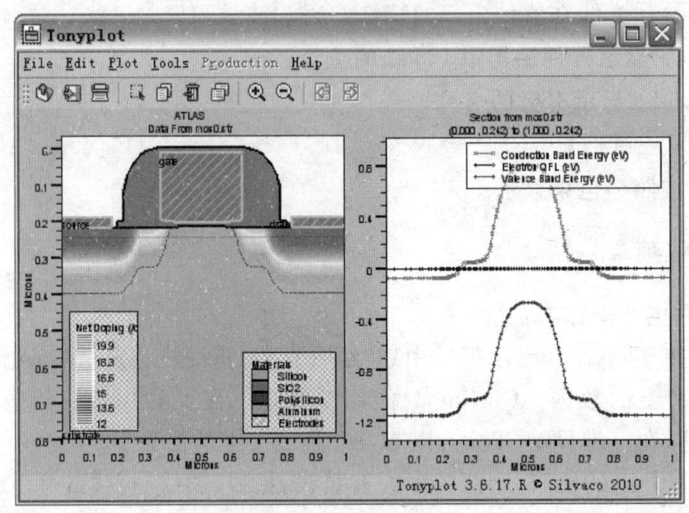

图 1.21　Tonyplot 显示的二维器件结构及 Cutline 得到的一维能带图

0.06704)的"点"的信息，这些信息包括该"点"所在的三角形编号、三角形三个顶点的编号以及坐标，还包括三个点所对应的各物理量的值，值按照顶点坐标顺序分别用"v1"、"v2"和"v3"表示。

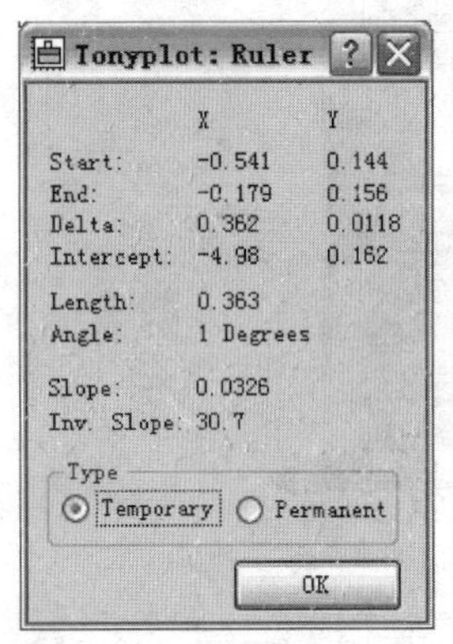

图 1.22　Tonyplot：Ruler

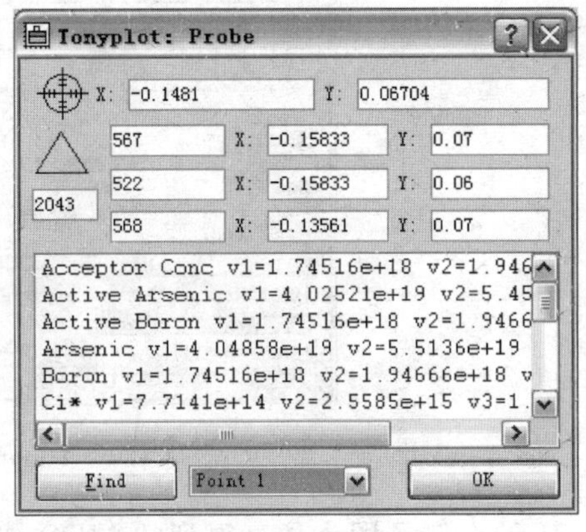

图 1.23　Tonyplot：Probe

Movie——制作动画。执行 Edit→Selectes All 命令选中 Tonyplot 中的所有 plots，Movie 就被激活，再单击 Tools→Movie 菜单命令将出现如图 1.24 所示的制作动画的界面。其中可以对各帧图片进行预览、设置是否循环以及调节各帧的切换速度。单击 Export 按钮后将进入设置导出动画文件的相关参数(如分辨率)的界面。图 1.24 的预览为当前帧"hist_111.str"的结构文件，即是在第 111 行的工艺执行完成之后保存的历史文件。结合保存历史文件和制作动画的方式可以更加清晰地显现各工艺的效果。

HP4145——对数据图(graph)进行处理。经常会碰到要提取仿真得到的特性曲线的参数的情况，如曲线的斜率、和轴的交点等，如果将数据取出再用专门的数据绘图软件来处理则显得费时费力，Tonyplot 的 HP4145 可以直接在数据图上得到这些结果。

在图 1.25 的界面中，先用 Marker 在数据曲线上标记一个点(圆圈符号)，然后单击

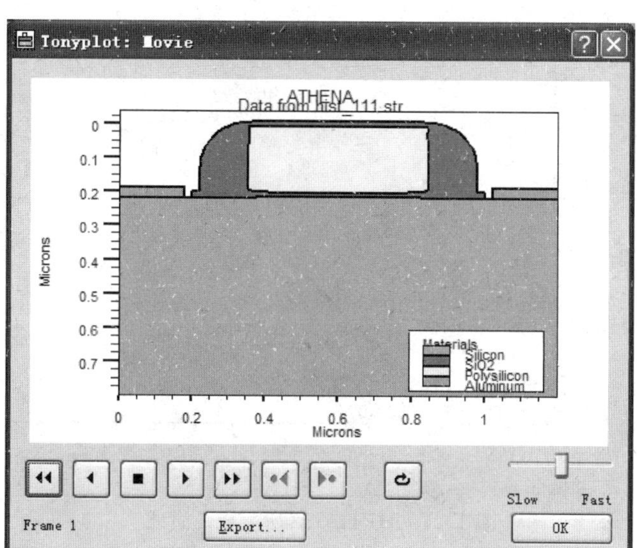

图 1.24 Tonyplot：Movie

Create 按钮，得到线的另一点（“＋”号），通过 Cursor 的四个方向按钮可以调节位置，再单击 Line 1 按钮，就出现了由这两点所连成的直线。直线显示在 Tonyplot 窗口中，而直线的相关数据显示在 HP4145 界面上。图 1.26 即为在原转移特性曲线图上添加点和直线的效果。HP4145 只能对数据图(graph)进行处理，而且是在 Tonyplot 窗口中只打开一个日志文件的时候才可用。

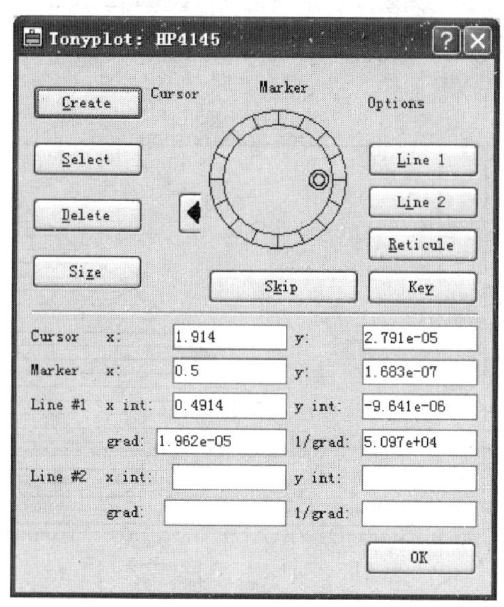

图 1.25 Tonyplot：HP4145

Integrate——计算曲线的积分或两条曲线的积分差值，如图 1.28 所示，或如图 1.29 所示的两条曲线所围成图形的面积。图 1.27 为 Intergrate 的界面，其中 Red Line 和 Blue Line 分别为积分的起点和终点，Area 为积分值。

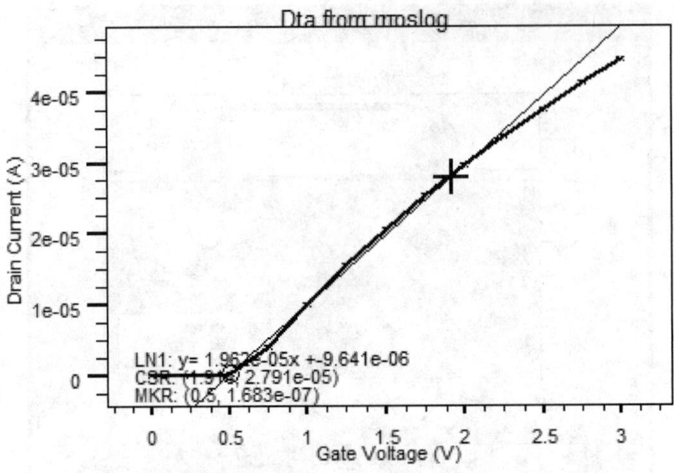

图 1.26　HP4145 后所生成的直线

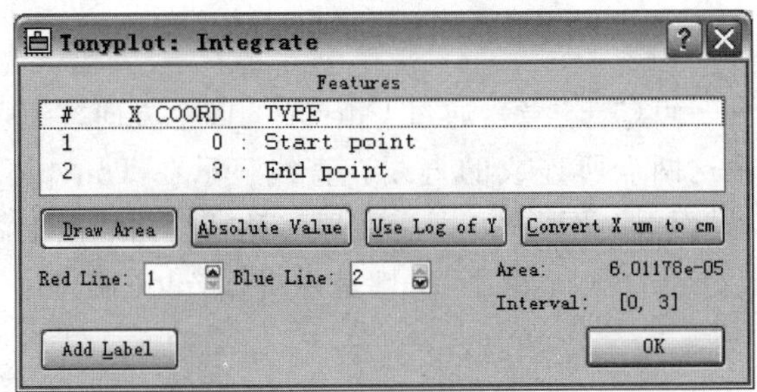

图 1.27　Tonyplot：Integrate

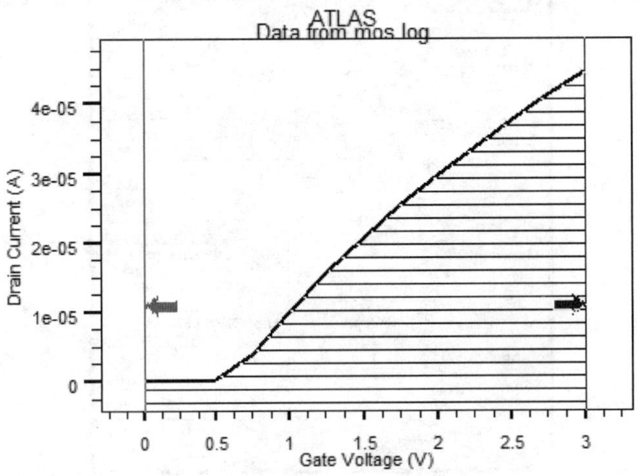

图 1.28　Integrate 测量曲线和横轴之间的面积

Tracers——图解二维 Mesh 结构中矢量场的分布，在 Tonyplot 中标记一些“点”，然后执行 calculate 命令，可得到各点上相应的矢量图。Tracers 要在 Display：2D Mesh 中选择了 Vectors 时才可用。

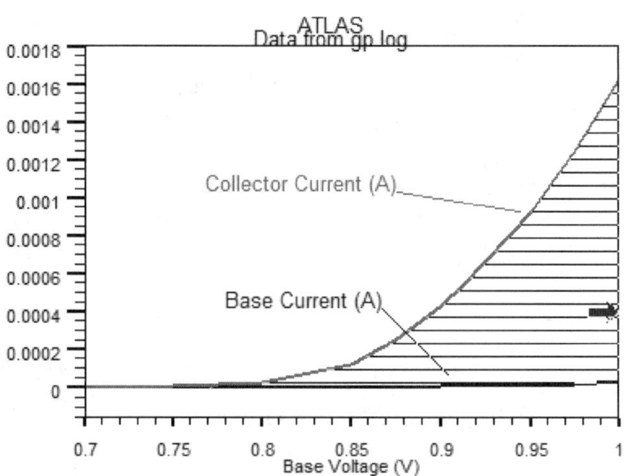

图 1.29 Integrate 测量两条曲线之间的面积

Poisson solver——计算一维结构中电学量的分布。电学量可以是 Electron QFL、Hole QFL、Electron density、Hole density、Intrinsic conc.、Potential、Electron (e-) Mobility、Hole (h+) Mobility、Electric Field 和 Electrical Conductivity 等。

例 1-8 将 mos0_1.log、mos0_2.log 和 mos0_3.log 按照设置文件 show.set 的设置，以重叠的方式显示在一个窗口中。显示结果如图 1.14 所示。

```
tonyplot -overlay mos0_1.log mos0_2.log mos0_3.log -set show.set
```

例 1-9 显示当前结构。

```
tonyplot
```

执行 tonyplot 命令时相当于在 Deckbuild 中执行一次 Commands→Plot Current Structure 命令。

选择 File→Export 命令，将 Format 选为 Comma Separated Values，再将路径及文件名设置好可将数据(ATLAS 仿真得到的 log 文件)导出到 csv 格式的文件中，于是可以用 Excel 和 Origin 打开和编辑。结构文件可由 Cutline 显示一维特性，将其导出成 Tonyplot user data 后就可以查看一维信息了。也可由下一节将介绍的 extract 提取出一维特性。

1.3.6 extract

extract 用于提取仿真结果，如工艺仿真得到的材料厚度、结深和方块电阻等，或提取器件仿真的阈值电压和电流放大倍数等 log 文件中的数据经过计算后得到的结果。

简单语法：

```
EXTRACT EXTRACT-PARAMETERS
```

Deckbuild 提取和导出数据是有区别的。提取的另外一个吸引人的用途体现在参数优化上的应用，这些将在第 2 章的工艺优化部分作详细讲解。extract 的语法如下：

```
extract init infile = < QSTRING >
extract < value_type > | < curve_type > [name = < QSTRING >]
    [outfile = < QSTRING >] [datafile = < QSTRING >] [hide]
    [min. val = < EXPR >] [max. val = < EXPR >]
extract start < test_setup1 >
[extract cont < test_setup n >]
extract done < value_multi_line > | < curve_multi_line > [name = < QSTRING >]
    [outfile = < QSTRING >] [datafile = < QSTRING >] [hide] [min. val = < EXPR >]
    [max. val = < EXPR >]
< value_type > = < value_sigle_line > | < value_mulit_line >
```

“<value_sigle_line>”可以是厚度(thickness)、结深(xj)、表面浓度(surf. conc)、一维阈值电压(1dvt)、某二维区域内的最大或最小浓度(2d. max. conc/2d. min. conc)、最大或最小浓度(max. conc/min. conc)、二维浓度分布(2d. conc. file)、一维区域的最大或最小边界(max. bound/min. bound(1D))、二维区域的最大或最小边界(max. bound/min. bound(2D))和杂质浓度在某范围内的积分面积(2d. area)等

“<value_multi_line>”可以是方块电阻(sheet. res)、P 型或 N 型方块电阻(p. sheet. res/ n. sheet. res)、电导(conduct)以及 P 型或 N 型电导(p. conduct/n. conduct)。

```
< test_setup > = [< material >] [mat. occno = < EXPR >]
    [region. occno = < EXPR >] [bias = < EXPR > | y. val = < EXPR > |
    region = < QSTRING >] [qss = < EXPR >] [interface. occno = < EXPR >]
```

提取曲线时通常需要给出 x 轴或 y 轴的信息。

```
curve_def = (< x_axis >,< y_axis > [x. min = < EXPR > x. max = < EXPR >])
```

<curve_def>分“<curve_single_line>”和“<curve_multi_line>”两种类型。

single_line 和 multi_line 的定义方式如下:

```
single_line:
curve(depth, < impurity > [< material >] [mat. occno = < EXPR >]
    [y. val = < EXPR > | x. val = < EXPR > | region = < QSTRING >])
multi_line:
curve(bias, n. conc | p. conc | n. qfl | p. qfl | intrinsic | potential | n. mobility |
    p. mobility | efield | econductivity [material = "silicon" | "polysilicon"]
    [region. occno = < EXPR >] [mat. occno = < EXPR >] [y. val = < EXPR > |
    x. val = < EXPR > | region = < QSTRING >] [workfunc = < EXPR >] [soi]
    [semi. poly] [temp. val = < EXPR >])
< test_setup > = [< material >] [mat. occno = < EXPR >] [region. occno = < EXPR >]
    [bias = < EXPR >] [bias. step = < EXPR >] [bias. stop = < EXPR >]
    [y. val = < EXPR > x. val = < EXPR > | region = < QSTRING >]
    OR
    [interface. occno = < EXPR >] [qss = < EXPR >]
```

impurity 可以是 boron、phosphorous、asenic 或 net doping 等,也可是由字符串表示的物理量(如 electron conc)。Tonyplot 中显示的量都可以作为<QSTRING>。

material 可以是 gas、silicon、oxide、polysilicon、aluminum、nitride、oxynitride、gaas、 gold、silver、alsi、photoresist、tungsten、titanium、platinum、tisix、wsix 或 ptsix 等，也可以是由字符串表示的材料，如 AlGaAs 等。

extract 可以对轴或数据进行“＋－×÷∧”等基本计算，也支持类似 C 语言的描述如，abs()，log()，dydt()和 atan()的运算。此外还支持数据的统计和拟合功能，如 min()返回最小值，ave()返回平均值，slope(line)返回线性拟合 $y=ax+b$ 的 a 值，yintercept(line)返回 $y=ax+b$ 的b 值，xintercept(line)返回 $y=ax+b$ 的$-b/a$ 值。

curve 中的 value 具体表述如下：

v. "< electrode >"：电极上的电压；

i. "< electrode>"：流入电极的电流；

c. "< electrode1>" "< electrode2>"：电极 1 和 2 间的电容；

g. "< electrode1>" "< electrode2>"：电极 1 和 2 间的电导；

time：瞬态时间；

temperature：温度；

frequency：频率；

beam. "< beam no>"：第 No 束光的光强；

ie. "< electrode>"：电子电流；

rl. "< electrode>"：集总电阻；

cl. "< electrode>"：集总电容；

il. "< electrode>"：集总电导；

q "< electrode>"：电荷；

id. "< electrode>"：位移电流；

rho. "< layer>"：对应 layer 的总方块电阻；

probe. “< probe name>"：ATLAS 中 probe 的值；

vcct. node. "<circuit node>"：电路中网点的电压；

icct. node. "<circuit node>"：电路中流入某节点的电流；

elect. "< parameter>"：特定的电学参数(如电流密度、晶格温度等)。

提取的默认参数：

material＝"silicon"；

impurity＝"net doping"；

x. val ｜ y. val ｜ region (x. val 默认为距器件左边界 5％的位置)；

＊. occno＝1；

datafile＝"results. final"；

1dvt type ＝ntype；

2d. area (x. step 为器件尺寸的 10％)；

temp. val＝300；

bias＝0；

1dvt (bias. stop＝5，bias. step＝0. 25，vb＝0)；

1dcapacitance (bias. stop＝5，bias. step＝0. 25，vb＝0，vg＝0，bias. ramp＝vg)；

soi=false;
semi. ploy=false;
incomplete=false...

提取结果的默认单位：
material thickness (angstroms);
junction depth (microns);
impurity concentrations (impurity units, typically atoms/cm^3);
junction capacitance (Farads/cm^2);
QUICMOS capacitance (Farads/cm^2);
QUICKMOS 1D Vt (Volts);
sheet resistance (Ohm/square) ;
sheet conductance (square/Ohm);
electrode voltage (Volts);
electrode internal voltage (Volts);
electrode current (Amps);
capacitance (Farads/micron);
conductance (1/Ohms);
transient time (Seconds);
frequency (Hertz);
temperature (Kelvin);
luminescent power (Watts/micron);
luminescent wavelength (Microns);
available photo current (Amps/micron);
source photo current (Amps/micron);
optical wavelength (Microns);
optical source frequency (Hertz);
current gain (dB);
unilateral power gain frequency (dB);
max transducer power gain (dB)。

轴操作：
min (curve);
max (curve);
ave (curve);
minslope (curve);
maxslope (curve);
slope (line);

```
xintercept (line);
yintercept (line);
area from curve;
area from curve where x.min=x1 and x.max=x2;
x.val from curve where y.val=k;
y.val from curve where x.val=k;
x.val from curve where y.val=k and val.occno=n;
y.val from curve where x.val=k and val.occno=n;
grad from curve where y.val=k;
grad from curve where x.val=k。
```

以下通过例句来进一步熟悉 extract 的命令格式，例句尽量选择有代表性的。通过一个例句，务求能掌握这一类的提取命令。

1. 工艺仿真的提取

例 1-10 提取栅氧化层厚度。

```
extract name = "gateox" thickness oxide mat.occno = 1 x.val = 0.49
```

例 1-11 提取结深。

```
extract name = "nxj" xj silicon mat.occno  = 1 x.val = 0.1 junc.occno = 1
```

例 1-12 提取结深的另一种办法。

```
extract name = "Junction Depth" x.val from curve(depth, \
    (impurity = "Boron" material = "Silicon" mat.occno = 1) \
    - (impurity = "Phosphorus"material = "Silicon" mat.occno = 1)) where y.val = 0.0
```

例 1-13 提取表面浓度。

```
extract name = "chan surf conc" surf.conc impurity = "Net Doping" \
    material = "silicon" mat.occno = 1 x.val = 0.45
```

例 1-14 提取 x=0.1μm 处的硼纵向浓度分布。

```
extract name = "bcurve" curve(depth, boron silicon mat.occno = 1 x.val = 0.1) \
    outfile = "extract.dat"
```

例 1-15 提取激活了的砷的总杂质量。

```
extract name = "Active_Arsenic" 1.0e - 04 * (area from curve (depth, \
    impurity =  "Active Arsenic" material = "Silicon" mat.occno = 1))
```

例 1-16 提取方块电阻。

```
extract name = "n++sheet rho" sheet.res material = "Silicon" \
    mat.occno = 1 x.val = 0.05 region.occno = 1
```

extract 有内建的 1D QUICKMOS 和 QUICKBIP 仿真器，可以在工艺仿真器中提取其器件特性，下面举例说明如何提取电容、电导、1dvt 等电学特性。

例 1-17 提取结电容。

```
extract start material = "Silicon" mat.occno = 1 bias = 0.0 bias.step = 0.25 \
    bias.stop = 5.0 region.occno = 1
extract done name = "cjcurve" curve(bias, 1djunc.cap material = "Silicon" \
    mat.occno = 1 region.occno = 1 junc.occno = 2) outfile = "cj.dat"
```

例 1-18 提取电导。

```
extract start material = "Polysilicon" mat.occno = 1 bias = 0.0 bias.step = 0.2 \
    bias.stop = 2 x.val = 0.45
extract done name = "cond v bias" curve(bias, 1dn.conduct \
    material = "Silicon" mat.occno = 1 region.occno = 1)
```

例 1-19 提取结的击穿电压。

```
extract start material = "Silicon" mat.occno = 1 bias = 0.0 bias.step = 0.25 \
    bias.stop = 30.0 region.occno = 1
extract done name = "jbv" x.val from curve(bias, n.ion material = "Silicon" \
    mat.occno = 1 region.occno = 1) where y.val = 1.0
```

例 1-20 提取 Vt。

```
extract name = "n1dvt" 1dvt ntype vb = 0.0 qss = 1e10 x.val = 0.49
```

例 1-21 提取 Vt 的另一种方法。

```
extract start poly mat.occno = 1 bias = 0.0 bias.step = 0.20 bias.stop = 3.0
extract done name = "vt_from_cond_curve" xintercept(maxslope(curve(bias, \
    1dn.conduct silicon mat.occno = 1 region.occno = 1)))
```

2. 器件仿真的提取

器件仿真的方法是对器件施加电流、电压、磁场或是光照等，对器件的端电流电压和器件内部的电学量进行仿真计算(solve)。仿真时 solve 得到的器件信息(含电学信息)可以保存在结构文件或日志文件中。

例 1-22 导入提取的数据来源文件。

```
extract init inf = "device_test.log"
```

例 1-23 从结构文件中提取 solve 后的特性。

```
extract name = "test" 2d.max.conc impurity = "E Field" material = "Silicon"
```

例 1-24 I-V 特性提取。

```
extract name = "iv" curve(v."anode", i."anode")
```

例 1-25 瞬态特性的提取。

```
extract name = "It curve" curve(time, i."anode")
```

例 1-26　提取漏电压随温度变化的特性。

```
extract name = "VdT" curve(v."drain", temperature)
```

例 1-27　提取漏电流随频率变化的特性。

```
extract name = "Idf" curve(i."drain", frequency)
```

例 1-28　提取电容-电压曲线。

```
extract name = "cv" curve(c."electrode1""electrode2", v."electrode3")
```

例 1-29　提取电导。

```
extract name = "gv" curve(g."electrode1""electrode2", v."electrode3")
```

例 1-30　提取其他的电学参数的曲线。

```
extract name = "IdT"curve(elect."parameter", v."drain")
```

轴处理在器件特性提取中显得尤为重要，如 β、Vt 等都需要由输出的电流电压特性中进行计算得到。以下是对轴操作的例句。

例 1-31　提取栅压除以 50 作为横坐标、漏电流乘以 10 为纵轴的曲线。

```
extract name = "big iv" curve(v."gate"/50, 10 * i."drain")
```

例 1-32　提取集电极电流作为横轴、集电极电流和基极电流的商（即电流放大倍数）作为纵轴的曲线。

```
extract name = "combine" curve(i."collector",i. "collector"/i."base")
```

例 1-33　提取栅电压对漏电流的微分曲线并保存在文件中。

```
extract name = "dydx" deriv(v."gate", i."drain") outfile = "dydx.dat"
```

例 1-34　提取 X（栅压）在 0.5 到 2.5 范围内的漏电流的最大值并保存。

```
extract name = "limit" max(curve(v."gate", i."drain", x.min = 0.5 x.max = 2.5 )) \
    outf = "limit.dat"
```

例 1-35　提取栅电压对漏电流的二阶微分曲线并保存。

```
extract name = "dydx2" deriv(v."gate", i."drain", 2) outfile = "dydx2.dat"
```

例 1-36　提取放大倍数的最大值。

```
extract name = "max beta" max(curve(i."collector", i."collector"/i."base"))
```

例 1-37　提取转移特性曲线中斜率最大处的 X 值（栅压）作为阈值电压。

```
extract name = "vt" xintercept(maxslope(curve(abs(v."gate", abs(i."drain"))))
```

例 1-38　提取 X（基极电压）为 2.3 时的 Y 值（集电极电流）。

```
extract name = "Ic[Vb = 2.3]" y.val from curve(abs(v."base"), abs(i."collector")) \
    where x.val  =  2.3
```

3. 电路仿真的提取

例 1-39 提取电路中某电流值所对应的时刻。

```
extract init infile = "frd_tr.log"
extract name = "t0" x.val from curve(time, icct.node."afrd_cathode") where y.val = 0
```

例 1-40 提取电路中电流的峰值以及峰值电流所对应的时刻。

```
extract init infile = "frd_tr.log"
extract name = "Irrm" max(icct.node."afrd_cathode")
extract name = "t1" x.val from curve(time, icct.node."afrd_cathode") \
    where y.val = $Irrm
```

例 1-41 提取电路中第二次出现 0.1 倍峰值电流的时刻。

```
extract init infile = "frd_tr.log"
extract name = "t2" x.val from curve(time, icct.node."afrd_cathode") \
     where y.val = 0.1 * $Irrm and val.occno = 2
```

例 1-42 提取电路中电流和功率对时间的积分,得到电荷和能量。

```
extract init infile = "frd_tr.log"
extract name = "Qrr" area from curve(time, icct.node."afrd_cathode") where \
    x.min = $t0 and x.max = $t2
extract name = "Erec" area from curve(time, \
    (vcct.node."4" - vcct.node."3") * (icct.node."afrd_cathode")) \
    where x.min = $t0 and x.max = $t2
```

例 1-43 前期电路提取的结果再运算。

```
extract init infile = "frd_tr.log"
extract name = "trr" $t2 - $t0
```

例 1-39～例 1-43 可用于第 4 章中 FRD 反向恢复仿真特性的提取。

1.4 学习方法

Silvaco TCAD 功能全面、易学易用、运算速度快,自定义材料、C 注释器和工艺参数校准等提供了很丰富的扩展功能,推荐在学习和科研中要应用到半导体工艺仿真和器件仿真的人员使用。

就作者的经验而言,Silvaco TCAD 的示例是很好的教材。示例提供了丰富的语法使用实例、仿真流程、仿真方案等,是学习 Silvaco TCAD 的绝佳资料。在学习时可以一边参考 example 的语句和方案,一边查阅用户手册。官方网站上的资源也相当丰富,学习者千万不可错过。

作者曾经戏称参考示例或直接对示例中的语句使用“Ctrl＋C”和“Ctrl＋V”为“拿来主义”,此“拿来主义”实为学习方法的上上之选,相信读者会有同感。

给出一些学习资料的位置如下：

- 程序自带的 EXAMPLE：

EXAMPLE 路径，X:\ sedatools\ examples\...

- 用户手册：

如 ATHENA 手册，位置：

X:\sedatools\lib\Athena\<version_number >. R\docs\athena_users1. pdf.

- SILVACO 官方网站 http://www. silvaco. com
- SILVACO 中国 http://www. silvaco. com. cn

在此对仿真程序的学习提几点建议，谨以共勉：

(1) 计算机以及仿真程序始终只是工具，真正的发现还是来自于实践，两者不可偏废；

(2) 计算机只能解决问题而不能提出问题，所以计算机的功能永远有限，要学会寻找问题；

(3) 仿真≠真，尽信软件不如没有软件；

(4) 在使用中学习，而不是在记忆中学习。

思考题与习题

1. 什么是数值计算，计算精度和哪些因素有关？
2. Silvaco TCAD 有哪些主要组件，其主要功能是什么？
3. 列举你学过或想到的不同类型器件及其主要用途。
4. 命令 set 可以实现哪些功能？
5. Deckbuild 界面的 command 菜单可以直接生成的 extract 功能有哪些？
6. 如何实现从历史文件初始化仿真？

第2章

二维工艺仿真

2.1 ATHENA概述

工艺仿真器ATHENA有很强的仿真功能，包括单项工艺——离子注入、扩散、淀积、刻蚀、外延、光刻、氧化等。集成工艺从根本上说是由单项工艺结合而来。本章并不区分命令具体对应哪一个仿真模块，因为这些模块都可以在Deckbuild中灵活调用，而用户几乎察觉不到。

图2.1为ATHENA的输入输出框架。由工艺步骤、版图和掩膜等基本的工艺条件输入ATHENA，经由ATHENA仿真可以得到相应的器件结构，内建的计算器还可以计算简单结构的电学信息。

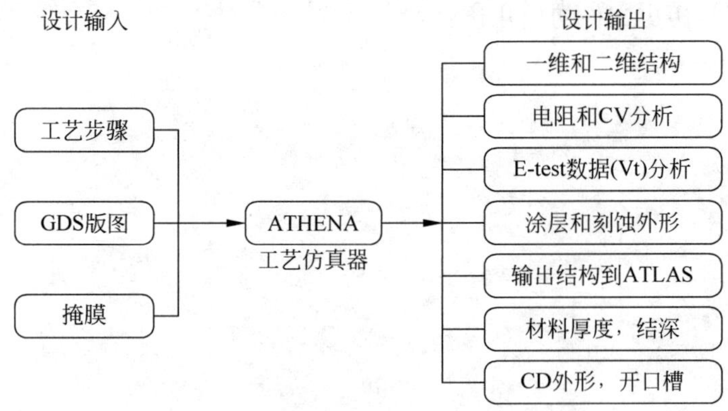

图2.1 ATHENA的输入和输出框架

ATHENA有大量默认参数，参数存储在一些仿真程序的文件目录中，这些文件有以下几种：

(1) athenamod文件含有大量关于物理模型、扩散、氧化系数、数值计算方法、淀积和刻蚀机器特性、材料和光刻胶的光学特性等的默认参数；

(2) implant_tabl下的std_table和一些svdp **** 文件含有离子注入的参数；

(3) pls 和 models 目录下的 ***.mod 文件内含有高级的扩散模型的参数；

(4) athenares 文件含有电阻率随掺杂浓度变化的数据。

需要注意的是不能直接更改这些参数文件，否则容易破坏软件，在5.3节中将介绍如何进行工艺校准。

ATHENA 生成的标准结构文件(standard structure file，SSF)可以在其他的仿真器，如 ATLAS 或 DevEdit 中调用。SSF 内含有 mesh 信息、solution 信息、model 信息和其他相关的参数。

ATHENA 具有以下仿真功能：

(1) 扩散

* 包括所有材料层扩散的通用二维结构的杂质扩散；
* 全耦合的点缺陷扩散模型；
* 氧化增强/阻止扩散效应；
* 快速热退火；
* 同时发生材料回流和杂质扩散的模型；
* 晶粒与晶粒边界扩散成分的多晶硅杂质扩散模型。

(2) 氧化

* 可压缩粘性应力模型；
* 单晶硅和多晶硅材料的单独的速率系数；
* HCL 和压力增强的氧化模型；
* 杂质浓度效应；
* 深槽、钻蚀和 ONO 层结构的氧化仿真能力；
* 多晶硅区域同时发生氧化和抬升的精确模型。

(3) 刻蚀

* 丰富的几何刻蚀功能；
* 各向同性的湿法刻蚀；
* 包含各向同性和各向异性的 RIE 模型；
* 微负载效应；
* 角度相关的刻蚀源；
* 默认刻蚀机定义；
* 蒙特卡洛等离子体刻蚀；
* 杂质增强刻蚀。

(4) CMP

* 化学机械抛光模型；
* 硬和软抛光或其组合；
* 考虑各向同性刻蚀成分。

(5) 淀积

* 淀积；
* 半球形、星形和圆锥形的金属化模型；
* 单向或双向淀积模型；

* CVD 模型；
* 表面扩散/渗移效应；
* 包含原子定位效应的弹道淀积模型；
* 用户自定义模型；
* 默认淀积机定义。

(6) 烘烤

* 时间和温度的烘烤规范；
* 光刻胶材料流动模型；
* 光活性化合物模型。

(7) 曝光

* 在非平面结构中考虑局部修正的材料吸收剂量的光学特性，基于光束传播法的反射和衍射效应；
* 散焦和大数值孔径的影响。

(8) 成像

* 实验验证的 Pearson 和双 Pearson 解析模型；
* 晶体和非晶体材料的二元碰撞近似(binary collision approximation)的蒙特卡洛计算；
* 通用倾斜和旋转能力的解析和蒙特卡洛计算。

(9) 显影

* 五种不同的光致抗蚀剂的显影模型。

(10) 外延

(11) 硅化

* 钛、钨、钴和铂的硅化物模型；
* 实验验证的生长速率；
* 硅化物/金属界面和硅化物/硅界面的反应和边界移动。

(12) C-注释器

* 允许用户定义的注入损伤模型，SiGeC 的蒙特卡洛刻蚀和扩散模型。

ATHENA 的示例库中含有很多工艺的示例，而且在器件仿真的例子里有一部分也是由工艺仿真来生成器件结构的，通过这些例子可以更好地学习和掌握工艺仿真。在 Deckbuild 的 Example 下拉菜单中选中 ATHENA 工艺示例库，则出现如图 2.2 所示导入工艺示例的选项框(更新的版本如 Deckbuild 版本 3.20.1.R 下调出 Example Loader 的方法是在 Deckbuild 界面中执行 Help→Example 命令)，每一个例子都有一些简单的说明，选中例子后单击 OK 按钮，则会在 Deckbuild 窗口中出现相应例子的语句。

示例是按工艺类型来分组的，有 athena_adaptmesh、athena_advanced_diffusion、athena_calibration、athena_complex、athena_compound、athena_diffusion、athena_elite、athena_implant、athena_misc、athena_optolith、athena_oxidation 和 doe。学习 Silvaco TCAD 的过程中一定要充分利用这些例子。

图 2.1 中给出的是 ATHENA 的输入输出框架，其中输入侧重于工艺条件的控制，输出侧重于仿真能力，但是具体的一个工艺仿真究竟要怎么组织呢？

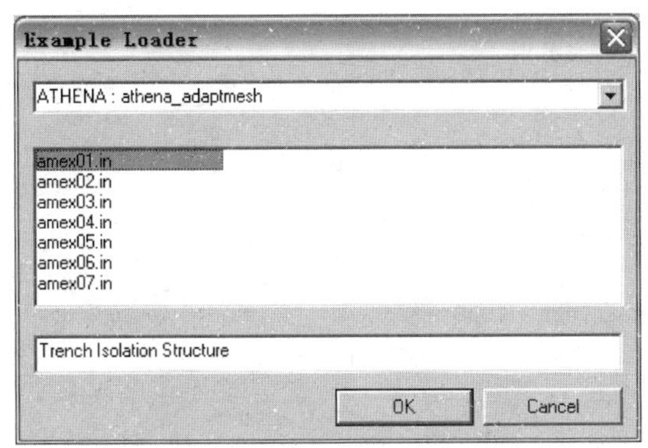

图 2.2 Example Loader：ATHENA

图 2.3 是工艺仿真的流程图。工艺仿真之前首先需要建立网格，这时定义的网格是指衬底的网格。仿真初始化是对衬底进行初始化，即定义衬底的材料、掺杂或晶向等参数，初始化也可以是导入现成的器件结构。工艺步骤即是要仿真的工艺，如淀积、光刻、氧化、刻蚀或扩散等。每一个工艺步骤都有相应的模型和参数，工艺参数的设定可以参考手册或相关文献。经过工艺步骤之后由提取参数命令可得到工艺仿真的结果，如结深、材料厚度和浓度分布等。结构操作主要有导入结构、结构旋转、镜像和保存等。最后，Tonyplot 显示工艺仿真的结果。

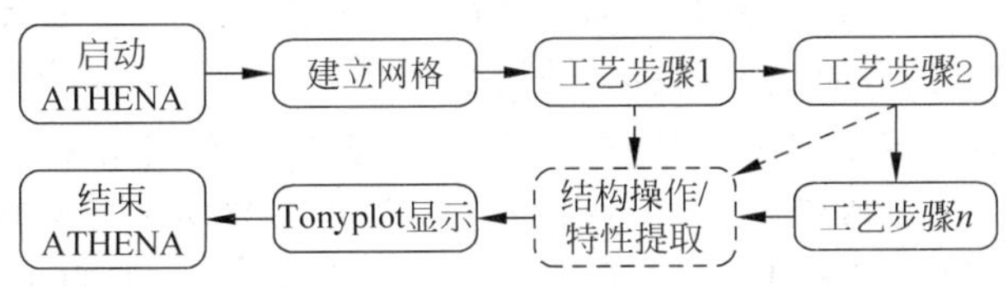

图 2.3 工艺仿真流程

当然，仿真的时候可以不按照上面的步骤来组织，执行的顺序也可以灵活多变，例如导入现成的器件结构，就可以直接从工艺步骤的仿真开始。要仔细观察每一步变化，可以在每一步工艺后存一个结构文件，然后再用 Tonyplot 显示出来。提取特性视需要而定。

如果将图 2.3 中的框看作需填入相应语句的“box”，则仿真流程就显得很明朗了，即只要在相应的“框”中填入对应语句就可以组织仿真。在以后的语法学习中也将贯彻这种思路。

下面由一个例子来学习工艺仿真流程的建立，例中只包含离子注入和退火两步工艺。

例 2-1 工艺仿真的简单流程。

```
go athena

# dimension definition
line x loc  =  0.0 spacing = 0.1
line x loc  =  0.1 spacing = 0.1
line y loc  =  0 spacing  =  0.02
line y loc  =  2.0 spacing  =  0.20
```

```
# initialize the mesh
init silicon c.phos = 1.0e14

# perform uniform boron implant
implant boron dose = 1e13 energy = 70

# perform diffusion
diffuse time = 30 temperature = 1000

#extract the junction depth
extract name = "xj" xj silicon mat.occno = 1 x.val = 0.0 junc.occno = 1

# save the structure
structure outfile = boron_implant.str

# plot the final profile
tonyplot boron_implant.str

quit
```

图 2.4 是仿真后由 Tonyplot 显示的结果。由于在初始化时没有使用 two.d 参数，所以默认开始是一维仿真。图中的横轴表示纵向的深度，而纵轴显示的是杂质浓度。图中竖线是纵向的网格线。浓度曲线是由网格线处的仿真结果连接起来得到的，所以网格定义对仿真结果的影响很大，有时甚至超过工艺参数或模型的影响。在观察工艺参数对结果的影响时，必须是在相同的网格下进行，不然不具有可比性。由于衬底杂质是磷，注入的是硼，所以就会形成一个结，因此提取得到结深“xj”为 0.700554μm。注意“xj”是显示在实时输出窗口的。

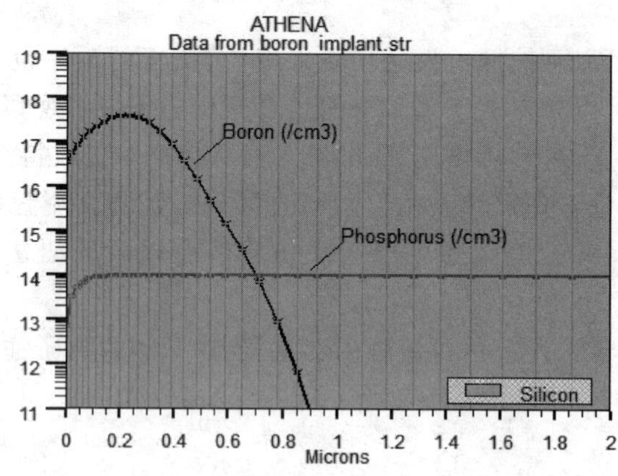

图 2.4　硼注入及退火后的浓度分布

以下对例 2-1 中的各语句做简要解释，也请读者留意一下语句对应图 2.3 中的哪一个“框”。“#”号后面的语句是注释，仿真时不运行。

例 2-2　启动工艺仿真器 ATHENA。

```
go athena
```

例 2-3 网格定义，其中 loc 是 location 的简称，spacing 常简写为 spac。

```
line x loc  =  0.0 spacing = 0.1
line x loc  =  0.1 spacing = 0.1
line y loc  =  0 spacing  =  0.02
line y loc  =  2.0 spac  =  0.20
```

例 2-4 仿真初始化，亦即衬底定义，硅衬底，含磷浓度 $1\times10^{14}\text{cm}^{-3}$。

```
init silicon c.phos = 1.0e14
```

例 2-5 工艺步骤，硼离子注入和退火两步工艺。

```
implant boron dose = 1e13 energy = 70
diffuse time = 30 temperature = 1000
```

例 2-6 提取结深。

```
extract name = "xj" xj silicon mat.occno = 1 x.val = 0.0 junc.occno = 1
```

例 2-7 保存结构到文件，并以“str”作为后缀名。

```
structure outfile = boron_implant.str
```

例 2-8 显示保存的结构。

```
tonyplot boron implant.str
```

例 2-9 退出仿真。

```
quit
```

工艺仿真的结果形式有多种，如保存的结构文件、实时输出窗口中显示的信息和提取保存的 dat 文件，其中结构文件和 dat 文件可由 Tonyplot 显示出来。

2.2 工艺仿真流程

2.1 节介绍了工艺仿真的流程，并粗略讲解了一个工艺仿真的例子，从这一节开始将深入地介绍这些流程。

2.2.1 定义网格

在工艺仿真之前需要先定义衬底，然后经过一系列工艺步骤来生成所需的器件结构。在本书的最开始也已经提到了 Silvaco TCAD 是基于网格计算的仿真工具，也就是说在网格点处会计算其特性。网格点的数目或网格疏密决定了仿真的精确程度和快慢，所以合理的定义网格分布是至关重要的。

网格定义的语法：

```
LINE X | Y LOC = <n> [SPACING = <n>] [TAG = <c>] [TRI.LEFT | TRI.RIGHT]
```

定义网格线的命令为 line，参数主要有 x、y、location、spacing 和 tag 等。x 和 y 参数设定网格线垂直于 x 轴或 y 轴，loc 设定网格线在轴上的坐标，spacing 设定在该 loc 处邻近网格线的间距，loc 和 spacing 的默认单位都是 μm。tag 参数可在相应的位置添加标签，这会在以后定义边界和区域的时候提供方便。图 2.5 为网格划分的示意图，其中 x1、x2、y1 和 y2 表示网格线的 X 或 Y 的坐标值，S1、S2、S3 和 S4 为对应坐标处网格线的间隔。网格的原点在左上角，往右是 X 的正向，往下是 Y 的正向。

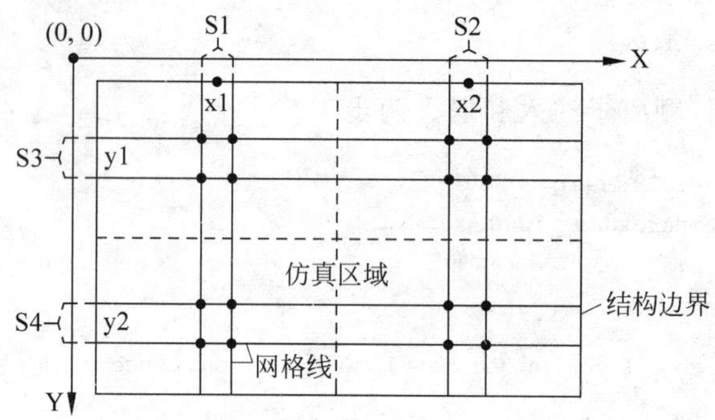

图 2.5　网格划分示意图

如果在几个 loc 处的 spacing 都是一样大小，那么网格线就是均匀分布的。如果 spacing 不一样，Silvaco 会自动调整并尽量使 loc 处的 spacing 和设定的值保持一致，这时网格线就不是均匀的了。

例 2-10　均匀网格的定义，其结果如图 2.6 所示。

```
line x loc  =  0.0 spacing = 0.1
line x loc  =  1 spacing = 0.1
line y loc  =  0 spacing  =  0.20
line y loc  =  2.0 spacing  =  0.20
```

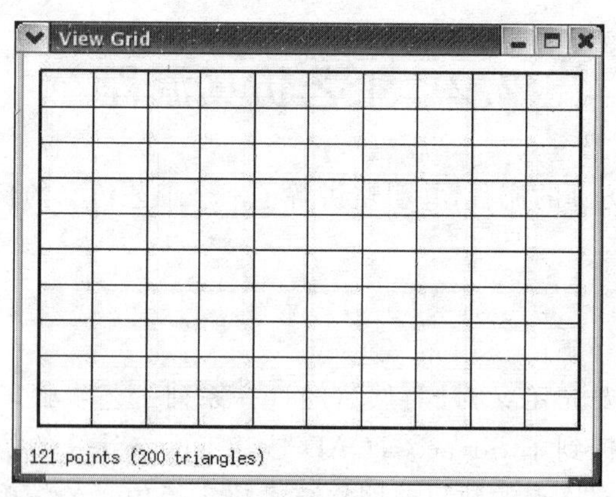

图 2.6　均匀网格

例 2-11　非均匀网格定义，结果如图 2.7 所示。

```
line x loc  =  0.0 spacing = 0.02
line x loc  =  1 spacing = 0.1
```

```
line y loc = 0 spacing = 0.02
line y loc = 2.0 spacing = 0.20
```

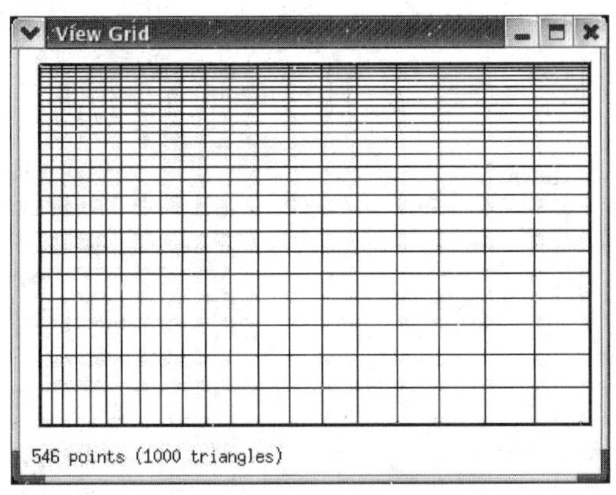

图 2.7 非均匀网格

对比图 2.6 和图 2.7 可知，衬底范围是一样的，除网格线的分布不一样外，网格点数也有差别，其中图 2.6 为 121 个点，而图 2.7 为 546 个点。

以上只是定义衬底的网格分布，但后续工艺如氧化、淀积等新引入材料的网格该如何定义呢？Silvaco 对此也给予了充分考虑，这些工艺都有相应的参数来指定网格的分布。下面就从淀积的示例来看怎样实现网格定义，淀积工艺的其他参数会在稍后的工艺仿真部分作详细介绍，此处暂不解释。

例 2-12 淀积多晶硅和定义新增加的多晶硅层的网格。

```
deposit polysilicon thick = 0.50 divisions = 10 dy = 0.1 ydy = 0.25
deposit polysilicon thick = 0.50 divisions = 10 dy = 0.02 ydy = 0.25
```

淀积工艺中网格控制的主要参数有 divisions、dy、ydy、min. dy 和 min. space，各参数的意义如下：divisions，材料层的总网格数，将新淀积的层划分成 divisions 条网格线，通常简写为“div”；dy，网格间距（μm）；ydy，网格间距对应的位置（μm）；min. dy，最小网格间距（μm）；min. space，边界处的最小网格间距（μm）。其中 ydy 和 dy 参数分别和网格定义的 loc 和 spacing 参数类似，示意图如图 2.8 所示。需要注意的是 ydy 是从新淀积层的表面往下的深度。

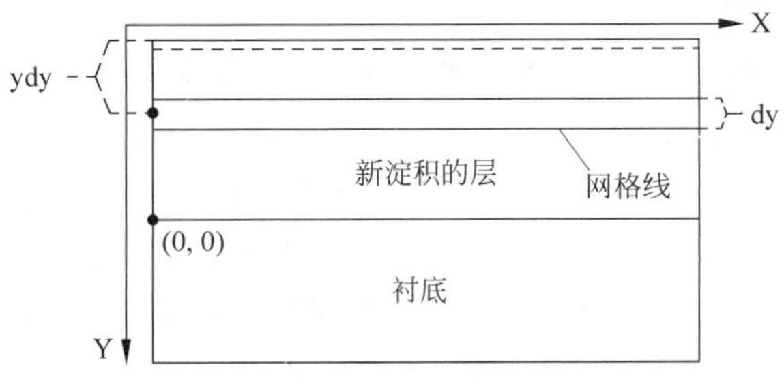

图 2.8 新引入材料层时网格参数 dy 和 ydy 示意图

例 2-12 中执行两条淀积语句后得到多晶硅的网格分布如图 2.9 所示。从图中可以看出新淀积的多晶硅层(表面的一层和硅衬底的界面以一条粗线隔开)x 方向的网格分布和衬底一样,纵向则由参数 divisions=10 将其分成 10 份。Silvaco 尽量使 ydy 处的网格线间隔满足设置的值 dy。此例中 ydy=0.25,对应的坐标轴位置却是 y=-(淀积总厚度- ydy),此处为 y=-0.25。

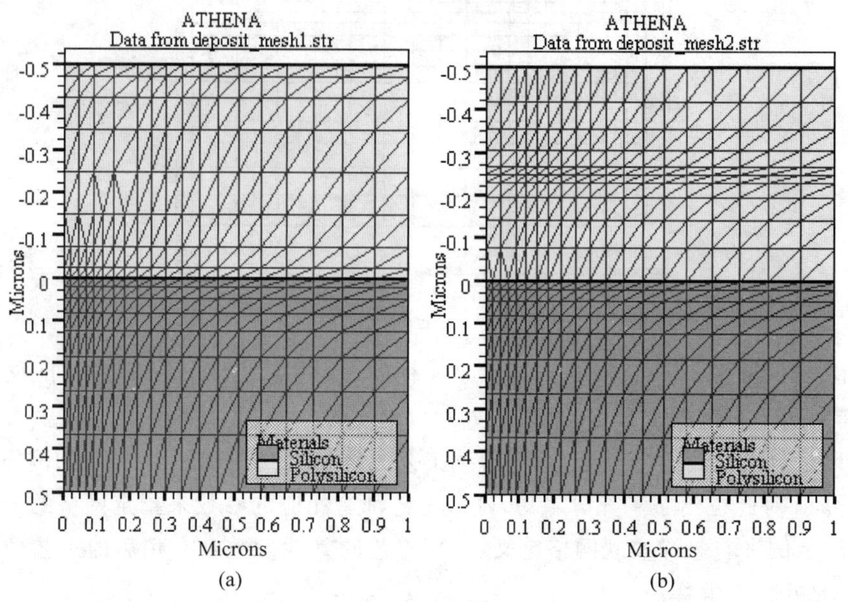

图 2.9 淀积多晶硅层的网格分布

(a) ydy=0.25,dy=0.1;(b) ydy=0.25,dy=0.02

ATHENA 的网格是由连接着三角形的一些点(point)组成的,每一个点有一个或多个节点(node)与之对应。如果 point 在一个材料或区域内部,则对应一个 node,如果在几种材料的交界处,则对应多个 node。每一个 node 有代表特定区域、特定材料在该 point 处的一些状态值(solution),如掺杂浓度、迁移率和电场强度等,真正决定计算量的是 node 数目而不是 point 数,所以网格定义对仿真结果非常关键。通常在最需要精确计算其特性的地方就定义得密一些,如样品表面要比衬底底部定义得密一些,异质结界面、材料厚度很薄的外延层等处也要密一些。网格定义得更精细,仿真的精确性也会相应改善,但仿真速度将会变慢,且收敛性也会受到影响。

默认参数 tri.left 将网格矩形从左下角到右上角划分成两个三角形,如图 2.9 所示。之所以将矩形拆分成三角形,是因为在器件编辑器中定义网格时可由三角形的斜率或夹角来定义网格的容限,使网格不至于太过粗糙。另外在第 1 章讲解 Tonyplot 的 probe 功能时也提到了在一个三角形内的物理量都是相同的,这是网格离散化的必然结果。因此网格质量由网格疏密、网格长宽比例、器件内部材料区域以及物理量的分布共同决定。

命令 line 定义整个 X 方向和 Y 方向的网格分布,但通常这会浪费一些网格,比如表面处的 X 刻蚀边界可以密一些,但衬底在该 X 处就不需要这样密。采用 relax 命令可以在 line 命令定义好的网格分布基础上释放一些网格点。relax 命令需在 initialize 之后使用。

命令 relax 语法：

```
[RELAX] [X.MIN=<n>] [X.MAX=<n>] [Y.MIN=<n>] [Y.MAX=<n>]
[DIR.X | DIR.Y] [SURFACE] [DX.SURF=<n>]
```

网格释放的范围由 x.min、x.max、y.min 和 y.max 确定。网格释放的方式是隔一条网格线删除一条，默认是在 X 和 Y 方向都释放，如果定义了 dir.x 或 dir.y，则只释放 X 方向或 Y 方向的网格。参数 surface 表示释放表面的网格，dx.surf 为表面处的最小网格。

例 2-13　relax 命令释放网格，图 2.10 是不释放和释放网格的效果对比。

```
relax silicon x.min=0.1 x.max=0.5 y.min=0.2 y.max=0.6
```

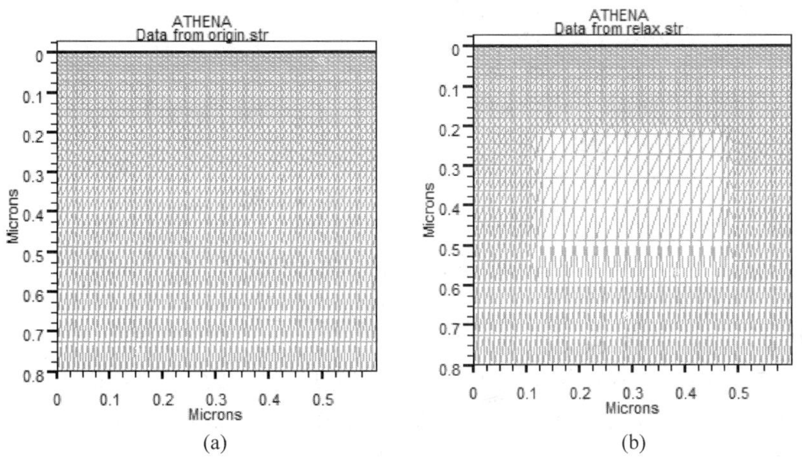

图 2.10　初始网格和采用 relax 后的网格

2.2.2　衬底初始化

网格定义后就是对衬底进行初始化，初始化的命令是 initialize，可简写为 init。如图 2.11 所示为 initialize 的参数选择窗口。

initialize 语法：

```
INITIALIZE
[MATERIAL] [ORIENTATION=<n>] [ROT.SUB=<n>] [C.FRACTION=<n>]
[C.IMPURITIES=<n> | RESISTIVITY=<n>] [C.INTERST=<n>]
[C.VACANCY=<n>] [BORON | PHOSPHORUS | ARSENIC | ANTIMONY]
[NO.IMPURITY] [ONE.D | TWO.D | AUTO] [X.LOCAT=<n>] [CYLINDRICAL]
[INFILE=<c>] [STRUCTURE | INTENSITY]
[SPACE.MULT=<n>] [INTERVAL.R=<n>] [LINE.DATA] [SCALE=<n>]
[FLIP.Y] [DEPTH.STR=<n>] [WIDTH.STR=<n>]
```

初始化的参数及其说明如下：

材料相关参数

material：衬底材料。

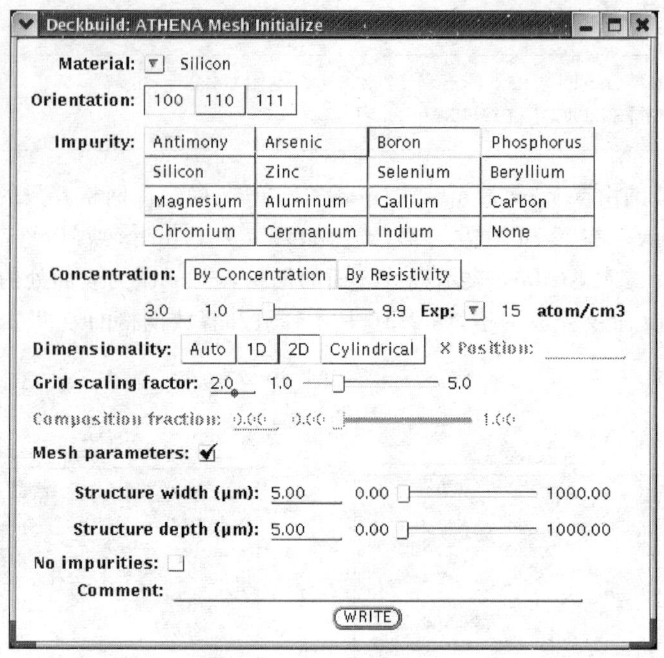

图 2.11　initialize 的参数选择窗口

orientation：衬底晶向，晶向只有[100]、[110]和[111]，默认值是[100]。

rot. sub：在 BCA 注入模型中指明衬底方向，单位度，默认为−45，表示剖面为(101)面。

c. fraction：三元化合物中第一种材料的组分，如 AlGaAs 中的 Al 组分。

掺杂相关的参数

c. impurities：衬底所含杂质的种类及浓度，均匀掺杂(atom/cm^3)。

resistivity：衬底的电阻率(Ω·cm)。此参数指定时会忽略 c. impurity 参数且只对硼、磷、砷和锑杂质有效。

c. interst：衬底材料的填隙原子浓度(cm^{-3})。

c. vacancy：衬底材料的空位浓度(cm^{-3})。

boron、phosphorus、arsenic、antimony：用 resistivity 来定义掺杂浓度时指明杂质的种类。

no. impurity：衬底不进行掺杂。

仿真维度相关的参数

one. d、two. d、auto：仿真的初始维度，如果是 one. d 则需设定 x. locat 参数。默认是 auto，即一开始采用一维计算直到需要采用二维计算(通常从 etch 开始)。图 2.4 是 auto 的结果，而图 2.9 是在初始化时设置了 two. d 参数的效果。

x. locat：2D Mesh 结构中指明进行一维仿真的位置。

cylindrical：圆柱形对称结构(对称轴为 X=0.0)的边界线。

从文件定义初始化及其说明

infile：导入结构文件，文件中必须包含结构或强度分布信息。

structure、intensity：初始化的类型，默认为结构。

结构相关参数

space. mult：设定全局的 spacing 的乘数。

interval. r：邻近网格线间距的最大比值，默认是 1.5。

line. data：指定在仿真时显示网格线的位置。

scale：输入网格线的放大比率，默认为 1.0。

flip. y：结构对 X 轴做镜像，即将衬底的底部置为最表面，这时 Y 轴的网格位置是正负变号的。

depth. str、width. str：初始衬底的深度和宽度(μm)。

例 2-14　使用默认参数初始化。

```
init
```

例 2-15　初始化硅衬底，含硼浓度 $3.0\times10^{15}\text{cm}^{-3}$，二维初始化。

```
init silicon c.boron = 3.0e15 two.d
```

例 2-16　硅衬底，含磷杂质，电阻率 10Ω · cm，晶向为[111]。

```
init silicon phosphor resistivity = 10 orientation = 111
```

例 2-17　InGaAs 衬底，In 组分 0.5。

```
init ingaas c.fraction = 0.5
```

init 命令除了衬底初始化外，也可用于导入结构文件。

例 2-18　初始化并导入已有结构。

```
init infile = pre.str
```

命令 profile 可以导入包含一维掺杂分布信息的文件，从而建立初始结构。

profile 语法：

```
PROFILE
[INFILE = <c>] [MASTER | XY.SIMS | EXTRACT.SIMS]
[IMPURITY | INTERST | VACANCY | CLUSTER.DAM | DIS.LOOP]
[LAYER1.DIV = <n>] [LAYER2.DIV = <n>]....[LAYER20.DIV = <n>]
```

profile 的参数及其说明如下：

infile：导入数据文件的文件名。文件中包含掺杂分布，其格式是第一列为深度值(μm)，第二列为浓度值(cm^{-3})，两列数值之间以空格隔开，也可以采用 table 键隔开，样式如下：

```
0       1e14
2       1e14
2.05    1e19
2.95    1e19
3       1e19
3.05    1e14
3.1     1e14
20      1e14
```

master,xy. sims,extract. sims:master 或 SSF 表示文件是由 SSuprem3 仿真得到的标准结构文件。xy. sims 指定导入的文件为 SIMS 格式。extract. sims 指定导入的文件是通过 extract 命令提取的结果文件。

impurity,interst,vacancy,cluster. dam,dis. loop:impurity 为掺杂的杂质种类,interst、vacancy、cluster. dam 和 dis. loop 分别为填隙原子、空位、{311}团簇和位错环。

layer1. div,layer2. div,layer20. div:材料层由 SSuprem3 结构文件导入时定义网格。

例 2-19 由文件导入掺杂分布并进行扩散工艺仿真,掺杂剂为铝原子,文件内容即采用解释 infile 参数时所列的数值。为了更直观反映导入的掺杂分布,特意设计掺杂分布为矩形分布。

```
go athena1d

line y loc = 0.0 spac = 0.05
line y loc = 1 spac = 0.05
line y loc = 3 spac = 0.025
line y loc = 4 spac = 0.05
line y loc = 20 spac = 0.2

init orientation = 111 c.phos = 1e15

profile infile = profile aluminum
save outfile = pre.str

diffuse temp = 1150 time = 1 hours dryo2
save outfile = diff.str

tonyplot - overlay pre.str diff.str
quit
```

图 2.12 是例 2-19 运行后的结果,在 1150℃下经过 1 小时的扩散之后,铝杂质从高浓度往低浓度区有明显的扩散。

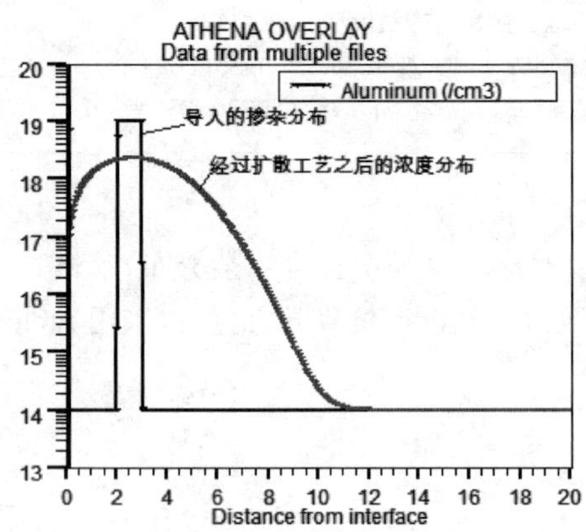

图 2.12 profile 导入掺杂分布并进行工艺仿真

2.2.3 工艺步骤

ATHENA工艺仿真器可以对很多工艺进行仿真，这些工艺包括扩散、氧化、刻蚀、CMP、淀积、烘烤、曝光、成像、显影、外延和硅化等。工艺仿真组件有ATHENA、SSuprem3、SSuprem4、Monte Carlo Implant、ELITE、Monte Carlo Deposit/Etch和OPTOLITH等。

2.2.4 提取特性

工艺仿真的结果形式有结构文件(*.str)或提取的特性如材料厚度、结深、表面浓度、浓度分布、某杂质的总浓度、方块电阻等。Extrat有内建的一维QUICKMOS和QUICKBIP，可以在工艺仿真器中提取得到器件结构的信息，如一维结电容、一维电导和阈值电压等，特性提取在1.3.6节已有详细介绍。

2.2.5 结构操作

结构操作的命令是structure，它可以保存和导入结构，也可以对结构做镜像或上下翻转。镜像的命令用mirror，其参数有left、right、top和bottom等，做镜像可以得到完全对称的结构和网格，并可以减少前期计算量。上下翻转的参数是flip.y。

例 2-20 保存当前结构到结构文件。

```
structure outfile = filename.str
```

例 2-21 以现结构的左边界做镜像，结果如图2.13所示。

```
structure mirror left
```

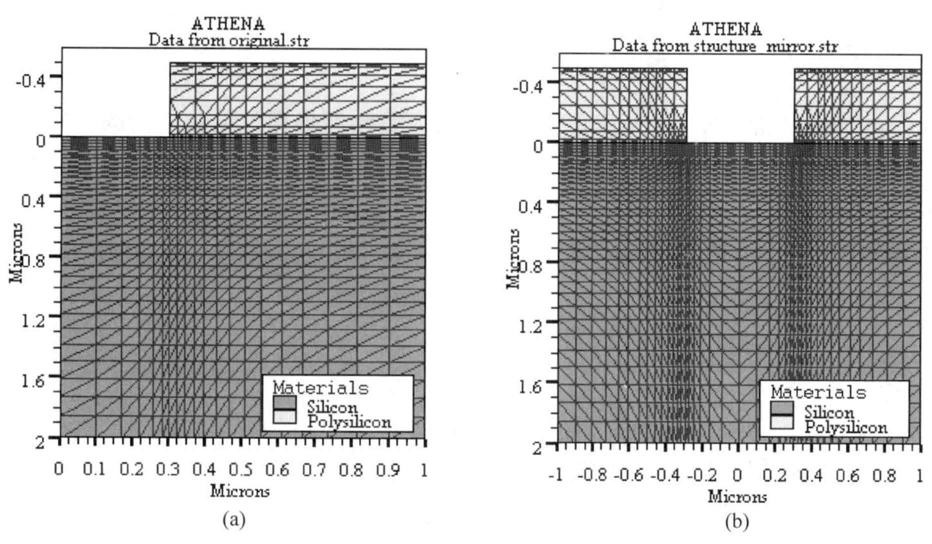

(a) (b)

图2.13 对结构做镜像前和做镜像后的结构

例 2-22 以Y=0水平线对结构进行上下翻转，将衬底置于表面，结果如图2.14所示。

```
structure flip.y
```

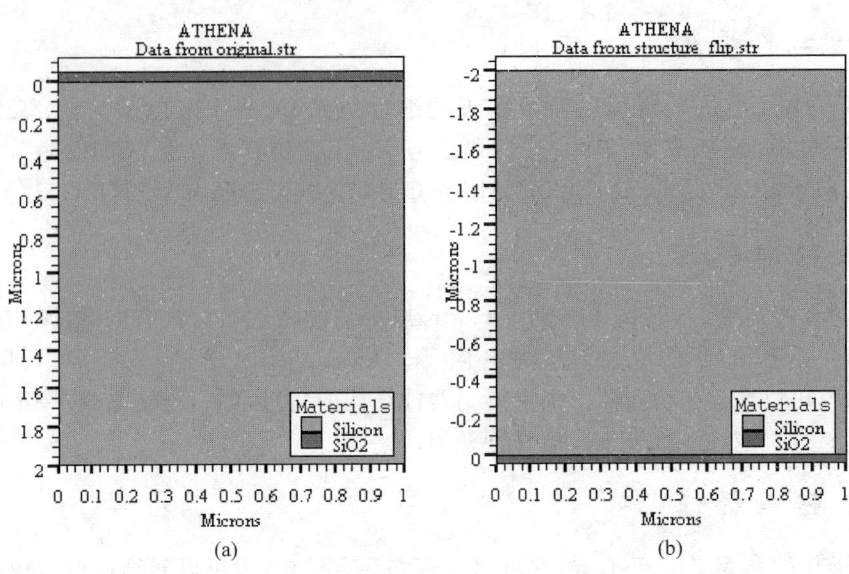

图 2.14 (a)结构上下翻转前和(b)结构上下翻转后的结构

结构上下翻转之后可以对衬底进行操作，翻转之后 Y 轴坐标也发生了变化，在几何刻蚀等需要填写坐标的仿真中需要注意。

例 2-23 导入结构文件。

```
structure infile = filename.str
```

导入结构也可用 structure，即在启动仿真器 ATHENA 时由初始化导入结构。在器件仿真中如果不关心结构怎么生成，由 init 导入结构会很快捷。

2.2.6 Tonyplot 显示

Tonyplot 可视化工具，用来显示当前的结构或是已经保存的结构文件的结构或掺杂等信息。工艺仿真中各个步骤得到的结构可用 Tonyplot 的动画功能做成动画(格式为 *.gif 的文件)。Tonyplot 可以提供简单的函数计算功能，还有 Poisson Solver 的功能可以在工艺生成的结构中计算一些电学特性。对此，Tonyplot 已经在 1.3.5 节做了详细的介绍。

2.3 单项工艺

本章主讲 Silvaco TCAD 的工艺仿真，这些工艺包括离子注入、扩散、淀积、刻蚀、光刻、外延等。除了简单的模型之外，也会讲到高级的仿真如 Monte Carlo 仿真和等离子体刻蚀等。本章在对语法的主要参数进行说明的同时，也提供了 Linux 版本下相应参数的选择窗口(如图 2.11 所示)。语法对 Windows 版本和 Linux 版本都有效，而参数选择窗口是在 Linux 版本才有的。给出参数选择窗口可以帮助理解每一步工艺的主要参数有哪些，以及它是如何归类的。

2.3.1 离子注入

离子注入用于工艺仿真时进行注入掺杂，注入的杂质可以是硼、磷、砷、BF2、锑、硅、锌、硒、铍、镁、铝、镓、碳和铟等。

implant 语法：

```
[IMPLANT | PEARSON | FULL.LAT | MONTECARLO | BCA] [CRYSTAL | AMORPHOUS]
IMPURITY ENERGY = <n> DOSE = <n> [FULL.DOSE]
[TILT = <n>] [ROTATION = <n>] [FULLROTATION]
[PLUS.ONE] [DAM.FACTOR = <n>] [DAM.MOD = <c>] [PRINT.MOM]
[X.DISCR = <n>] [LAT.RATIO1] [LAT.RATIO2] [S.OXIDE = <n>]
[MATCH.DOSE | RP.SCALE | MAX.SCALE] [SCALE.MOM] [ANY.PEARSON]
[IMPL.TAB = <c>]
[N.ION = <n>] [MCSEED = <n>] [TEMPERATURE = <n>] [DIVERGENCE = <n>]
[IONBEAMWIDTH = <n>]
[IMPACT.POINT = <n>] [SMOOTH = <n>] [SAMPLING] [DAMAGE]
[MISCUT.TH] [MISCUT.PH] [TRAJ.FILE = <n>] [N.TRAJ = <n>] [Z1 = <n>] [M1 = <n>]
```

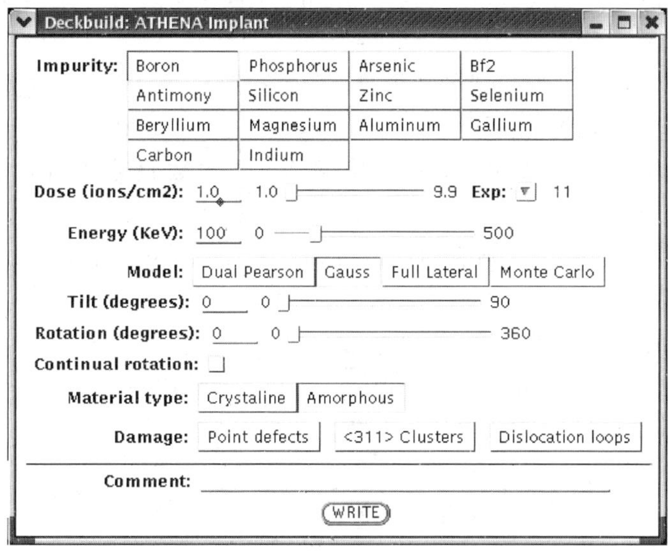

图 2.15　implant 的参数选择窗口

如图 2.15 为 implant 的参数选择窗口。implant 的主要参数及其说明如下：

模型选择参数

gauss、bca、pearson、full.lat 和 montecarlo：离子注入所选择的模型，BCA 为 Binary Collision Approximation 的缩写。

crystal 和 amorphous：设定注入步骤中硅晶格结构，默认是 crystal。

对所有注入模型有效的参数

impurity：注入的杂质种类。

energy：离子的能量，单位为 keV。

dose：注入剂量，单位 cm^{-2}。剂量是对注入方向而言的，其他方向会不同。

tilt：注入离子束与晶圆法线的角度，单位度，默认值是 7°。

rotation：注入离子束和仿真面(即器件剖面)的角度，单位度，默认值是 30°。

fullrotation：注入在所有的 rotation 角度都进行，可理解为注入时旋转 wafer。

full. dose：指定 tilt 角度时对注入剂量进行调整。调整后 dose=dose/cos(tilt)。

plus. one 和 dam. factor：注入损伤计算，损伤是指离子注入所造成的晶格的空位密度。

print. mom：输出所有离子或材料的动量。

dam. mod：由 C 注释器编辑的文件来修改缺陷浓度模型。

analytical 注入模型参数

x. discr：平均离子束宽度扩展因子，默认值在 0.1 和 0.2 之间。

lat. ratio1：第一泊松分布的标准偏差的乘数，默认值为 1。

lat. ratio2：第二泊松分布的标准偏差的乘数，默认值为 0.2。

s. oxide：SVDP 模型的屏氧参数，默认值 0.001μm。

match. dose、rp. scale、max. scale：多层材料结构的计算方法，默认 match. dose。

Monte Carlo/BCA 注入参数

n. ion：设定计算的离子轨道数。当 sampling 参数未指定时一维结构默认是 1000，二维结构默认是 10000。

mcseed：蒙特卡洛仿真时生成的随机数。

temperature：注入时衬底的温度。

divergence：离子束发散角度，默认值是 1°，此参数设定时 tilt 角度变为 tilt±divergence/2.0 的范围。

impact. point：离子束注入到表面的位置，x=(left+implant. point * L)，left 为左边界，L 是总长度。

ionbeamwidth：离子束的束宽，单位为 nm。

smooth：采用 Gaussian 方法平滑处理。

sampling：Monte Carlo 方法统计样本数。

damage：损伤计算。

traj. file：蒙特卡洛计算时将离子轨迹保存到文件。

n. traj：文件 traj. file 中保存轨迹的数目，默认是取 n. ion 和 2000 中的较小者。

z1：注入为惰性气体原子时设置惰性气体的原子数。注入惰性气体并不会引入新的杂质，但会对衬底造成损伤，甚至使衬底无定形化。

m1：注入为惰性气体原子时设置惰性气体的主要同位素的原子质量。

路径 X:\sedatools\lib\Athena\<version_number>. R\common\implant-tables 下有离子注入的参数文件。文件 std_table 在开头即对其文件格式进行了说明，其中第一栏表示衬底材料，第二栏为可注入的元素种类，其他各列的信息也有说明，样式如下：

```
*      S4imp.dat  -  SSUPREM - 4 implant distribution statistics file.
*      Notes:(1) Data must be in numerical order by energy.
*            (2) Data for each energy must appear only once.
```

```
*             EXCEPT AT THE INTERFACE FROM TWO PEARSON TO
*             ONE PEARSON
*      File format:
*      column 1: Material identifier:
*                 1 => silicon
*                 2 => oxide (thermal or deposited)
*                 3 => polysilicon
*                 4 => silicon - nitride
*                 5 => aluminum
*                 6 => photoresist
*                 7 => AMORPHOUS SILICON
*                 9 => Gallium Arsenide
*                 10 => First User - defined
*                 11 => Second User - defined
*                 12 => Third User - defined
*                 13 => Tungsten
*                 14 => Titanium
*                 15 => Platinum
*                 16 => WSix
*                 17 => TiSix
*                 18 => PtSix
*                 26 => AlGaAs
*                 27 => InGaAs
*                 28 => SiGe
*                 29 => InP
*      column 2: Element identifier:
*                 1 => boron
*                 2 => phosphorus
*                 3 => arsenic
*                 4 => antimony
*                 5 => BF2
*                 20 => Germanium
*                 21 => zinc
*                 22 => selenium
*                 23 => beryllium
*                 24 => magnesium
*                 25 => Chromium
*                 26 => silicon
*                 27 => aluminum
*                 37 => gallium
*                 38 => carbon
*      column 3: Implant energy (en) (keV)
*      column 4: Projected range (range) (microns)
*      column 5: Vertical projected standard deviation (std.dev) (microns)
*      column 6: Skewness or third moment ratio (gamma) (no units)
*      column 7: Kurtosis or fourth moment (kurtosis) (no units)
*      column 8: Lateral Standard deviation (lstd.dev) (microns)
*      column 9: Mixed moment <X*Y**2>/DRP**(3/2) (lgamma) (no units)
*      column 10: Mixed moment <X**2*Y**2>/DRP**2 (lkurtosis) (no units)
*      columns 11 - 17: Parameters for the second Pearson curve
*      column 11: Projected range (srange) (microns)
```

```
…
*      COLUMN 18 - 23: RATIO (DOSE1/TOTAL) AT EACH TOTAL DOSE: 1E11 2E13 5E14 2E15 1E16 1E17
…
```

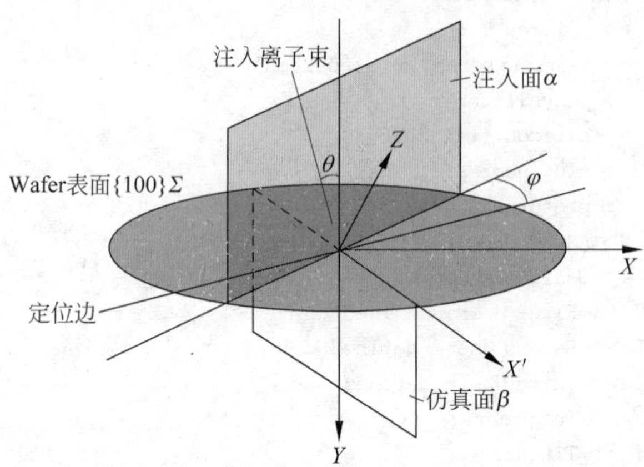

图 2.16 离子注入的几何示意图

图 2.16 为离子注入的几何示意图，离子注入中存在三个面：①样品表面 Σ，晶向由仿真初始化 init 命令的 orientation 参数定义；②仿真面 β，也即在 Tonyplot 中所显示的器件剖面；③离子的注入面 α，注入面由 rotation 参数和 Y 轴决定，注入的方向是在注入面内与 Y 轴夹角 tilt 方向。图中 θ 即为 tilt，rotation 为 φ。

例 2-24 analytical 注入。

```
implant phosph dose = 1e14 energy = 100 tilt = 7
```

例 2-25 SVDP(SIMS-Verified Dual Pearson)硼注入。

```
implant boron dose = 1e14 energy = 100 tilt = 7 s.oxide = 0.005
```

例 2-26 Monte Carlo 注入，注入前的结构和注入后的杂质分布如图 2.17 所示。

```
go athena
line x loc  =  0.0 spacing = 0.02
line x loc  =  0.5 spacing = 0.02
line y loc  =  0 spacing  =  0.02
line y loc  =  1.5 spacing  =  0.05

init orientation = 100
deposit oxide thick = 0.5 div = 10
etch oxide p1.x = 0.3 right
structure mirror right
deposit oxide thick = 0.03 div = 3

implant phosph dose = 1e14 energy = 100 bca tilt = 7 rotation = 0 temperature = 300

structure outfile = Monte_Carlo_implant.str remove.gas
tonyplot Monte_Carlo_implant.str  - set Monte_Carlo_implant.set
```

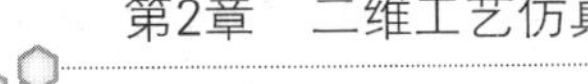

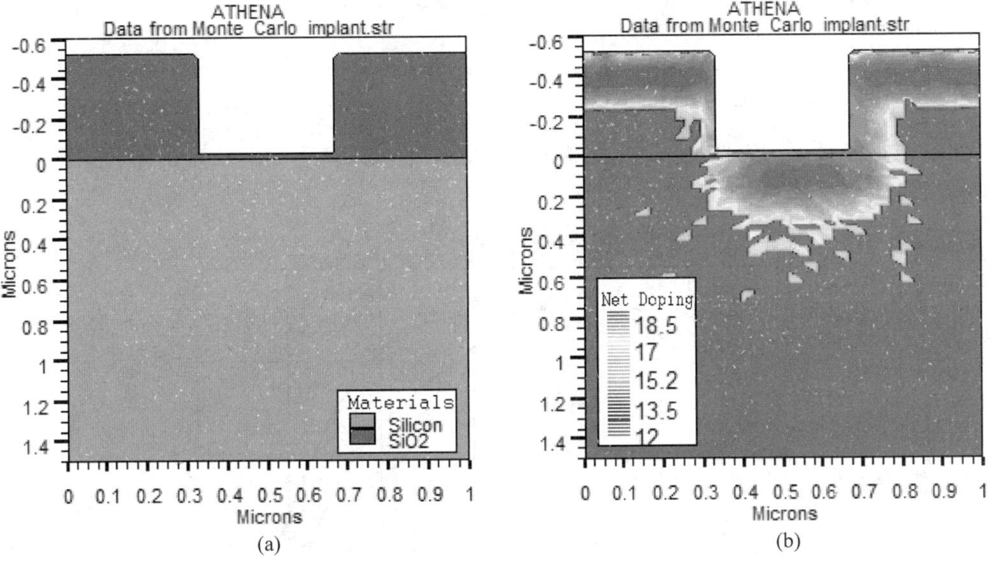

(a)　　(b)

图 2.17　蒙特卡洛离子注入的初始结构和注入后的杂质分布

例 2-27　不同硼离子注入的效果比较,注入角度分别为 0°、1°、2°、7°和 10°。

```
go athena
init infile = origin_STR.str

implant boron energy = 35 dose = 1.e13 tilt = 0 rotation = 0 print.mom
save outfile = titl_0.str
################################
go athena
init infile = origin_STR.str

implant boron energy = 35 dose = 1.e13 tilt = 1 rotation = 0 print.mom
save outfile = titl_1.str
################################
go athena
init infile = origin_STR.str

implant boron energy = 35 dose = 1.e13 tilt = 2 rotation = 0 print.mom
save outfile = titl_2.str
################################
go athena
init infile = origin_STR.str

implant boron energy = 35 dose = 1.e13 tilt = 7 rotation = 0 print.mom
save outfile = titl_7.str
################################
go athena
init infile = origin_STR.str
```

```
implant boron energy = 35 dose = 1.e13 tilt = 10 rotation = 0 print.mom
save outfile = titl_10.str

tonyplot - overlay titl_*.str
```

例 2-27 中每一个条件都从定义网格开始到保存结构，只是注入角度的不同，图 2.18 为注入的结果比较。

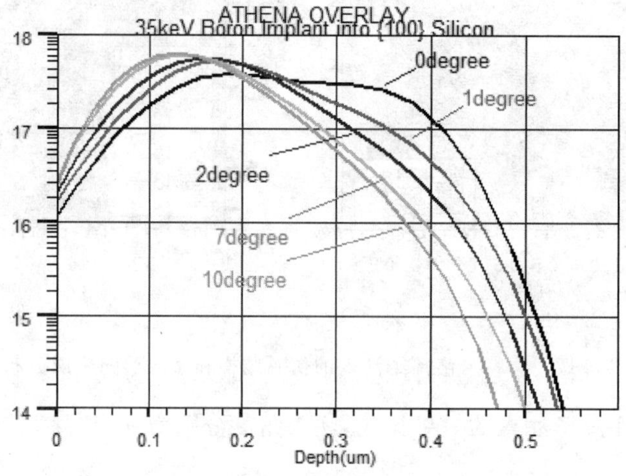

图 2.18　不同离子注入角度的注入结果

由于注入的参数里有 print.mom，此时留意一下输出窗口就会发现下面的信息：

```
The following implant parameters are found in the * * SVDP (UT at Austin) tables * * and used for: MATERIAL: silicon; ION: Boron; S.OXIDE.THICK NESS = 0.001um. energy = 35 dose = 1e + 013 tilt = 10 rotation = 0 range = 0.1319 std.dev = 0.0562 gamma = 0.295714 kurtosis = 3.08571 srange = 0.216829 sstd.dev = 0.0687286 sgamma = 0.396857 skurtosis = 2.79571 dratio = 0.808243 lstd.dev = 0.056 kurtt = 3 lsstd.dev = 0.0032 skurtt = 1.82
```

离子注入会导致晶格损伤，损伤是由原子碰撞引起的。损伤的数量和分布由注入的能量、类型、注入离子的剂量决定。Binary Collision Approximation (BCA)或 Molecular Dynamics (MD)仿真可以详尽地描述点缺陷、团簇和三维缺陷。

例 2-28　plus1 注入，plus1 为点缺陷模型。参数 dam.factor 定义损伤密度和注入杂质的比例，需要使用 unit.dam，结果如图 2.19 所示。

```
implant phos dose = 1e14 energy = 10 unit.dam dam.factor = 0.001
save outfile = damage.str
```

例 2-29　蒙特卡洛离子注入，SVDP 注入和实验结果的比较，结果如图 2.20 所示。仿真时要确保有相同的网格，这样才具有可比性。由于 tilt 是 0°，因此注入深度较深。

```
go athena
init infile = pre.str

# run BCA model
implant sampling boron energy = 10 dose = 9.27e12 tilt = 0 bca divergence = 0.1 \
    n.ion = 5000
```

```
extract name = "BCA" curve(depth, impurity = "boron" material = "silicon" \
    mat.occno = 1 x.val = 0) outfile = "BCA.dat"
#
go athena
init infile = pre.str

# run SVDP for comparison
implant boron energy = 10 dose = 9.27e12 tilt = 0 pears s.ox = 0.001
extract name = "SVDP" curve(depth, impurity = "boron" material = "silicon" \
    mat.occno = 1 x.val = 0) outfile = "SVDP.dat"
#
tonyplot -overlay BCA.dat SVDP.dat implant.exp -set display.set
```

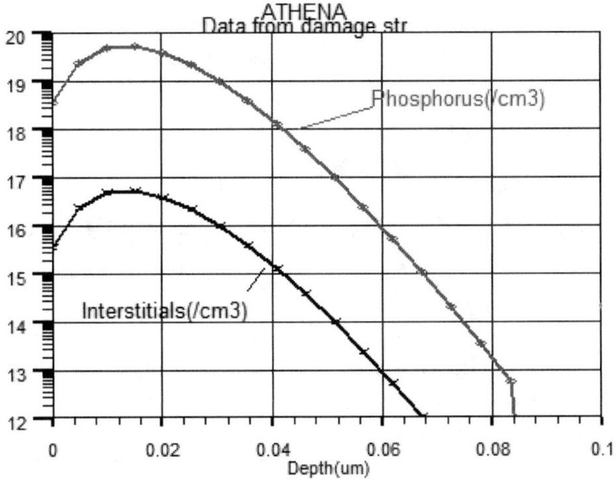

图 2.19　由损伤因子定义离子注入的损伤

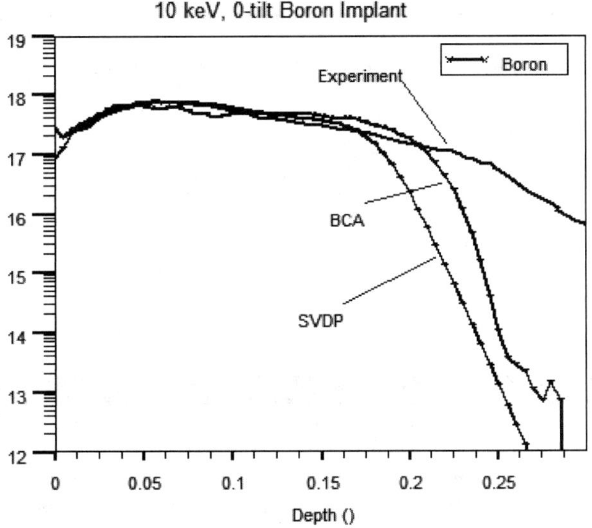

图 2.20　BCA 注入、SVDP 注入和实验结果的比较

2.3.2 扩散

扩散可用于仿真杂质的扩散，但不同的扩散氛围会有不同的效果，如氧气氛下的扩散实际上可以对表层的硅或多晶硅进行氧化，如果气氛里含有杂质浓度则可以仿真预沉积。

扩散语法：

```
DIFFUSE
TIME = <n> [HOURS | MINUTES | SECONDS]
TEMPERATURE = <n> [T.FINAL = <n> | T.RATE = <n>]
[DRYO2 | WETO2 | NITROGEN | INERT] [HCL.PC = <n>] [PRESSURE = <n>]
[F.O2 = <n> | F.H2 = <n> | F.H2O = <n> | F.N2 = <n> | F.HCL = <n>] [C.IMPURITIES = <n>]
[DUMP] [DUMP.PREFIX = <c>] [TSAVE = <n>] [TSAVE.MULT = <n>]
[B.MOD = <c>] [P.MOD = <c>] [AS.MOD = <c>] [IC.MOD = <c>] [VI.MOD = <c>]
[NO.DIFF] [REFLOW]
```

如图 2.21 所示为 diffuse 的参数选择窗口。

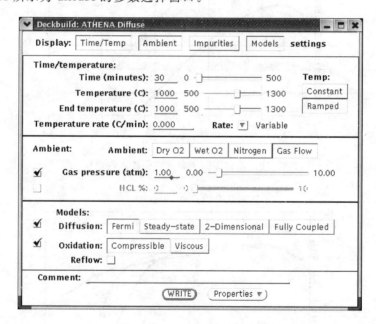

图 2.21 diffuse 的参数选择窗口

当扩散的氛围选择 Gas Flow 时会出现如图 2.22 所示的气体选择的窗口。

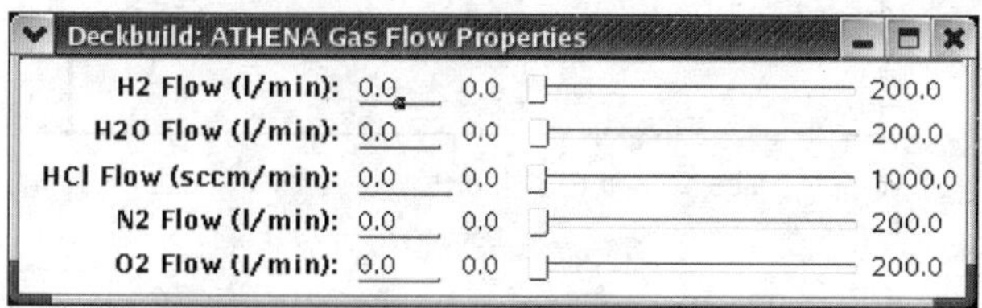

图 2.22 Gas Flow 的参数选择窗口

diffuse 的主要参数及其说明：

扩散步骤的参数

time：扩散的总时间。

hours、minutes、seconds：扩散时间的单位，默认是 minutes。

temperature：氛围的温度(℃)，恒温，不在 700～1200℃ 范围时扩散系数将会不够精确。

t. final：温度是变温时，设定最终的温度。

t. rate：温度是变温时，设定温度的变化率。因为时间是必需的参数，所以变温扩散时 t. final 和 t. rate 两个参数只能选择其中一个。

扩散氛围的参数

dryo2、weto2、nitrogen、inert：扩散的气体氛围，nitrogen 作用同 inert。

hcl. pc：氧化剂气流中 HCl 的百分比。

pressure：指定气氛的分压，单位是 atm，默认值为 1。

f. o2、f. h2、f. h2o、f. n2、f. hcl：气体的流速，此时不需定义 dryo2、weto2、nitrogen 和 hcl. pc 等参数。

c. impurities：气体氛围中所含杂质及其浓度($atoms/cm^3$)，可仿真预沉积工艺。

文件输出参数

dump、dump. prefix：在每一个 dump 步骤保存结构文件，文件命名规则为"dump. prefix<time>. str"，<time>为当前的时间(分钟)。

tsave、tsave. mult：当使用高级的 pls 扩散模型时保存中间步骤的结构文件。文件名为"dump. prefix<time>. str"，但<time>(秒)为 time＝tsave * tsave. mult^k，k＝0，1，2，…，参数 tsave. mult 必须大于 1。

模型文件选择参数

b. mod、p. mod、as. mod、ic. mod、vi. mod：模型文件 boron. mod、phosphorus. mod、arsenic. mod、i. mod 和 defect. mod 等的默认位置 X：sedatools\lib\Athena\<version_number>. R\common\pls。

混杂参数

no. diff：氧化和硅化时忽略杂质扩散。

reflow：扩散时考虑表面回流。

例 2-30　干氧氧化(氧化层也可以由淀积来制作)。

```
diffuse time = 30 temp = 1000 dryo2
```

例 2-31　气流定义扩散氛围。

```
diffuse time = 10 temp = 1000 f.o2 = 10 f.h2 = 10 f.hcl = .1
```

例 2-32　变温扩散。

```
diffus time = 70 temp = 650 t.final = 1000 nitro press = 1.5
```

```
diffus time = 3 hours temp = 1000 nitro press = 1.5
diffus time = 350 temp = 1000 t.final = 650 nitro press = 1.5
```

例 2-33 文件输出，文件名为 test＊.str。采用系列文件输出的方式可以查看扩散过程，结果如图 2.23 所示。

```
go athena
init infile = before_diff.str
diffuse time = 30 temp = 1000 dryo2 dump = 2 dump.prefix = test
tonyplot -overlay test*.str -set display.set
```

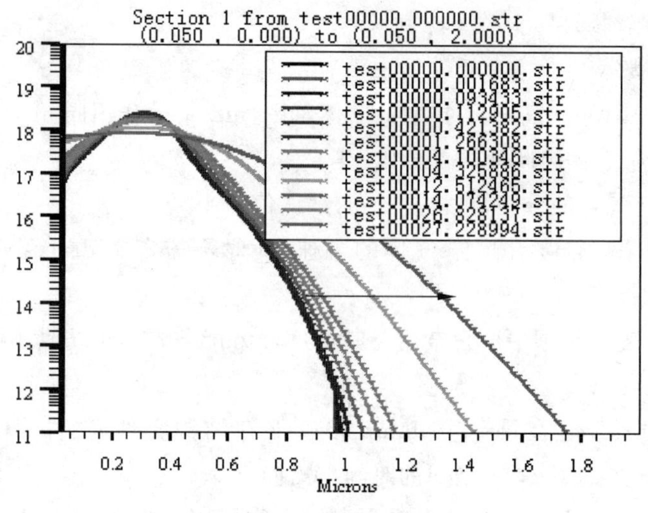

图 2.23 按扩散步骤保存结构

例 2-33 只有高温推进，整个过程中杂质量是恒定的(扩散掩蔽足够的情况下忽略杂质的外扩散)，分布类型将满足高斯分布。

例 2-34 预淀积，样品表面处硼气体浓度为 $1\times10^{20}cm^{-3}$。

```
go athena
line x loc = 0 spac = 0.1
line x loc = 0.5 spac = 0.1
line y loc = 0 spac = 0.005
line y loc = 2 spac = 0.05
init two.d
diffuse time = 60 temp = 1000 c.boron = 1.0e20 dump = 10 dump.prefix = predepo
```

图 2.24 为硼预沉积的按步骤保存的结果，预沉积为恒定表面源扩散，因此扩散过程中表面浓度一直保持不变，分布类型为余误差分布。

例 2-35 高级扩散模型。

```
method pls
diffuse time = 30 temp = 950 c.boron = 1e20 tsave = 1 tsave.mult = 10 dump.prefix = predep
```

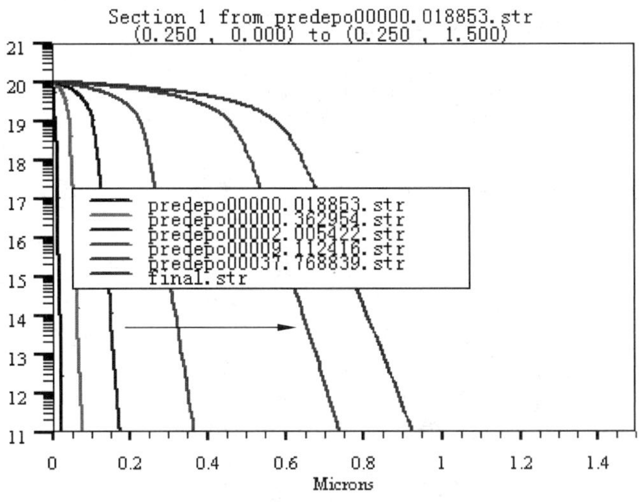

图 2.24 硼的预沉积

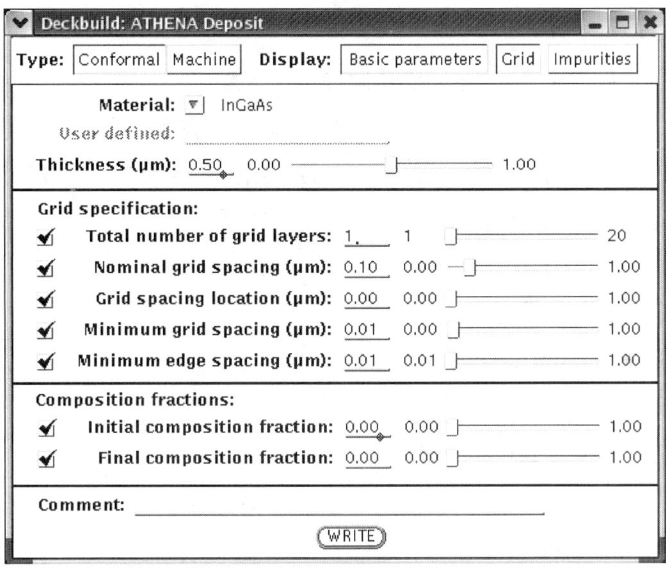

图 2.25 deposit 的参数选择窗口

2.3.3 淀积

deposit 命令可以淀积某些特定的材料，如图 2.25 所示为 deposit 的参数选择窗口。淀积语法如下：

```
DEPOSIT
MATERIAL [NAME.RESIST=<c>] THICKNESS=<n>
[SI_TO_POLY] [TEMPERATURE=<n>]
[DIVISIONS=<n>] [DY=<n>] [YDY=<n>] [MIN.DY=<n>] [MIN.SPACE=<n>]
[C.IMPURITIES=<n>] [F.IMPURITIES=<n.] [C.INTERST=<n>] [F.INTERST=<n>]
```

```
[C.VACANCY=<n>] [F.VACANCY=<n>] [C.FRACTION=<n>] [F.FRACTION=<n>]
[GR.SIZE=<n>] [F.GR.SIZE=<n>]
[MACHINE=<c>] [TIME=<n>] [HOURS | MINUTES | SECONDS]
[N.PARTICLE=<n>] [OUTFILE=<c>] [SUBSTEPS=<n>] [VOID]
```

deposit 的主要参数及其说明：

通用参数

material：淀积材料。

name.resist：淀积光刻胶。

thickness：淀积层厚度(μm)。

temperature：采用 stress.hist 模型时定义淀积的温度。

网格控制参数

2.2.1 节网格定义中已有详细讲解，这些参数是 divisions、dy、ydy、min.dy 和 min.space。

淀积的掺杂参数

c.impurities：淀积层中含的杂质及其浓度(cm^{-3})。

f.impurities：当参数 c.impurities 也设置时与之一起表示杂质浓度的线性分布。c.impurities 为淀积层底部的杂质浓度，f.impurities 为淀积层顶部的杂质浓度。

c.interst：淀积层填隙原子的浓度。

f.interst：作用和 f.impurities 类似。

c.vacancy：淀积层的空位浓度。

f.vacancy：作用和 f.impurities 类似。

c.fraction：淀积材料为三元化合物时指定第一种元素的组分，如 AlGaAs 中的 Al。

f.fraction：作用和 f.impurities 类似。

gr.size：淀积多晶硅的晶粒尺寸(μm)，只有在使用 poly.diff 模型时有效。

f.gr.size：作用和 f.impurities 类似。

ELITE 淀积模型参数

machine：淀积使用的机器名，在 rate.etch 状态参数中设定。

time：淀积的时间。

hours、minutes、seconds：时间的单位，默认是 minutes。

n.particle：蒙特卡洛淀积时计算的弹道颗粒数。

outfile：将蒙特卡洛颗粒位置的信息存入文件。

substeps：ELITE 模型的分步淀积的每一步。

void：指定淀积材料填充时空洞的形成。

例 2-36 保角淀积示例，淀积二氧化硅 0.1μm，纵向含 4 个网格点。

```
deposit oxide thick=0.1 division=4
```

例 2-37 淀积 BPSG 及定义硼和磷的浓度。

```
deposit material = BPSG thickness = 0.1 div = 6 c.boron = 5e19 c.phos = 1e20
```

例 2-38 淀积的网格控制。

```
deposit nitride thick = 0.3 dy = 0.025 ydy = 0.15 div = 5
```

rate.depo 可实现高级淀积模型的仿真，比如 CVD 模型，图 2.26 是 rate.depo 参数选择的窗口。

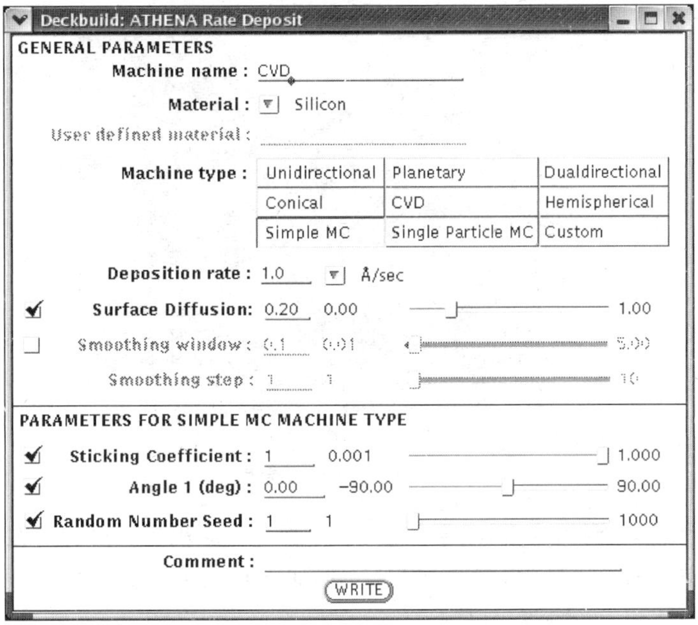

图 2.26 rate.deposit 的参数选择窗口

rate.depo 语法：

```
RATE.DEPO
MACHINE = <c> MATERIAL | NAME.RESIST = <c>
CONICAL | CVD | PLANETAR | UNIDIRECT | DUALDIRECT | HEMISPHERIC |
MONTE1 | MONTE2 | CUSTOM1 | CUSTOM2
DEP.RATE = <n> [INFILE = <c>] [A.H | A.M | A.S | U.S | U.M | U.H | N.M]
[STEP.COV = <n>] [ANGLE1 = <n>] [ANGLE2 = <n>] [ANGLE3 = <n>]
[C.AXIS = <n>] [P.AXIS = <n>] [DIST.PL = <n>]
[SIGMA.DEP = <n>] [SIGMA.0] [SIGMA.E]
[SMOOTH.WIN = <n>] [SMOOTH.STEP = <n>] [MCSEED = <n>] [STICK.COEF = <n>]
```

例 2-39 ELITE 淀积，结果如图 2.27 所示。

```
go athena
init infile = pre_depo.str

deposit nitride thick = 0.1 div = 10
```

```
etch nitride right p1.x = 0.3
structure mirror right

rate.depo machine = MOCVD cvd dep.rate = 0.1 u.m step.cov = 0.75 Aluminum
deposit machine = MOCVD time = 1 minute div = 20

structure outfile = elite_depo.str
tonyplot elite_depo.str - set display.set
```

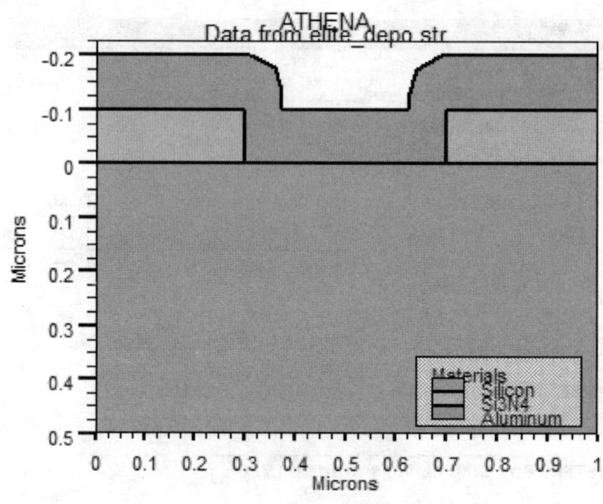

图 2.27 ELITE 淀积

例 2-40 淀积层空洞的产生，结果如图 2.28 所示。淀积空洞更容易在高深宽比的情况下产生，要仿真空洞的形成过程，除了淀积速率（如 rate.deop 命令的相关参数）外，还需要在 deposit 命令中使用 void 参数。

```
go athena
init infile = mask.str

rate.depo machine = MOCVD aluminum a.m sigma.dep = 0.20 hemisphe dep.rate = 1000 \
        angle1 = 90.00 angle2 = -90.00

deposit machine = MOCVD time = 1 minute div = 10 void
structure outfile = void1_depo.str

deposit machine = MOCVD time = 2 minute div = 20 void
structure outfile = void2_depo.str

tonyplot void1_depo.str void2_depo.str
```

例 2-41 淀积 AlGaAs，其中 AlGaAs 的组分和掺杂浓度是随深度线性渐变的。结果如图 2.29 所示。

```
go athena
line x loc = 0.00 spac = 0.1
```

```
line x loc = 0.1 spac = 0.10
line y loc = 0.00 spac = 0.01
line y loc  =  1.0 spacing  =  0.25
init gaas two.d
deposit AlGaAs thick = 0.5 div = 10 c.fraction = 0.1 f.fraction = 0.8 c.silicon = 1e16 \
    f.silicon = 1e15
structure outfile = AlGaAs_depo.str
```

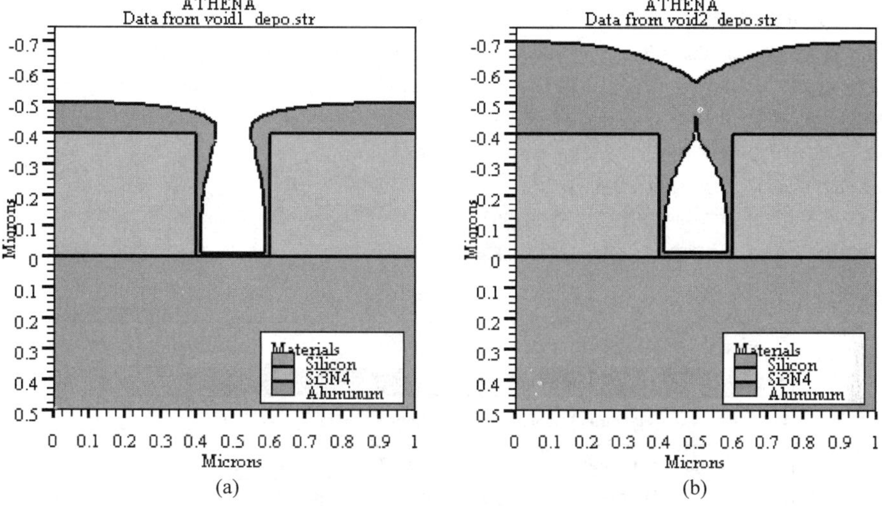

图 2.28　淀积时孔洞形成过程中和孔洞形成后

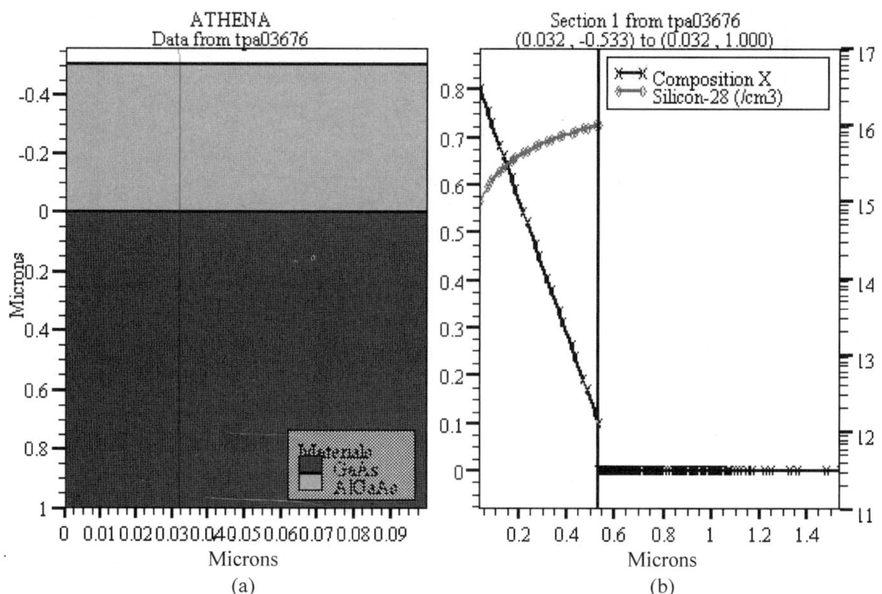

图 2.29　淀积层的组分和掺杂渐变

（a）二维结构；（b）纵向组分渐变

2.3.4 刻蚀

ATHENA 提供两种不同刻蚀方法，一种是几何刻蚀，另一种是物理刻蚀，物理刻蚀的计算模块是 ELITE。如图 2.30 所示为刻蚀的参数选择窗口。

刻蚀语法：

```
ETCH
[MATERIAL] [NAME.RESIST]
[ALL | DRY] [THICKNESS=<n>] [ANGLE=<n>] [UNDERCUT=<n>]
[LEFT | RIGHT | ABOVE | BELOW] [P1.X=<n>] [P1.Y=<n>] [P2.X=<n>] [P2.Y=<n>]
[START | CONTINUE | DONE] [X=<n>] [Y=<n>] [INFILE=<c>]
[TOP.LAYER] [NOEXPOSE] [DT.FACT=<n>] [DT.MAX=<n>]
[DX.MULT=<n>] [MACHINE=<c>]
[TIME=<n>] [HOURS | MINUTES | SECONDS]
[MC.REDEPO] [MC.SMOOTH=<n>] [MC.DT.FACT=<n>]
[MC.MODFNAME=<c>]
```

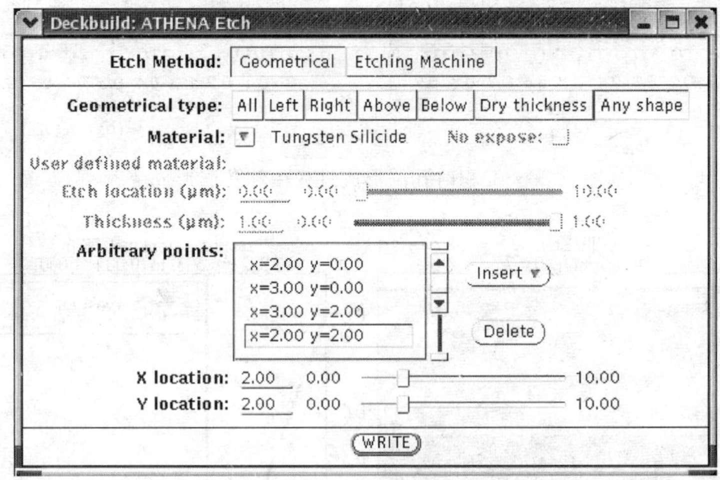

图 2.30 刻蚀的参数选择窗口

etch 的主要参数及其说明如下：

几何刻蚀参数

material：被刻蚀的材料。

name. resist：刻蚀的光刻胶。

all：指定的材料完全被刻蚀。

dry：刻蚀表面形貌不变，整体下降 thickness 大小。如果 angle 和 undercut 设定了，则表面形貌会受其影响。

thickness：干法刻蚀的刻蚀厚度(μm)。

angle：侧墙倾斜角度(°)，默认为 90°，即垂直。

undercut：掩膜下钻蚀的距离(μm)，默认值为 0。

left、right、above、below：梯形刻蚀，刻蚀区域需由相应的 p1. x、p1. y 和p2. x、p2. y 指定。

p1.x、p1.y、p2.x 和 p2.y：left/right/above/below 刻蚀的位置(μm)，p1 参数不可省。

start、continue、done：任意的刻蚀，由一些点(参数 X、Y 指明位置)连成的线组成的区域。

infile：由输入文件说明刻蚀剖面。

top. layer：只有表层材料被刻蚀。

noexpose：新得到的表面不会导致并发的氧化或淀积。

ELITE 组件的物理刻蚀参数

machine：刻蚀机器名称。

time：刻蚀的时间。

hours、minutes、seconds：刻蚀时间的单位。

MC. PLASMA 模型参数

mc. redepo：仿真时考虑重淀积，默认为 ture。

mc. smooth：表面平滑的精度。

mc. dt. fact：Monte Carlo 刻蚀和重淀积的时间步骤控制。

当需要更高级的模型时可以采用 ELITE 模块。仿真特性有 Wet Etch、RIE、Plasma Etch 和 Monte Carlo Plasma Etch。

命令 rate. etch 中的 machine 参数的命名没有任何实质意义，machine 只是定义工艺设备、试剂和气体等工艺的共同参数。在后续工艺中可以采用这些共同的参数对不同材料、不同工艺条件进行仿真。如例 2-50 中 plasma 刻蚀的刻蚀腔参数 pressure 和 freq 等，离子参数 tgas、mion 和 qio 等，这些属性都描述 machine=PEMach，而在刻蚀 silicon 材料时就采用了此 machine，这时 machine 的属性就会自动复制过来。

rate. etch 刻蚀语法：

```
RATE.ETCH
MACHINE = <c> MATERIAL | NAME.RESIST = <n>
WET.ETCH | RIE | PLASMA | MC.PLASMA
A.H | A.M | A.S | U.H | U.M | U.S | N.M
[DIRECTIONAL = <n>] [ISOTROPIC = <n>] [CHEMICAL = <n>] [DIVERGENCE = <n>]
[PRESSURE = <n>] [TGAS = <n>] [TION = <n>] [VPDC = <n>] [VPAC = <n>]
[LSHDC = <n>] [LSHAC = <n>] [FREQ = <n] [MGAS = <n>] [MION = <n>] [QIO = <n>]
[QCHT = <n>]
[CHILD.LANGM | COLLISION | LINEAR | CONSTANT] [IONS.ONLY]
[NPARTICLES = <n>] [ENERGY.DIV = <n>] [OUTF.TABLE = <n>]
[OUTF.ANGLE = <c>] [ER.LINEAR | ER.INHIB | ER.COVERAGE | ER.THERMAL]
[K.I = <n>] [K.F = <n>] [K.D = <n>] [SPARAM = <n>] [THETA = <n>]
[IONFLUX.THR = <n>] [MAX.IONFLUX = <n>] [MAX.CHEMFL = <n>]
[MAX.DEPOFL = <n>]
[ION.TYPES = <n>] [MC.POLYMPT = <n>] [MC.RFLCTDIF = <n>]
[MC.ETCH1 = <n>] [MC.ETCH2 = <n>] [MC.ALB1 = <n>] [MC.ALB2 = <n>]
[MC.PLM.ALB = <n>] [MC.NORM.T1 = <n>] [MC.NORM.T2 = <n>]
[MC.LAT.T1 = <n>] [MC.LAT.T2 = <n>] [MC.ION.CU1 = <n>] [MC.ION.CU2 = <n>]
[MC.PARTS1 = <n>] [MC.PARTS1 = <n>] [MC.ANGLE1 = <n>] [MC.ANGLE2 = <n>]
```

rate.etch 的参数选择窗口如图 2.31 所示。

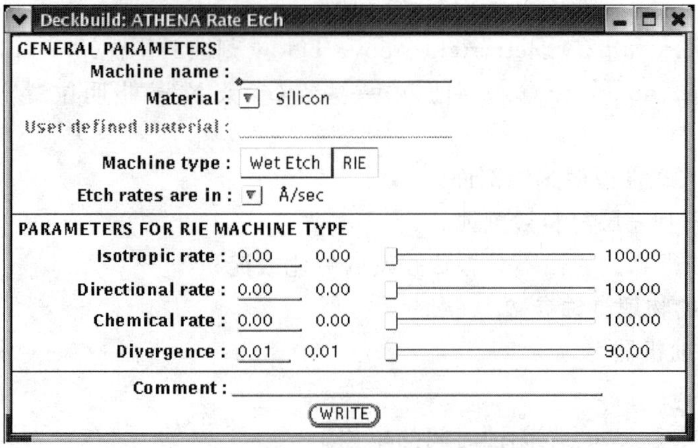

Deckbuild: ATHENA Rate Etch

GENERAL PARAMETERS

Machine name :

Material : Silicon

User defined material :

Machine type : Wet Etch RIE

Etch rates are in : Å/sec

PARAMETERS FOR RIE MACHINE TYPE

Isotropic rate : 0.00 0.00 100.00

Directional rate : 0.00 0.00 100.00

Chemical rate : 0.00 0.00 100.00

Divergence : 0.01 0.01 90.00

Comment :

WRITE

图 2.31 rate.etch 的参数选择窗口

RIE 和湿法刻蚀的主要参数

a.h、a.m、a.s、u.h、u.m、u.s 和 n.m：刻蚀速率单位，a、u、n 和 h、m、s 分别是长度和时间单位的缩写。

directional：RIE 模型中定义刻蚀速率的方向组成(各向异性)。

isotropic：RIE 和 Wet Etch 中各向同性的刻蚀速率，这会导致掩膜产生钻蚀。

divergence：指定 RIE 模型中离子束的发散情况，到达硅片时采用高斯分布。

chemical：divergence 不为 0 时 RIE 模型的刻蚀速率。

等离子体刻蚀主要参数

pressure：等离子体刻蚀机反应腔的压强(mTorr)，默认值 50mTorr。

tgas：等离子体刻蚀机反应腔中气体的温度(K)，默认为 300K。

tion：等离子体刻蚀机反应腔中离子的温度(K)，默认值 300K。

vpdc：等离子体鞘层的 DC 偏压(V)，默认值 32.5V。

vpac：等离子鞘层和电珠之间的 AC 电压(V)，默认值 32.5V。

lshdc：鞘层的平均厚度(mm)，默认值 0.005mm。

lshac：鞘层厚度的 AC 组成(mm)，默认值 0.0。

freq：AC 电流的频率(MHz)，默认值 13.6MHz。

mgas：气体原子的原子量，默认值为 40。

mion：等离子体离子的原子量，默认值 40。

child.langm、collision、linear、constant：只计算等离子体鞘层的电压降的模型，默认为 constant。

ions.only：中性颗粒在等离子体仿真中将忽略，默认为 false。

nparticles：用蒙特卡洛计算来自等离子体的离子流的颗粒数，默认值 10000。

energy.div：等离子体离子流按照能量大小进行计算，能量总份数，默认为 50。

k.i：等离子体刻蚀速率的线性系数。

k.f：化学流相关的等离子刻蚀速率。

k. d：淀积流量相关的等离子体刻蚀速率。

Monte Carlo plasma etch 的主要参数及其说明

ion. types：刻蚀的离子种类数。

mc. polympt：喷射的聚合物颗粒数按体积规格化，用于 MC 仿真。

mc. rflctdif：反射类型，1 对应漫反射，0 对应理想镜面反射。

mc. etch1：第一种离子的刻蚀速率参数，无单位。

mc. alb1：第一种离子的反射系数，0 为没有反射，1 为完全反射。

mc. plm. alb：聚合体颗粒的反射系数，0 为没有反射，1 为完全反射。

mc. norm. t1：第一种离子的标准温度。

mc. lat. t1：第一种离子的横向的温度。

mc. ion. cu1：第一种等离子体离子流密度，单位 ions/(s · cm^2)。

mc. parts1：用于蒙特卡洛计算的第一种类型离子颗粒数。

mc. angle1：第一种离子的入射角，默认为 0。

留意一下图 2.31 就会发现刻蚀类型里只有 Wet Etch 和 RIE，然而 Plasma Etch 和 Monte Carlo Plasma Etch 是没有的。这也是作者为什么建议使用直接写命令的方法来学习 Silvaco TCAD 的原因，因为有很多命令及参数在图形化界面下没有列出来。

例 2-42 简单的几何刻蚀，将 x=0.5 左边的二氧化硅全部刻蚀掉，如图 2.32 为仿真结果。

```
etch oxide left p1.x = 0.5
```

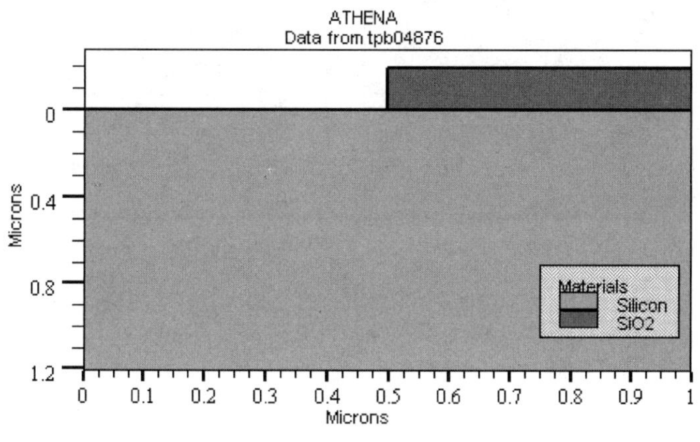

图 2.32 简单的几何刻蚀

例 2-43 任意几何形状刻蚀，刻蚀的范围是由用 x 和 y 坐标表示的点所围城的区域，虽然实际的二氧化硅的厚度为 0.3μm，为保险起见，刻蚀语句中将 y=0 到 y=−0.6 范围的二氧化硅全刻掉。效果如图 2.33(a)所示。这通常用于形成掩膜图形，图 2.33(a)即作为图 2.33 的其他子图以及图 2.34 的掩膜。

```
etch oxide start x = 1 y = 0.0
etch continue x = 1 y = - 0.6
etch continue x = 2 y = - 0.6
```

```
etch done x = 2 y = 0.0
```

例 2-44 各向异性刻蚀语句，将裸露在表面的所有材料都刻蚀一定厚度。

```
etch dry thick = 0.2
```

例 2-45 刻蚀特定材料一定的厚度，效果如图 2.33(b)所示。

```
etch silicon thick = 1
```

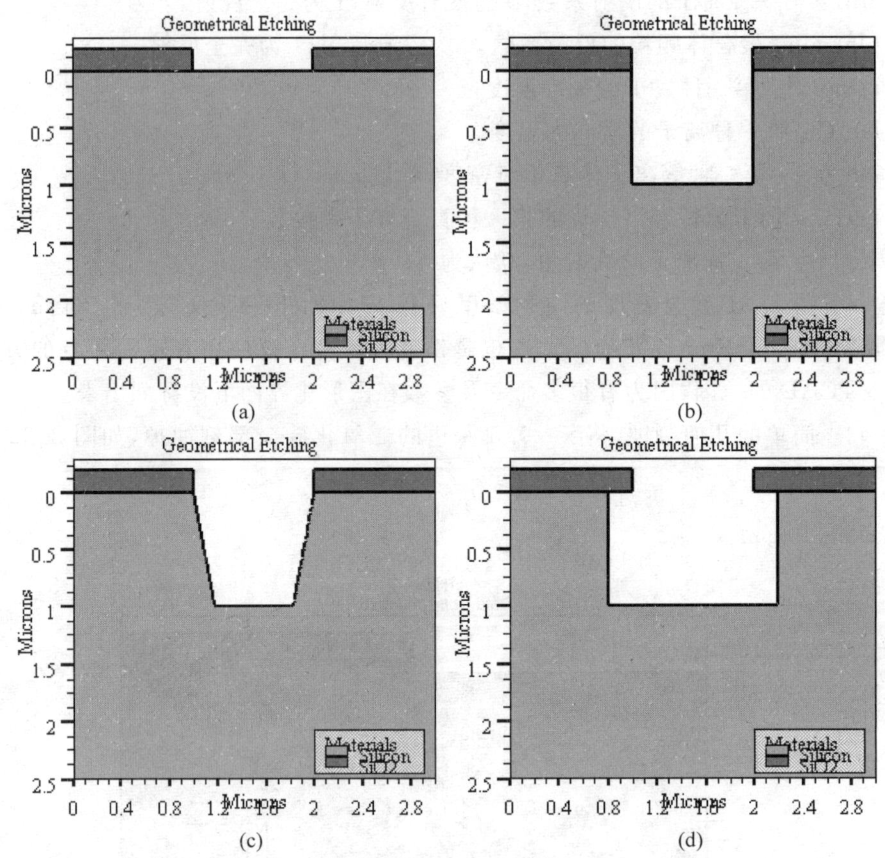

图 2.33 简单的几何刻蚀

(a) 掩膜；(b) 刻蚀硅；(c) 刻蚀倾角；(d) 钻蚀

例 2-46 刻蚀侧墙的角度，效果如图 2.33(c)所示。

```
etch silicon thick = 1 angle = 80
```

例 2-47 刻蚀的钻蚀，效果如图 2.33(d)所示。

```
etch silicon thick = 1 undercut = 0.2
```

例 2-48 湿法刻蚀的语句，效果如图 2.34(a)所示。

```
rate.etch machine = wet silicon wet.etch isotropic = 0.5 u.m
etch machine = wet time = 1.5 minutes
```

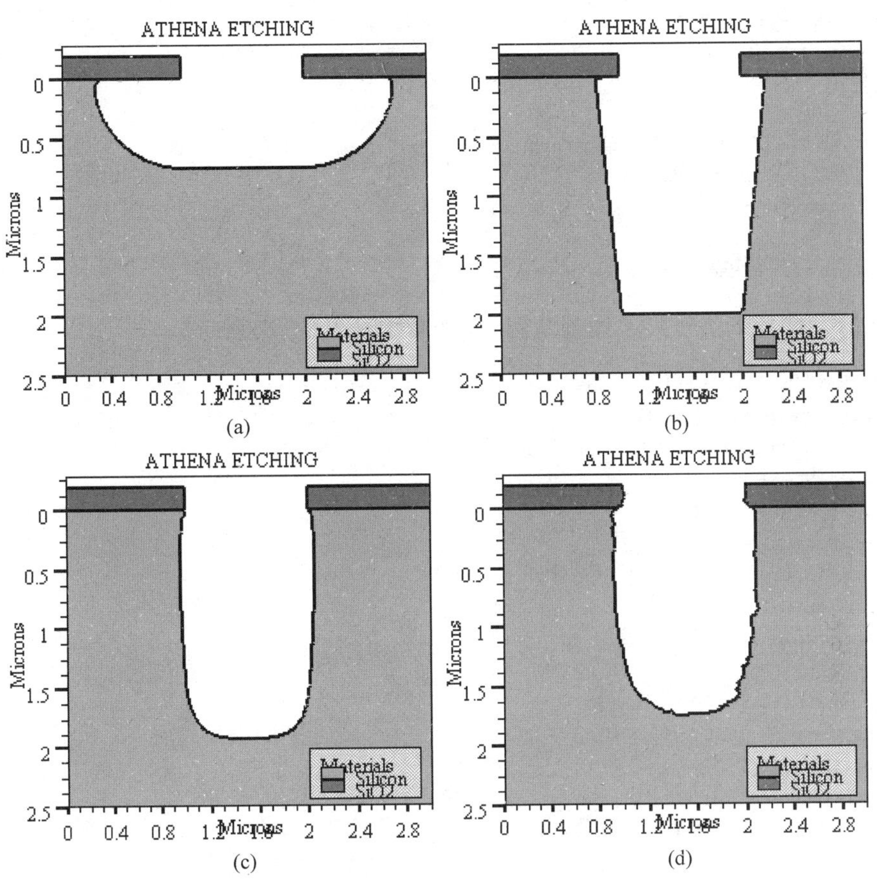

图 2.34 刻蚀效果的比较

(a) Wet; (b) RIE; (c) plasma; (d) 蒙特卡洛刻蚀

例 2-49 RIE 刻蚀,效果如图 2.34(b)所示。

```
rate.etch machine = plasma1 silicon u.m rie isotropic = 0.1 direct = 0.9
etch machine = plasma1 time = 2 minutes
```

例 2-50 等离子体刻蚀例句,效果如图 2.34(c)所示。

```
Rate.Etch Machine = PEMach \
    Plasma \
    Pressure = 3.75 \
    Tgas = 300.0 \
    Tion = 3000.0 \
    Vpdc = 32.5 \
    Vpac = 32.5 \
    Lshdc = 0.005 \
    Lshac = 0.0 \
    Freq = 13.56 \
    Nparticles = 4000 \
    Mgas = 40.0 \
    Mion = 40.0 \
    Constant \
```

```
    Energy.Div = 50 \
    Qio = 1.7e-19 \
    Qcht = 2.1e-19

# Define the plasma etch parameters for Silicon
Rate.Etch Machine = PEMach \
    Plasma Material = silicon k.i = 1.1

etch machine = PEMach time = 3 minutes
```

例 2-51 蒙特卡洛等离子体刻蚀例句，效果如图 2.34(d)所示。

```
# Define the Monte Carlo plasma etch parameters for Silicon
rate.etch machine = MCETCH \
    silicon mc.plasma \
    ion.types = 2 \
    mc.parts1 = 10000 \
    mc.norm.t1 = 10.0 \
    mc.lat.t1 = 1.0 \
    mc.ion.cu1 = 10 \
    mc.etch1 = 1e-05 \
    mc.alb1 = 0.2 \
    mc.parts2 = 10000 \
    mc.norm.t2 = 6.0 \
    mc.lat.t2 = 1.0 \
    mc.ion.cu2 = 5 \
    mc.etch2 = 1e-05 \
    mc.alb2 = 0.2 \
    mc.polympt = 3000 \
    mc.plm.alb = 0.9 \
    mc.rflctdif = 0.5

etch machine = MCETCH time = 3 minutes \
    mc.sm = 0.001 mc.redepo = f mc.dt.fact = 2
```

刻蚀是将一定区域中被刻蚀材料去除掉，虽然有刻蚀深度、刻蚀速率和刻蚀方向性等一系列刻蚀参数，但网格定义对结果也至关重要，被刻蚀的区域的网格应尽量定义得精细一些。

2.3.5 外延

外延是指对硅的外延。语法如下：

```
EPITAXY
TIME = <n> [HOURS | MINUTES | SECONDS]
TEMPERATURE = <n> [T.FINAL = <n> | T.RATE = <n>]
[THICKNESS = <n> | GROWTH.RATE = <n>]
[C.IMPURITIES = <n>] [F.IMPURITIES = <n>] [C.INTERST = <n>] [F.INTERST = <n>]
[C.VACANCY = <n>] [F.VACANCY = <n>]
[DIVISIONS = <n>] [DY = <n>] [MIN.DY = <n>] [YDY = <n>] [SI_TO_POLY]
```

epitaxy 的主要参数及其说明如下：

外延步骤参数

time：淀积的时间数值。

hours、minutes、seconds：淀积时间的单位，默认为 minutes。

temperature：淀积氛围的温度(℃)，超出 700～1200℃时扩散系数会不准确。

t. final：变温时最终的温度。

t. rate：变温时的温度变化速率(℃/min)。

thickness：淀积层的厚度(μm)。

growth. rate：当淀积厚度未指定时，定义淀积速率(μm/min)。

掺杂相关的参数

c. impurities：外延层的掺杂(cm^{-3})，原位掺杂。

f. impurities：和 c. impurities 一起表征外延的非均匀掺杂。c. impurities 为底部的掺杂，f. impurities 为顶部的掺杂。

c. interst：外延层填隙原子浓度(cm^{-3})。

f. interst：作用和 f. impurities 类似。

c. vacancy：外延层空位的浓度(cm^{-3})。

f. vacancy：作用和 f. impurities 类似。

网格参数

divisions：纵向网格的条数，默认为 10。

dy：外延层的网格间隔(μm)。

ydy：dy 的位置，由新生长的外延层的顶部计算间隔。

min. dy：最小的间隔(0.001μm)。

si_to_poly：晶体态硅只在硅上淀积。

例 2-52 外延时生长速率参数。

```
epitaxy time = 10 temp = 1150 c.boron = 5e14 growth.rate = 0.5
```

例 2-53 外延时间和温度。

```
epitaxy thick = 6 time = 10 temp = 1050 c.phos = 5e15 divisions = 20
```

例 2-54 外延时的网格控制。

```
epitaxy thick = 0.4 time = 10 temp = 1200 dy = 0.01 ydy = 0 divisions = 10
```

2.3.6 抛光

polish 为化学机械抛光(CMP)，语法如下：

```
POLISH
MACHINE = <c> [TIME = <n>] [HOURS | MINUTES | SECONDS]
[DX.MULT = <n>] [DT.FACT = <n>] [DT.MAX = <n>]
```

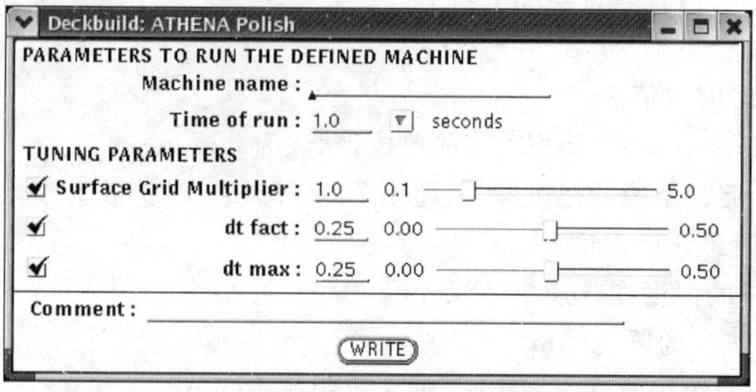

图 2.35　polish 的参数选择窗口

polish 的参数选择窗口如图 2.35 所示，其主要参数及其说明如下：

machine：抛光机器的名称。

time：抛光时间。

hours、minutes、seconds：抛光时间的单位。

dx. mult：ELITE 抛光的乘数器，在抛光计算中离散化的尺寸将乘以该值。

dt. fact：时间步长尺寸，不得超过 0.5，越小越精确。

dt. max：时间步长的上限。

rate. polish 语法如下：

```
RATE.POLISH
MACHINE = <c> MATERIAL | NAME.RESIST = <n>
[A.H | A.M | A.S | U.S | U.M | U.H | N.M] [SOFT.RATE] [HEIGHT.FAC = <n>]
[LENGTH.FAC = <n>] KINETIC.FAC = <n>]
[MAX.HARD = <n>] [MIN.HARD = <n>] [ISOTROPIC = <n>]
```

rate. polish 的参数选择窗口如图 2.36 所示，其主要参数及其说明如下：

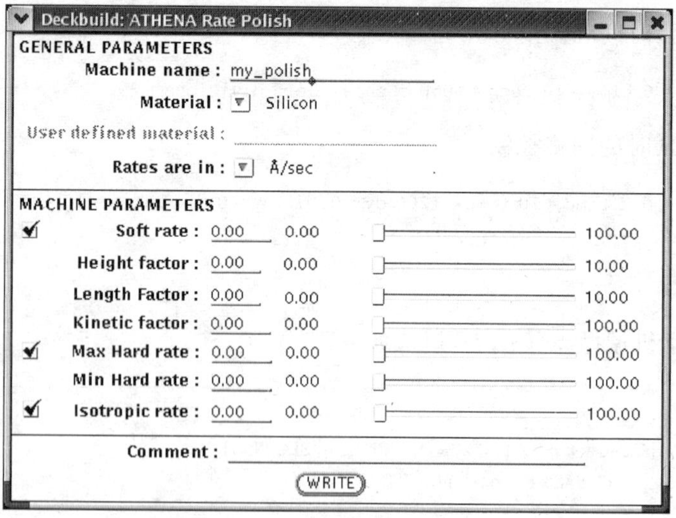

图 2.36　rate. polish 的参数选择

material：抛光的材料。

a. h、a. m、a. s、u. h、u. m、u. s、n. m：抛光速率。

soft. rate：软抛光速率。

height. fac：软抛光模型的纵向形变尺度(μm)。

length. fac：软抛光模型的横向形变尺度(μm)。

kinetic. fac：软抛光的 Kinetic 因子。

max. hard：硬抛光的最大速率，相应的有 min. hard 参数。

isotropic：抛光模型的各向同性刻蚀速率。

例 2-55　rate. polish 仿真高级抛光模型，结果如图 2.37 所示。

```
go athena

line x loc = 0 spac = 0.025
line x loc = 3 spac = 0.025
line y loc = 0 spac = 0.02
line y loc = 1 spac = 0.1
#
init two.d

deposit oxide thick = 0.5 div = 20

etch oxide start x = 1 y = 0.0
etch continue x = 1 y = -6
etch continue x = 2 y = -6
etch done x = 2 y = 0.0

deposit poly thick = 0.5 div = 50

structure outfile = pre_polish.str

rate.polish poly machine = CMP u.m soft.rate = 0.1 height.fac = 0.001 \
    length.fac = 0.025 kinetic.fac = 10

rate.polish oxide machine = CMP u.m soft.rate = 0.05 height.fac = 0.001 \
    length.fac = 0.025 kinetic.fac = 10

polish machine = CMP time = 4.5 min

structure outfile = polish.str
tonyplot pre_polish.str polish.str
```

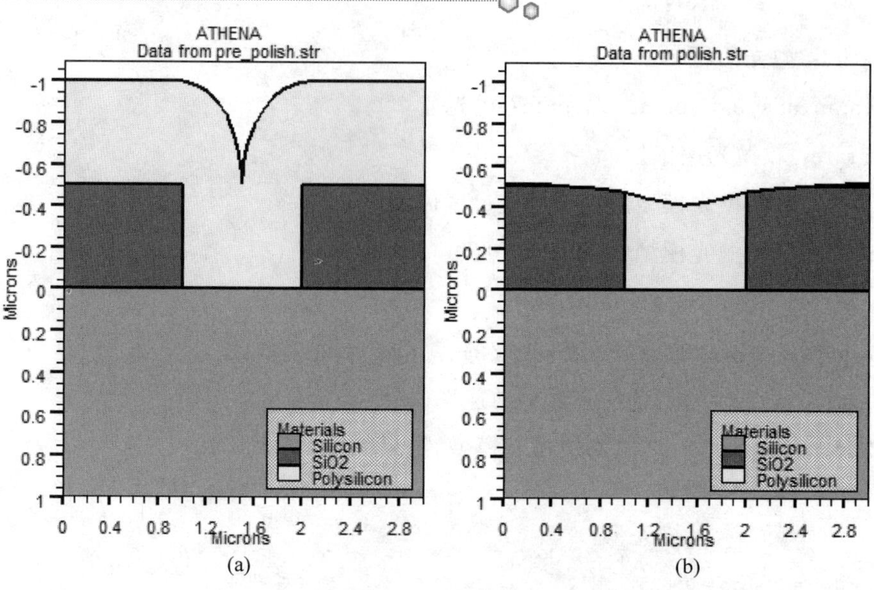

(a) (b)

图 2.37 抛光前后结构比较

(a) 抛光前；(b) 抛光后

2.3.7 光刻

OPTOLITH 可对成像(imaging)、曝光(exposure)、烘烤(bake)和显影(development)等工艺进行精确定义。Photo(OPTOLITH)模块有 mask、illumination、projection、filter、layout、image、expose、bake 和 develop 等工艺。OPTOLITH 提供的光刻胶库及其光学性质和显影特性，可根据需要修改。

下面对各个工艺的语法、参数及说明进行介绍。

1. mask

mask 命令可淀积和形成光刻胶图形，或者是用 Maskviews 编辑的人造掩膜材料。

mask 语法如下：

```
MASK
NAME = < c > [REVERSE] [DELTA = < n >]
```

Mask 的主要参数及其说明：

mask：在 Deckbuild 中提供 Silvaco 通用掩膜编辑器 Maskviews 的接口。使用 mask 时，ATHENA 将淀积光刻胶，然后刻蚀形成图案并由 Maskviews 中的图案决定。

name：导入掩膜的文件名，需加双引号。

reverse：负极性光刻胶。

delta：掩膜尺寸的偏移，相应会改变 mask 的 CD(Critical Dimension)。

Maskviews 可以导入的文件类型有 GDS2 Stream Format(* . gds)、GDS2 Technology Format(* . tech)、CIF Format(* . cif)和 Optolith Format(* . sec)。可以保存的项目有 Save Grid(* . grid)、Save Objects(* . user)和 Save Biases(* . bias)。保存的其他文件类型

可以是 *.lay、*.gds 和 *.cif。

光刻胶的掩膜版，由掩膜编辑器 Maskviews 绘制。Mask 状态设定了，ATHENA 就可以淀积和刻蚀光刻胶。可以使用其他的掩膜编辑工具绘制掩膜，然后转换成 Maskviews 能识别的格式。图 2.38 为 LEdit 编辑的掩膜图形，将其导出成 gds 格式文件后，即可导入 Maskviews。图 2.39 就是 Maskviews 导入后显示的掩膜图案，Maskviews 导入后再存为 *.lay 的格式。采用这种方法得到工艺仿真的掩膜要方便很多。读者如果对 Maskviews 不太习惯，也可以直接用 layout 命令来定义掩膜，随后对此进行介绍。

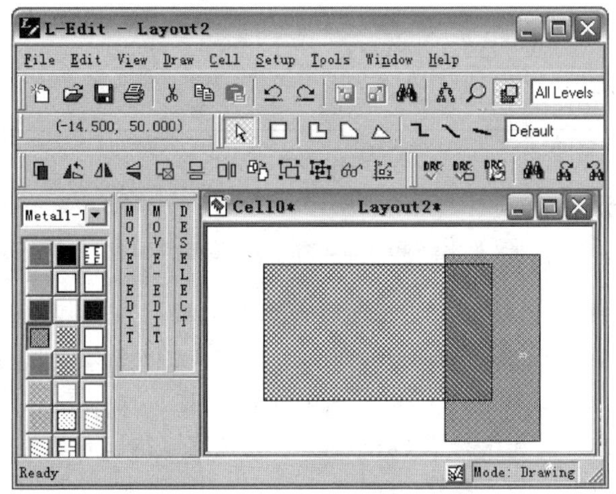

图 2.38　LEdit 编辑的掩膜图案

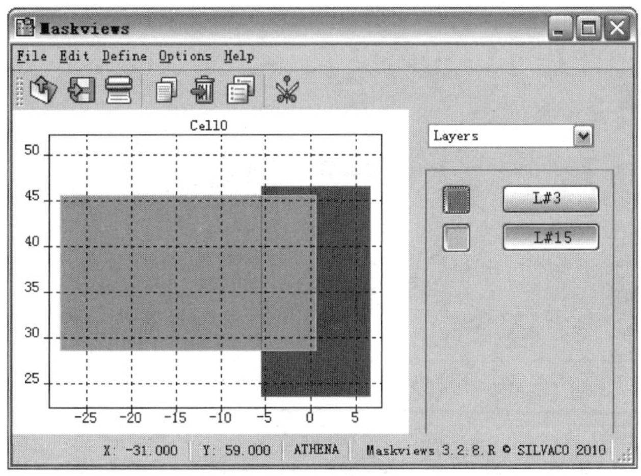

图 2.39　Maskviews 界面

三维工艺仿真是由掩膜驱动的，所以如何得到掩膜文件 *.lay 就显得很重要了，不管怎样，在三维工艺仿真前都需要使用 Maskviews 确认掩膜图案。

2. illumination

illumination 设置 OPTOLITH 的照明参数。

语法：

```
ILLUMINATION
[I.LINE | G.LINE | H.LINE | KRF.LASER | DUV.LINE | ARF.LASER |F2.LASER | LAMBDA=<n>]
[X.TILT=<n>] [Z.TILT=<n>] [INTENSITY=<n>]
```

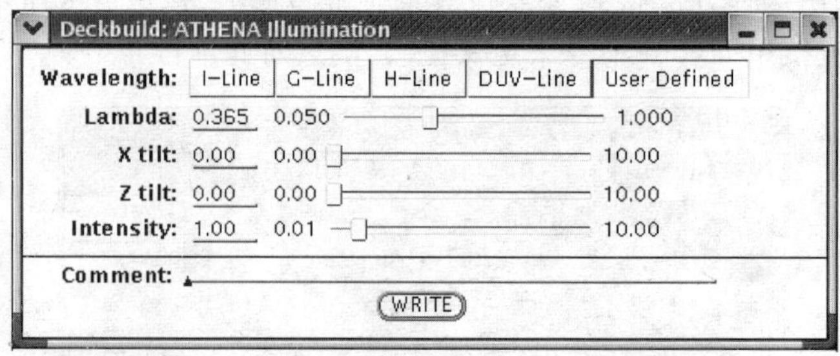

图 2.40 Illumination 的参数选择窗口

illumination 的参数选择窗口如图 2.40 所示，其主要参数及其说明如下：

i. line、g. line、h. line、krf. laser(alias duv. line)、arf. laser、f2. laser：照明系统采用的波长，这些波长相应是 0.365、0.436、0.407、0.268、0.193 和 0.157μm。

lambda：定义和改变光源的波长(μm)，以单色光源对待。

x. tilt、z. tilt：照明系统和光轴的角度(°)。

intensity：定义和改变振幅的绝对值，即掩膜或网线面的强度。

例 2-56 光源为 i 线。

```
illumination i.line x.tilt=0.2 z.tilt=0.5
```

例 2-57 用户自定义波长。

```
illumination lambda=0.360 x.tilt=0.25 z.tilt=0.1 intensity=2.0
```

3. projection

语法：

```
PROJECTION [NA=<n>] [FLARE=<n>]
```

projection 的参数很少，只有两个，如图 2.41 所示，na 参数设置光学投影系统的孔隙数，flare 设定成像时出现的耀斑数，以百分比描述。

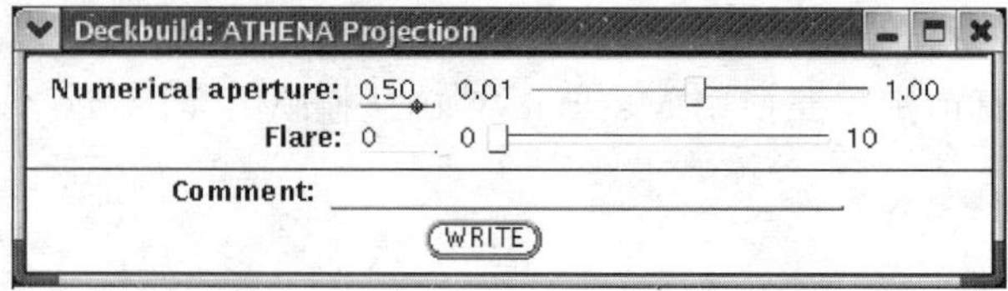

图 2.41 projection 的参数选择窗口

例 2-58　projection 设置。

```
projection na = 0.50 flare = 1
```

4. filter

filter 设定 OPTOLITH 的发射孔(pupil)类型和光源形状及其滤波特性。有四种不同的发射孔类型并允许傅里叶转换平面空间滤波。

pupil. filter 语法：

```
PUPIL.FILTER
CIRCLE | SQUARE | GAUSSIAN | ANTIGAUSS
[GAMMA = < n >] [IN.RADIUS = < n >] [OUT.RADIUS = < n >] [PHASE = < n >]
[TRANSMIT = < n >] [CLEAR.FIL]
```

illum. filter 语法：

```
ILLUM.FILTER
[CIRCLE | SQUARE | GAUSSIAN | ANTIGAUSS | SHRINC]
[GAMMA = < n >] [RADIUS = < n >] [ANGLE = < n >] [SIGMA = < n >] [IN.RADIUS = < n >]
[OUT.RADIUS = < n >] [PHASE = < n >] [TRANSMIT = < n >] [CLEAR.FIL]
```

pupil. filter 的参数选择窗口如图 2.42 所示，其主要参数及其说明如下：

circle、square、gaussian、antigauss：发射孔形状。

gamma：gaussian 和 antigauss 发射孔的透明度。

in. radius、out. radius：发射孔或照明系统等环状区域的强度透射率和相透射率。

phase：相变，$-180° \leqslant phase \leqslant 180°$。

transmit：透射率。

clear. fil：重置滤波列表。

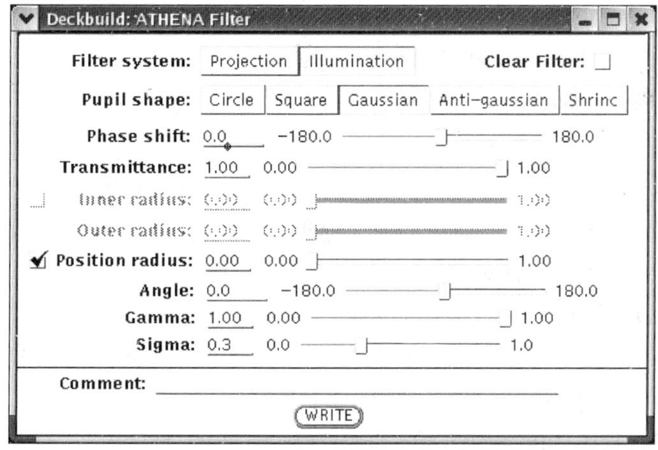

图 2.42　filter 的参数选择窗口

illum. filter 和 pupil. filter 大体类似，但请注意图 2.42 中 Filter System 两个复选框实际上是二选一的，下面的例句也有体现。

例 2-59 pupil. filter 滤波，正方形发射孔。

```
pupil.filter square
```

例 2-60 pupil. filter 滤波，圆环形发射孔，透射率为 0.1。

```
pupil.filter in.radius = 0.1 out.radius = 0.2 phase = 0 transmit = 0.1
```

例 2-61 illum. filter 滤波，圆形发射孔。

```
illum.filter cirle in.radius = 0.08 out.radius = 0.15
```

例 2-62 illum. filter 滤波，高斯形发射孔。

```
illum.filter gaussian radius = 0.05 angle = 0.0 gamma = 1.00 sigma = 0.3 clear.fil
```

5. layout

layout 描述光刻时输入掩膜的特征。

语法：

```
LAYOUT
[LAY.CLEAR = <n>] [X.LOW = <n>] [Z.LOW = <n>]
[X.HIGH = <n>] [Z.HIGH = <n>] [X.TRI = <n>] [Z.TRI = <n>]
[HEIGHT = <n>] [WIDTH = <n>] [ROT.ANGLE = <n>] [X.CIRCLE = <n>]
[Z.CIRCLE = <n>] [RADIUS = <n>] [RINGWIDTH = <n>] [MULTIRING]
[PHASE = <n>] [TRANSMIT = <n>] [INFILE = <c>] [MASK = <c>] [SHIFT.MASK = <c>]
```

layout 的主要参数及其说明如下：

lay. clear：清除以前的版图。

x. low、x. high：X 边界值。

z. low、z. high：Z 边界值，X 和 Z 的边界组成一个矩形区域。

x. tri、z. tri：三角形(triangular)右角的 X、Y 坐标。

height：三角形右角的高度。

width：三角形右角的底部宽度。

rot. angle：对 X 轴旋转的角度，在 $-180°\sim180°$之间，默认为 $0°$。

x. circle、z. circle：圆或环中心的 X 和 Z 坐标。

radius：圆的半径或圆环的外径。

ringwidth：圆环的宽度。

multiring：多圆环，环的宽度及圆环间的距离由 ringwidth 描述，圆环数 N 满足 $2N *$ ringwidth$<$radius。

phase：相变，$-180° \leqslant$ phase $\leqslant 180°$，默认为 $0°$。

transmit：光强透射率，$0 \leqslant$ transmit $\leqslant 1$，默认为整体透过。

infile：Maskviews 编辑的版图文件名。

mask：成像计算时的掩膜名。

shift. mask：额外的掩膜层(通常是相变层)的名称。

例 2-63 矩形掩膜，结果如图 2.43(a)所示。

```
go athena simflags = " - V 5.18.1.R"

layout lay.clear x.lo = - 2 x.hi = 2 z.lo = - 1 z.hi = 1

structure outfile = mask1.str mask
tonyplot mask1.str
```

定义掩膜不需要从网格定义开始，因为掩膜所在面是 X 和 Z 轴的水平面，并不是器件剖面。有 lay. clear 参数，则之前定义的掩膜将清除，如果没有 lay. clear，那么掩膜是在原掩膜结构上叠加一块。

下面给出一些掩膜形状的定义，只需将 layout 命令替换例 2-63 中的 layout 语句即可。

例 2-64 掩膜结构旋转，结果如图 2.43(b)所示。

```
go athena
layout x.lo = - 1 x.hi = 1 z.lo = - 0.5 z.hi = 0.5 rot.angle = 45 transmit = 1
```

例 2-65 圆形掩膜，结果如图 2.43(c)所示。

```
go ahena
layout lay.clear x.circle = 0 z.circle = 0 radius = .5
```

例 2-66 圆环形掩膜，结果如图 2.43(d)所示。

```
go ahena
layout lay.clear x.circle = 0 z.circle = 0 radius = .5 ringwidth = .3
```

例 2-67 三角形掩膜，结果如图 2.43(e)所示。

```
go ahena
layout lay.clear x.tri = - 0.4 z.tri = - 0.5 height = 1 width = 1
```

例 2-68 掩膜的叠加，结果如图 2.43(f)所示。

```
layout lay.clear x.lo = - 2 x.hi = 2 z.lo = - 1 z.hi = 1
layout x.lo = - 1 x.hi = 1 z.lo = - 0.5 z.hi = 0.5 rot.angle = 45 transmit = 1
layout x.circle = 0 z.circle = 0 radius = .5
layout x.circle = 0 z.circle = 0 radius = .5 ringwidth = .3
layout x.tri = - 0.4 z.tri = - 0.5 height = 1 width = 1
```

例 2-69 从文件导入掩膜信息。

```
layout infile = my.lay mask = new
```

6. image

image 计算一维或二维成像的光强分布。

image 语法：

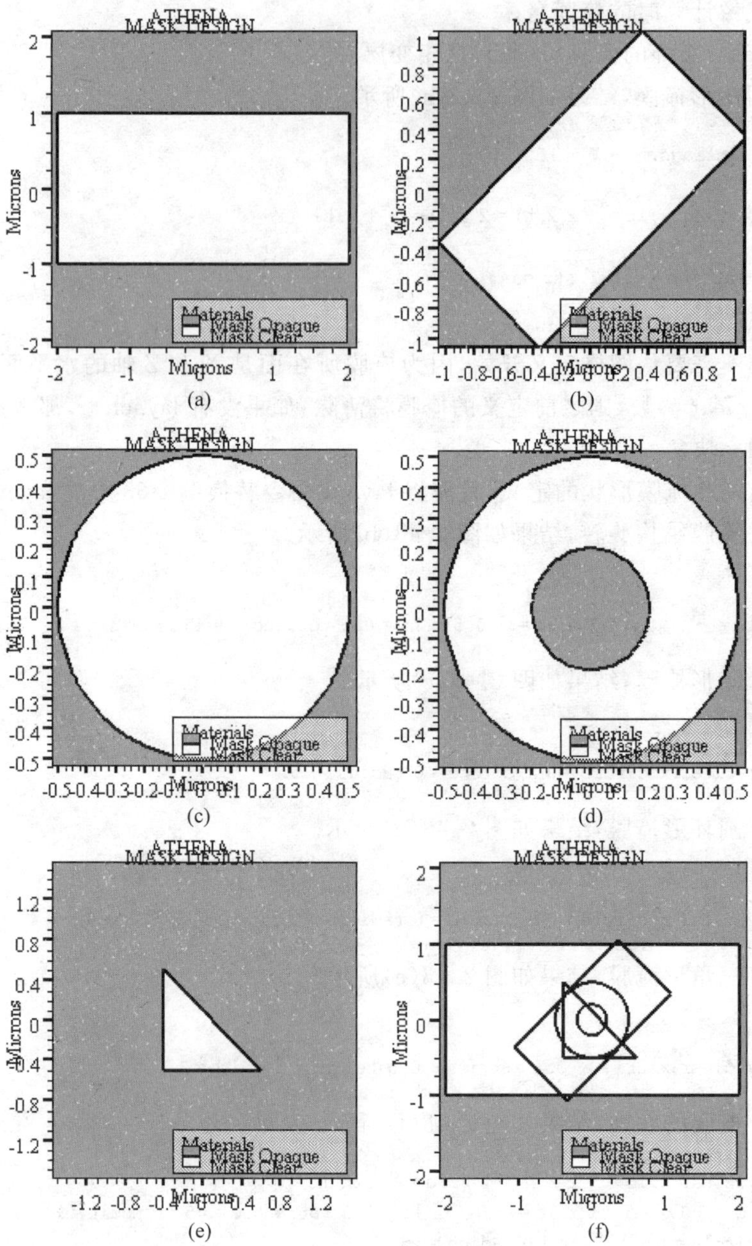

(a)　(b)

(c)　(d)

(e)　(f)

图 2.43　layout 定义掩膜结构

(a) 矩形；(b) 掩膜旋转；(c) 圆形；(d) 圆环；(e) 三角形；(f) 叠加

```
IMAGE
[INFILE=<c>] [DEMAG=<n>] [GAP=<n>]
[OPAQUE | CLEAR] [DEFOCUS=<n>] [CENTER]
[WIN.X.LOW=<n>] [WIN.X.HIGH=<n>]
[WIN.Z.LOW=<n>] [WIN.Z.HIGH=<n>]
[DX=<n>] [DZ=<n>] [X.POINTS=<n>] [Z.POINTS=<n>] [N.PUPIL=<n>]
[MULT.IMAGE] [X.CROSS | Z.CROSS] [ONE.DIM]
```

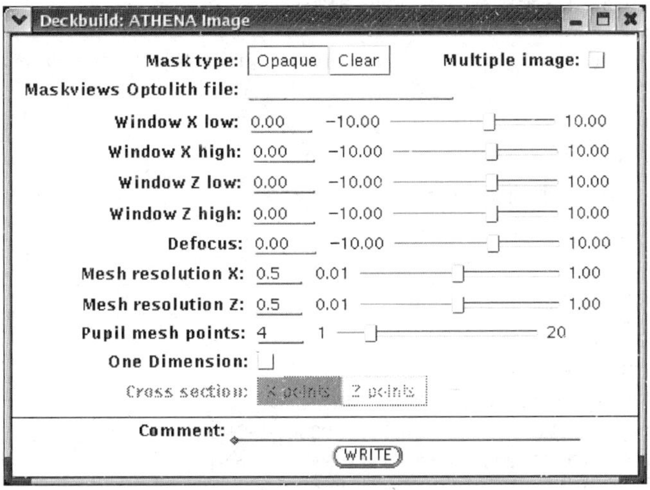

图 2.44 Image 的参数选择窗口

image 的参数选择窗口如图 2.44 所示，其主要参数及其说明如下：

infile：导入 Maskviews 得到的掩膜数据文件，包含透射率和相的信息，文件名通常以 extension. sec 结尾。

demag：缩小因子，这样版图上的所有元素及成像窗口和网格等都将减小。

gap：定义接近式曝光时掩膜到 wafer 的间隙(μm)。

opaque、clear：掩膜类型，opaque 为不透明，clear 为清除掩膜。

defocus：散焦参数，如小于 0，在光刻胶上部，如果大于 0 则在光刻胶下部。

center：infile 参数导入版图时的位置，中心点是(0,0)。

win. x. low、win. x. high、win. z. low、win. z. high：成像窗口的最大和最小的 X 或 Z 值。

dx：成像窗口中 X 的中间值。

dz：成像窗口中 Z 的中间值。如果 dx 和 dz 未指定，则有参数 x. point 和 z. point。

x. points、z. points：镜像窗口中心对应的 x 值和 z 值。

n. pupil：定义和改变成像仿真时出发射孔 projector 的网格点数。

mult. image：之前和当前的像将会添加进来。

x. cross、z. cross：一维像平行于 X 轴或 Z 轴。

one. dim：使用一维成像模型。

例 2-70 导入 Maskviews 编辑的掩膜信息文件。

```
image infile = my_mask. sec dx = 0. 05
```

例 2-71 不透明掩膜，成像窗口范围 x 从 0 到 12，z 从 2 到 10。

```
image opaque dx = 0. 1 win. x. h = 12 win. x. lo = 0 win. z. h = 10 win. z. l = 2
```

例 2-72 清除掩膜，成像窗口范围 x 从 −5 到 5，z 从 −5 到 5，中点为(x=1, z=1)。

```
image clear win. x. lo = - 5 win. z. lo = - 5 win. x. hi = 5 win. z. hi = 5 x. p = 1 z. p = 1
```

例 2-73 接近试曝光，掩膜到 wafer 的距离为 10μm。

```
image win.x.lo = -45 win.z.lo = -45 win.x.hi = 45 win.z.hi = 45 dx = .5 gap = 10
```

7. expose

expose 为 OPTOLITH 的曝光模块。

语法如下：

```
EXPOSE
[INFILE = <c>]
[PERPENDICUL | PARALLEL] [X.CROSS | Z.CROSS]
[CROSS.VALUE = <n>] [DOSE = <n>] [X.ORIGIN = <n>]
[FLATNESS = <n>] [NUM.REFL = <n>] [MULT.EXPOSE] [POWER.MIN = <n>]
[FRONT.REFL = <n>] [BACK.REFL = <n>] [ALL.MATS = <n>]
```

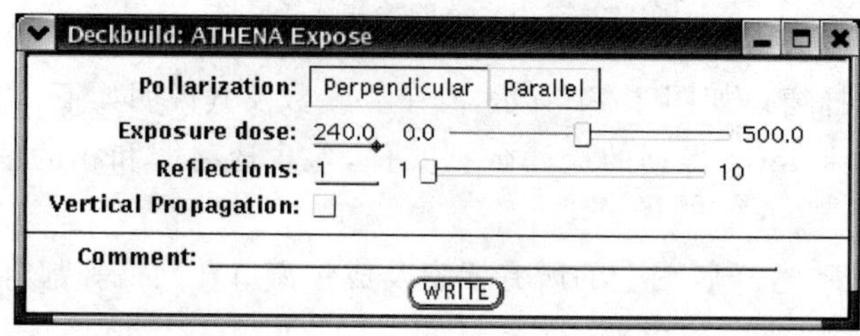

图 2.45 expose 的参数选择窗口

expose 的参数选择窗口如图 2.45 所示，其主要参数及其说明如下：

infile：由输入文件定义光强分布。

perpendicul、parallel：TE 波或 TM 波，默认为 perpendicul。

x.cross、z.cross：剖面平行于 X 轴(Z 为常数)，x.cross 为默认值，z.cross 同理。

cross.value：剖面对应的 X 或 Z 的值(μm)，默认为 image 窗口的中心位置。

dose：曝光剂量(mJ/cm^2)。

x.origin：beam 照射的位置(μm)，默认为 0.0。

flatness：表面角度，单位度，默认 0.25，0≤ flatness≤ 1。

num.refl：光反射的次数。

front.refl：前表面反射，默认为 false。

back.refl：后表面反射，默认为 false。

all.mats：显示光强在所有材料中的分布，默认只显示 photoresist。

mult.expose：多次曝光，可以再加 expose 命令来实现多次曝光。

power.min：多次反射时能量减小到此值就不进行计算。

例 2-74 曝光面为 x=0.1 的平面。

```
expose x.cross cross.val = 0.1 dose = 120
```

例 2-75 曝光剂量为 240mJ/cm^2，光线反射 5 次。

```
expose dose = 240.0 num.refl = 5
```

例 2-76　由文件导入曝光区域。

```
expose infile = cross.sect num.refl = 3
```

8. bake

描述对光刻胶的后曝光和后坚膜时的烘烤。
语法：

```
BAKE
[DIFF.LENGTH = <n>] [TEMPERATURE = <n>] [REFLOW]
[TIME] [SECONDS | MINUTES | HOURS] [DUMP = <n>] [DUMP.PREFIX = <c>]
```

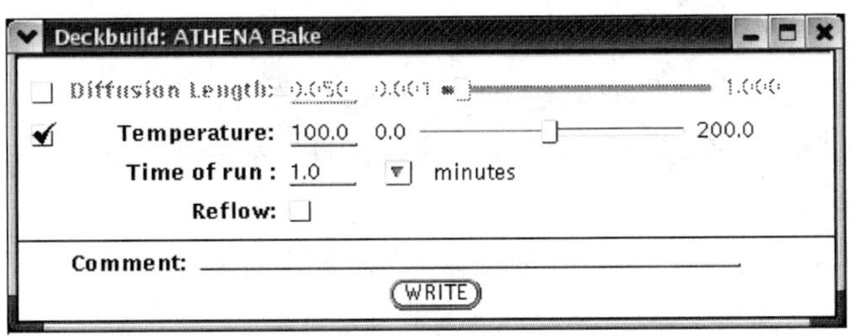

图 2.46　bake 的参数选择窗口

bake 的参数选择窗口如图 2.46 所示，其主要参数及其说明如下：
diff.length：后烘的扩散长度，默认值 0.05μm。
temperature：烘烤温度(℃)。
reflow：烘烤时考虑回流，默认为 false。
time：烘烤的时间长度数值。
hours、minutes、seconds：烘烤的时间单位，默认为 minutes。
dump、dump.prefix：每一个 DUMPth 时间步长时保存结构文件。

例 2-77　烘烤，时间 30 分钟，温度 100℃。

```
bake time = 30 temp = 100
```

例 2-78　烘烤时考虑回流。

```
bake reflow time = 25 temp = 150
```

9. develop

develop 为 OPTOLITH 的显影模块，语法如下：

```
DEVELOP
[MACK | DILL | TREFONAS | HIRAI | KIM | EIB]
[TIME = <n>] [STEPS = <n>] [SUBSTEPS = <n>]
[DUMP = <n>] [DUMP.PREFIX = <c>]
```

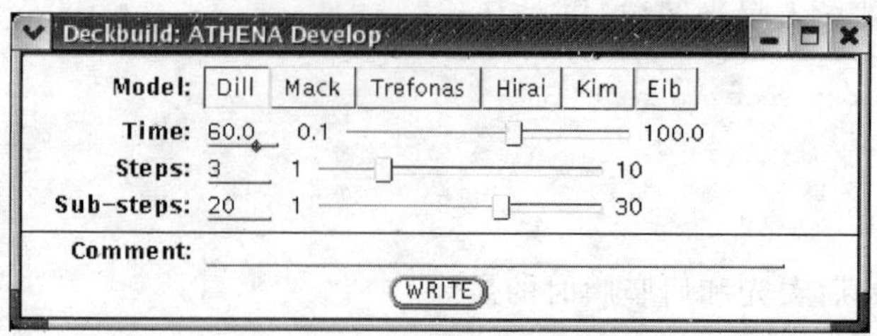

图 2.47 develop 的参数选择窗口

develop 的参数选择窗口如图 2.47 所示，其主要参数及其说明如下：

mack、dill、trefonas、hirai、kim、eib：显影采用的模型。

time、steps、substeps：显影控制，time 为显影总时间(s)，step 设定 etch 将进行的次数，每一个 substep 的时间长度为 time/step * substeps。

dump：决定每一步(step)显影完成之后是否保存结构。

dump. prefix：dum 所保存文件的前缀，最后文件名将是 dump. prefix * * *. * * *. str，其中"* * *"是当时的时间。

例 2-79 显影，kim 模型，时间 50 分钟，分 5 步且保存相应步骤的结构。

```
develop kim dump = 1 time = 50 steps = 5 dump dump.prefix = my_develop
```

例 2-80 dill 模型，显影步骤控制。

```
develop dill time = 100 steps = 4 substeps = 25
```

10. rate. develop

语法：

```
RATE.DEVELOP
[NAME.RESIST = <c>] [G.LINE | H.LINE | I.LINE | DUV.LINE | LAMBDA = <n>]
[A.DILL = <n>] [B.DILL = <n>] [C.DILL = <n>]
[E1.DILL = <n>] [E2.DILL = <n>] [E3.DILL = <n>] [RMAX.MACK = <n>]
[RMIN.MACK = <n>] [MTH.MACK = <n>] [N.MACK = <n>]
[R0.TREFONAS = <n>] [Q.TREFONAS = <n>]
[R0.HIRAI = <n>] [RC.HIRAI = <n>] [ALPHA.HIRAI = <n>
[R1.KIM = <n>] [R2.KIM = <n>] [R3.KIM = <n>] [R4.KIM = <n>] [R5.KIM = <n>]
[R6.KIM = <n>] [R7.KIM = <n>] [R8.KIM = <n>] [R9.KIM = <n>] [R10.KIM = <n>]
[C0.EIB = <n>] [C1.EIB = <n>] [C2.EIB = <n>] [C3.EIB = <n>]
[DIX.0 = <n>] [DIX.E = <n>]
```

rate. develop 的主要参数及其说明：

name. resist：光刻胶名称。

g. line、h. line、i. line、duv. line、lamdba：对应光刻胶的波长(μm)。

a. dill、b. dill、c. dill：Dill 曝光模型的 A、B 和 C 常数。

e1. dill、e2. dill、e3. dill：Dill 显影速率函数的 E1、E2 和 E3 常数。

rmax. mack、rmin. mack、mth. mack、n. mack：Mack 显影模型的常数。

r0. trefonas、q. trefonas：Trefonas 显影模型的常数。

r0. hirai、rc. hirai、alpha. hirai：Hirai 显影模型的常数。

r1. kim、r2. kim、…、r10. kim：Kim 显影模型的常数。

c0. eib、c1. eib、c2. eib、c3. eib：Eib 显影模型的参数。

dix. 0、dix. e：后曝光烘烤时光敏化合物扩散的指数前的常数(cm^2/s)和激活能(eV)。

例 2-81　rate. develop 的设置，光刻胶为 AZ1350J。

```
rate.develop name.resist = AZ1350J e1.dill = 1 e2.dill = 0.5 e3.dill = 0.003
```

ATHENA 有哪些光刻胶的参数呢？在这一章开始进行 ATHENA 概述的时候提到了 athenamod 文件里含有光刻胶的信息，下面提供 athenamod 中关于光刻胶 OiR32 的描述。

```
# Develop model parameters for photoresists
# Resist parameters for OiR 32 i-line

      rate.develop name.resist = OiR32 i.line \
         rmax.mack = 0.10940 rmin.mack = 0.0001230 \
         mth.mack = 0.110 n.mack = 8.780 \
         a.dill = 0.780 b.dill = 0.080 c.dill = 0.0180 \
         Dix.0 = 7.55e-13 Dix.E = 3.34e-2
      optical name.resist = OiR32 i.line refrac.real = 1.7
```

其他的光刻胶以及曝光光线对应如表 2.1 所示。

表 2.1　其他光刻胶的曝光光线

光刻胶	曝光光线
AZ1350J	g-line，h-line，i-line
OiR-897i	i-line
AZ1318-SFD	g-line，h-line，i-line
KTI820	g-line，i-line
KTI895i	i-line
KTI895i	i-line
MD-PR1024	i-line，duv
MD-2400	duv
S-1400	g-line
SPR-2	g-line
SPR-500	i-line
Shipley-1470	g-line
Spectralith-5100	i-line
TSMR-V3	g-line
XP-8843	duv-line

关于光刻胶的具体属性，读者可查询 athenamod 文件。

11. 完整的光刻流程

光刻的工艺很多,该如何将这些工艺串起来呢?

例 2-82 完整的光刻流程。

```
go athena

set lay_left = -0.5
set lay_right = 0.5
#
illumination g.line
illum.filter clear.fil circle sigma = 0.38
#
projection na = .54
pupil.filter clear.fil circle

layout lay.clear x.lo = -2 z.lo = -3 x.hi = $ lay_left z.hi = 3
layout x.lo = $ lay_right z.lo = -3 x.hi = 2 z.hi = 3

image clear win.x.lo = -1 win.z.lo = -0.5 win.x.hi = 1 win.z.hi = 0.5 dx = 0.05 one.d

structure outfile = mask.str intensity mask
tonyplot mask.str

line x loc = -2 spac = 0.05
line x loc = 0 spac = 0.05
line x loc = 2 spac = 0.05
line y loc = 0 spac = 0.05
line y loc = 2 spac = 0.2

init silicon orient = 100 c.boron = 1e15 two.d

deposit nitride thick = 0.035 div = 5
deposit name.resist = AZ1350J thick = .8 divisions = 30

rate.dev name.resist = AZ1350J i.line c.dill = 0.018

structure outfile = preoptolith.str
tonyplot preoptolith.str

expose dose = 240.0 num.refl = 10

bake time = 30 temp = 100

develop kim time = 60 steps = 6 substeps = 24

structure outfile = optolith.str
tonyplot optolith.str
```

图 2.48(a)是仿真得到的掩膜及光强分布,图 2.48(b)是对光刻胶曝光及显影后的结

果。注意例子中使用了全局变量“lay_left”和“lay_right”来约束掩膜的范围，这给修改掩膜参数提供了很大的方便。

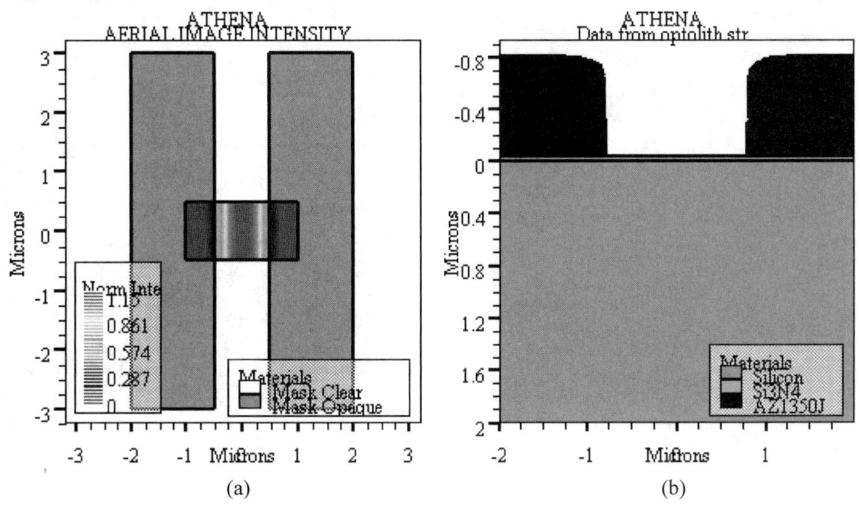

图 2.48　完整光刻流程的仿真结果

(a) 掩膜及成像的光强分布；(b) 光刻胶光刻的结果

2.3.8　硅化物

硅化物是指金属的硅化物(silicide)，一般在硅化之前需要在硅表面淀积一层金属硅化物或金属层，金属可以是 Titanium、Tungsten、Platinum 和 Cobalt，相应的金属硅化物是 TiSix、WSix、PtSix 和 CoSix。

例 2-83　金属硅化物，图 2.49(a)和(b)分别是 Ti 淀积后和形成 TiSix 合金后的结果。

```
go athena

line x loc = 0 spac = 0.1
line x loc = 0.5 spac = 0.1
line y loc = 0 spac = 0.0001
line y loc = 0.1 spac = 0.05

init c.boron = 1e17 two.d

deposit material = titanium thick = 0.002 div = 5
silicide material = tisi2 mttype = silicide / material = titanium alpha = 0.4

structure outfile = before_alloy.str
diffuse time = 60 temp = 650

structure outfile = after_alloy.str

tonyplot before_alloy.str after_alloy.str
```

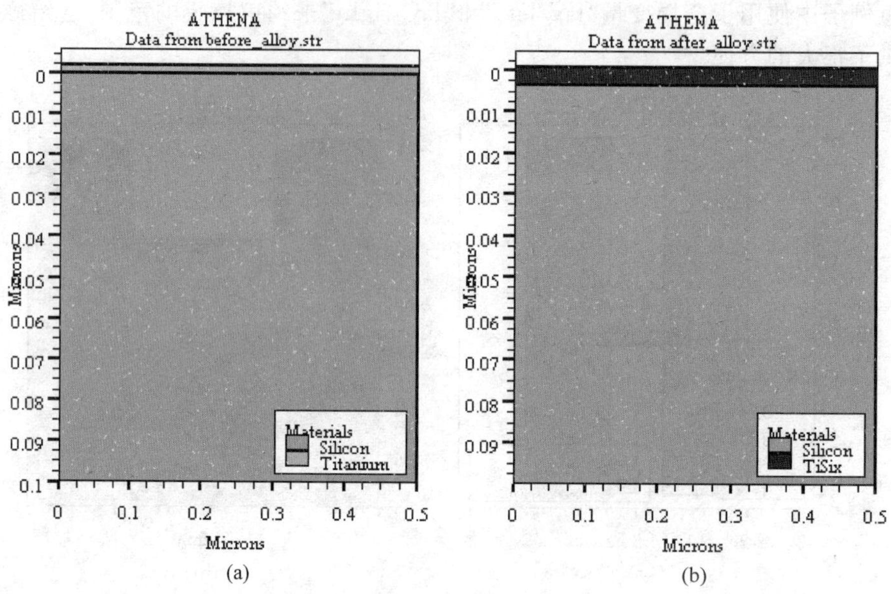

图 2.49 硅化物形成前后

2.3.9 电极

electrode 命令定义电极，语法如下：

```
ELECTRODE
NAME = <c> [X = <n> | Y = <n> | BACKSIDE | LEFT | RIGHT]
```

参数及其说明：

name：电极的名称。

x、y：定义电极的水平和纵向位置，只要点落在金属或多晶硅内，整个金属或多晶硅区域都会作为电极。当 Y 没有指定时，默认是器件的表面。

backside：定义结构底部为平面电极，如果结构底部存在金属，那么只能用 X 和 Y 来定义电极。

left：器件的左上部分设定为一个电极。

right：器件右上部分设定为电极。

例 2-84 定义电极，结果如图 2.50 所示。如果同一个 X 处有两个电极，器件表面可以不指定 Y 轴坐标，器件底部的电极一定要设置 Y 的坐标。

```
go athena
line x loc = 0 spac = 0.1
line x loc = 0.5 spac = 0.1
line y loc = 0 spac = 0.05
line y loc = 0.5 spac = 0.5

init two.d
```

```
deposit aluminum thick = 0.1 division = 4
etch aluminum p1.x = 0.1 right

structure mirror right
structure outfile =  pre.str

electrode x = 0.05 name = anode
electrode backside name = cathode

structure outfile = electrode1.str
##########################################
go athena
init infile = pre.str

structure flip.y
deposit aluminum thick = 0.1 division = 4
structure flip.y

electrode x = 0.05 name = gate
electrode x = 0.95 name = source
electrode x = 0.05 y = 0.55 name = drain

structure outfile = electrode2.str
tonyplot electrode1.str electrode2.str
```

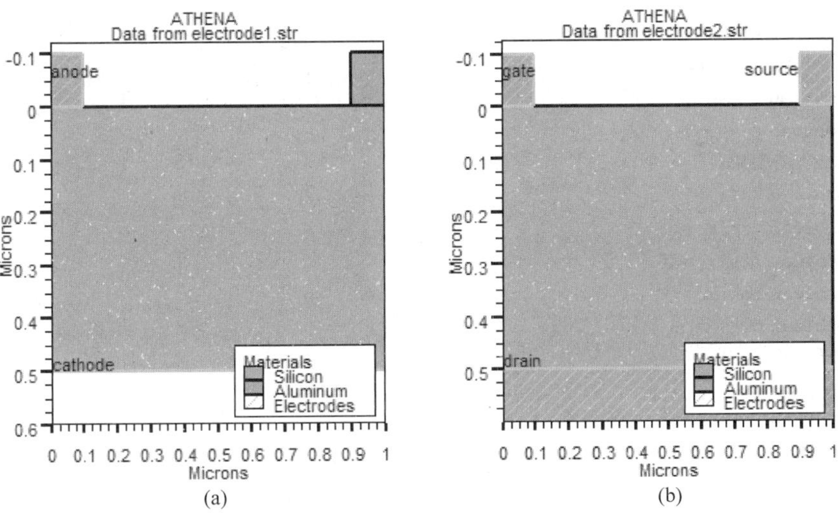

图 2.50　电极定义

(a) 背面电极；(b) 金属电极

在由工艺仿真转入器件仿真时如果有未定义电极的金属区域或多晶硅区域，在器件仿真中它们会作为未命名的电极来处理。

2.3.10　帮助

help 命令可调出帮助信息。语法如下：

```
HELP [<command>]
```

或

```
? [<command>]
```

例 2-85 etch 的帮助信息。

```
go athena

help etch
```

运行例 2-85 后输出窗口显示的信息如下：

```
ATHENA> help etch
switch stdmaterial = Standard material to etch.
Choose one of:
    boolean silicon = F
    boolean oxide = F
    boolean oxynitride = F
    boolean nitride = F
    boolean polysilicon = F
    boolean photoresist = F
    boolean barrier = F
    boolean aluminum = F
    boolean tungsten = F
    boolean titanium = F
    boolean platinum = F
    boolean cobalt = F
    boolean wsix = F
    boolean tisix = F
    boolean ptsix = F
    boolean cosix = F
    boolean gaas = F
    boolean algaas = F
    boolean ingaas = F
    boolean sige = F
    boolean inp = F
    boolean sic_6h = F
    boolean sic_4h = F
    boolean sic_3c = F
    boolean germanium = F
string material User defined material to be etched.
string name.resist User defined photoresist to be etched.
boolean top.layer = T Etch only top layer of specified material.
boolean exact = F Exact algorithm to be used.
switch type_etch = left
Choose one of:
    boolean left = F Etch left of the p1,p2 line.
```

```
    boolean right = F Etch right of the p1,p2 line.
    boolean above = F Etch above of the p1,p2 line.
    boolean below = F Etch below of the p1,p2 line.
    boolean start = F First of a series of coordinates.
    boolean continue = F One of many of a series of coordinates.
    boolean done = F Last of a series of coordinates.
    boolean end.etch = F Alias for done.
    boolean dry = T Straight down from the top.
    boolean trapezoi = T Alias for dry.
    double thickness = 0 Distance for the etch to penetrate (microns).
    double angle = 0 Wall slope in degrees. 90 - vertical (default)
    double undercut = 0 The distance that etch extends under a mask when dry etch is performed.
(microns)
    boolean all = F Etch an entire material.
    string infile File containing coordinates for etching.
double direct.angle = 0 Angle of directional etching. (degrees from the vertical.)
double x = 0 X value of coordinates (microns).
double y = 0 Y value of coordinates (microns).
double p1.x = 0 X coordinate of boundary line for left/right etching (microns).
double p1.y = 0 Y coordinate of boundary line for left/right etching (microns).
double p2.x = 0 X coordinate of boundary line for left/right etching (microns).
double p2.y = 0 Y coordinate of boundary line for left/right etching (microns).
string machine Name of machine (must be the same as in rate.etch).
double time = -999 Etching time for the defined etch machine.
double dx.mult = 1 Surface segment accuracy multiplier.
double dt.fact = -999 Timestep optimization parameter.
double dt.max = -999 Maximum time step size (sec).
switch tunits = minutes Time units.
Choose one of:
    boolean hours = F
    boolean minutes = F
    boolean seconds = F
boolean ionrotation = T Specifies that in ion milling substrate (or equivalently ion beam)
rotates around the azimuth plane
double iontilt = 0 Specifies the tilt angle (of the normal to substrate) ion ion milling beam
boolean noexpose = F Specifies that the new surface after regular etch is neutral.
boolean mc.redepo = T Specifies that redeposition of polymer should be simulated.
double mc.smooth = 1 Specifies smoothing for MC etch and redeposition
double mc.dt.fact = 1 Time step control parameter forg MC etch and redeposition
string mc.modfname File with MC etching models for the C-interpreter
double temperature = 0 Etch temperature used for stress evaluation when Stress History Model is
used.
```

例 2-86 expose 的帮助信息。

```
go athena

? expose
```

运行例 2-86 后输出窗口显示的信息如下：

```
ATHENA > ? expose
```

```
string infile Normalized light intensity file.
switch typepolar = perpendicul Only one polarization may be specified.
Choose one of:
    boolean perpendicul = F TE mode.
    boolean parallel = F TM mode.
switch exposemeth = bpm Only one exposure method may be specified.
Choose one of:
    boolean bpm = F Beam propagation method.
    boolean rtm = F Ray tracing method.
switch typecross = x.cross Only one cross section may be specified.
Choose one of:
    boolean x.cross = F Cross section with z = constant.
    boolean z.cross = F Cross section with x = constant.
double cross.value = 0 The z or x coordinate for the cross section in (um).
double dose = 240 Exposure dose in (mJ/cm * cm).
double x.origin = 0 Shifts the cross section relative to structure in (um).
double defocus = 0 Dummy parameter
double flatness = 0.25 Change of surface topography to be ignored (degrees).
double power.min = 0.0001 Minimum power loss.
boolean mult.expose = F Multiple exposures to be performed.
int num.refl = 1 Number of reflections to be calculated.
int front.refl = 1 Front surface reflection; off = 0, on = 1.
int back.refl = 0 Back surface reflection; off = 0, on = 1.
int all.mats = 0 Display intensity in all materials; no = 0, yes = 1.
string mask Dummy parameter for TS4 compatibility, Deckbuild uses it to insert etch statments
from mask specifications
```

2.4 集成工艺

上一节讲了各项单项工艺，对于 BJT、MOS、CCD、LED、ESD、Laser、射频用电容、电感等器件或由这些器件组成的小规模电路的工艺，无非都是由这些基本的单项工艺组合而来。这自然会引发两个疑问：①应该由哪些单项工艺组合得到？②这些工艺的参数又该怎样得到呢？这很复杂，而且很多问题不是软件能解决的，本书只能在仿真软件的使用上提供一些细微的帮助。

Silvaco 提供 PDK(process design kits，制造工艺设计包)服务，而且 Silvaco 和很多代工厂商合作开发 PDK，这些厂商是 TSMC，UMC，TOWERJAZZ，ON Semiconductor，MOSIS，VIS，FAB，EPSON，American Semiconductor Inc.，Panasonic。

例 2-87 MOS 集成工艺，从中可以得到很多有用的东西。如仿真流程的组织、仿真语句的注释及适当的空行以增强可读性，适时保存、显示结构以及提取特性可以提供更详尽的各阶段的仿真结果。

```
go athena
#
line x loc = 0 spac = 0.1
```

```
line x loc = 0.2 spac = 0.006
line x loc = 0.4 spac = 0.006
line x loc = 0.5 spac = 0.01
#
line y loc = 0.00 spac = 0.002
line y loc = 0.2 spac = 0.005
line y loc = 0.5 spac = 0.05
line y loc = 0.8 spac = 0.15
#
init orientation = 100 c.phos = 1e14 space.mul = 2

# pwell formation including masking off of the nwell
#
diffus time = 30 temp = 1000 dryo2 press = 1.00 hcl = 3
#
etch oxide thick = 0.02
#
#P -- well Implant
implant boron dose = 8e12 energy = 100 pears
#
diffus temp = 950 time = 100 weto2 hcl = 3
#
# N -- well implant not shown
diffus time = 50 temp = 1000 t.rate = 4.000 dryo2 press = 0.10 hcl = 3
#
diffus time = 220 temp = 1200 nitro press = 1
#
diffus time = 90 temp = 1200 t.rate = -4.444 nitro press = 1
#
etch oxide all
#
# sacrificial "cleaning" oxide
diffus time = 20 temp = 1000 dryo2 press = 1 hcl = 3
#
etch oxide all
# gate oxide grown here
diffus time = 11 temp = 925 dryo2 press = 1.00 hcl = 3

# Extract a design parameter
extract name = "gateox" thickness oxide mat.occno = 1 x.val = 0.5

#vt adjust implant
implant boron dose = 9.5e11 energy = 10 pearson
#
depo poly thick = 0.2 divi = 10
#
#from now on the situation is 2 -- D
```

```
etch poly left p1.x = 0.35
#
method fermi compress
diffuse time = 3 temp = 900 weto2 press = 1.0
#
implant phosphor dose = 3.0e13 energy = 20 pearson
#
depo oxide thick = 0.120 divisions = 8
#
etch oxide dry thick = 0.120
#
implant arsenic dose = 5.0e15 energy = 50 pearson
#
method fermi compress
diffuse time = 1 temp = 900 nitro press = 1.0

# pattern s/d contact metal
etch oxide left p1.x = 0.2
deposit alumin thick = 0.03 divi = 2
etch alumin right p1.x = 0.18

# extract final S/D Xj
extract name = "nxj" xj silicon mat.occno = 1 x.val = 0.1 junc.occno = 1

# extract the N++regions sheet resistance
extract name = "n++sheet rho" sheet.res material = "Silicon" \
    mat.occno = 1 x.val = 0.05 region.occno = 1

# extract the sheet rho under the spacer, of the LDD region
extract name = "ldd sheet rho" sheet.res material = "Silicon" \
    mat.occno = 1 x.val = 0.3 region.occno = 1

# extract the surface conc under the channel.
extract name = "chan surf conc" surf.conc impurity = "Net Doping" \
    material = "Silicon" mat.occno = 1 x.val = 0.45

# extract a curve of conductance versus bias.
extract start material = "Polysilicon" mat.occno = 1 bias = 0 bias.step = .2 \
    bias.stop = 2 x.val = 0.45

extract done name = "sheet cond v bias" curve(bias, 1dn.conduct material = "Silicon" \
    mat.occno = 1 region.occno = 1) outfile = "extract.dat"

structure mirror right

electrode name = gate x = 0.5 y = 0.1
electrode name = source x = 0.1
```

```
electrode name = drain x = 0.9
electrode name = substrate backside

structure outfile = mos0.str
tonyplot mos0.str - set mos0.set
```

2.5 优　　化

在工艺仿真时如何得到想要的结果，如希望栅氧生长到多厚，离子注入后方块电阻为多少等，这就需要对参数进行优化。Deckbuild 界面中集成了优化功能，其工具为 Optimizer。

2.5.1 优化设置

启动 Optimizer 的方式，在 Deckbuild 的 Command 菜单中选择 Optimizer。

优化前需对优化方案进行设置，包括误差范围、寻找次数等，如图 2.51 中最大误差设置为 1%。

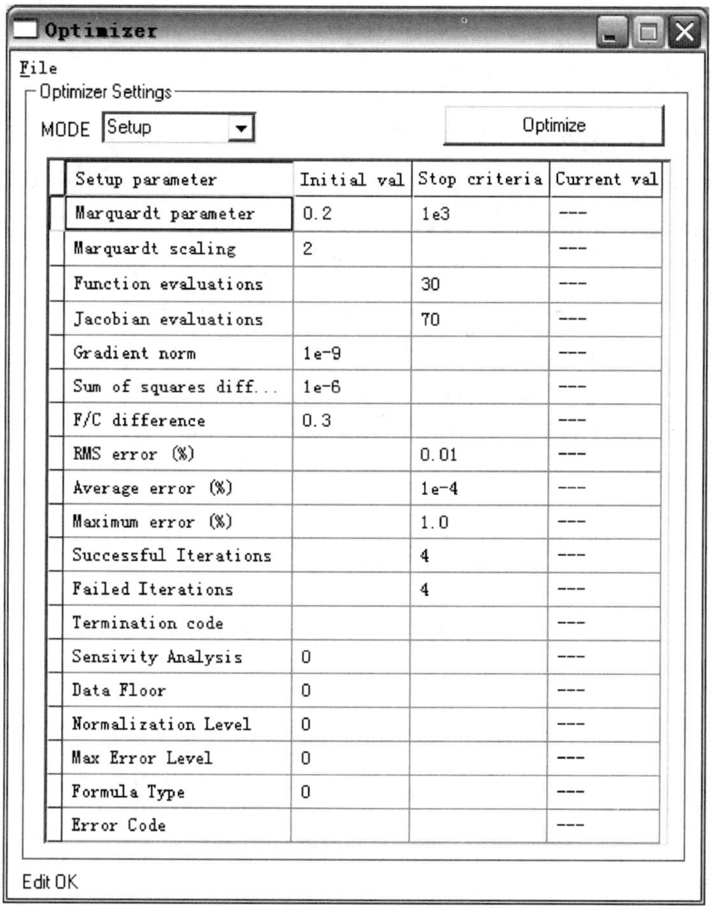

Optimizer

File

Optimizer Settings

MODE Setup　　Optimize

Setup parameter	Initial val	Stop criteria	Current val
Marquardt parameter	0.2	1e3	---
Marquardt scaling	2		---
Function evaluations		30	---
Jacobian evaluations		70	---
Gradient norm	1e-9		---
Sum of squares diff...	1e-6		---
F/C difference	0.3		---
RMS error (%)		0.01	---
Average error (%)		1e-4	---
Maximum error (%)		1.0	---
Successful Iterations		4	---
Failed Iterations		4	---
Termination code			---
Sensivity Analysis	0		---
Data Floor	0		---
Normalization Level	0		---
Max Error Level	0		---
Formula Type	0		---
Error Code			---

Edit OK

图 2.51　优化方案的设置

以扩散进行干氧氧化的工艺着手讲解优化工具的使用，对扩散的温度和时间进行优化来得到一定厚度的氧化层，其中工艺仿真的语句如下：

例 2-88 氧化层厚度的优化。

```
go athena
#
line x loc = 0.0 spacing = 0.02
line x loc = 1.0 spacing = 0.02
line y loc = 0.0 spacing = 0.02
line y loc = 1.0 spacing = 0.02

init silicon orient = 111 c.boron = 1e14

diffuse time = 20 temp = 1000 dryo2
extract name = "Tox" thickness oxide mat.occno = 1 x.val = 0

structure outfile = dry_thick.str
tonyplot dry_thick.str
```

2.5.2 待优化参数

设置需优化的参数，先在 Deckbuild 的命令行中选中需要优化的工艺步骤，通常是一行（上一页加粗的扩散语句那一行）。当选中后在 Optimizer 界面 MODE 框中选择 Parameters 然后执行 Edit→Add 命令，就会出现图 2.52 所示的参数选择窗口。选中 time 和 temp 复选框，即出现图 2.53 所示的参数设置窗口，参数设置中可设置参数扫描的范围。

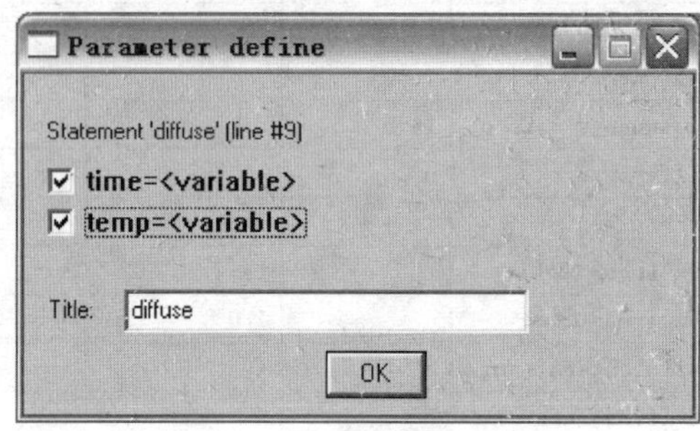

图 2.52 优化参数选择

此例中只有一个扩散工艺，其实 Silvaco TCAD 可以对多个工艺同时进行优化，那么优化后的结果也可能有多个组合。这怎么办呢？其实通过约束参数扫描的范围能较好地进行控制。如图 2.53 待优化的参数对话框显示了工艺在 Deckbuild 窗口中的行数，以及扫描的初始值、最小值和最大值。

2.5.3 优化目标

优化的目标通常是提取的工艺结果，如结深、材料厚度、浓度、方块电阻等。在 Deckbuild 命令行中选中提取的行（例 2-88 中加粗显示的提取氧化层厚度的那一行），选中后在 Optimizer 界面 MODE 框中选择 Targets 然后执行 Edit→Add 命令，即出现图 2.54 所示的优化目标设置框，设置 Target Value 到目标值即可。

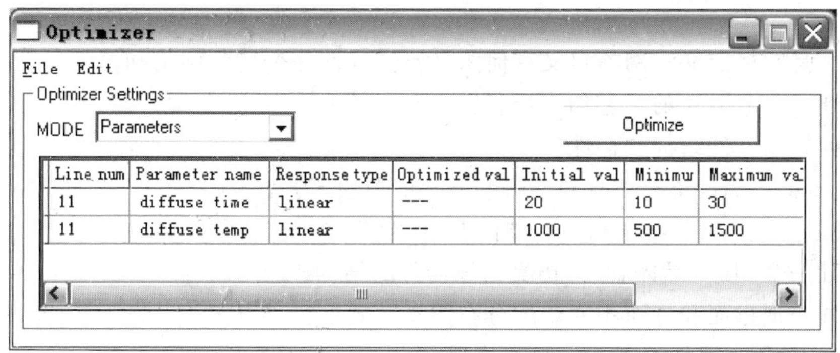

Line num	Parameter name	Response type	Optimized val	Initial val	Minimu	Maximum va
11	diffuse time	linear	---	20	10	30
11	diffuse temp	linear	---	1000	500	1500

图 2.53　待优化的参数设置

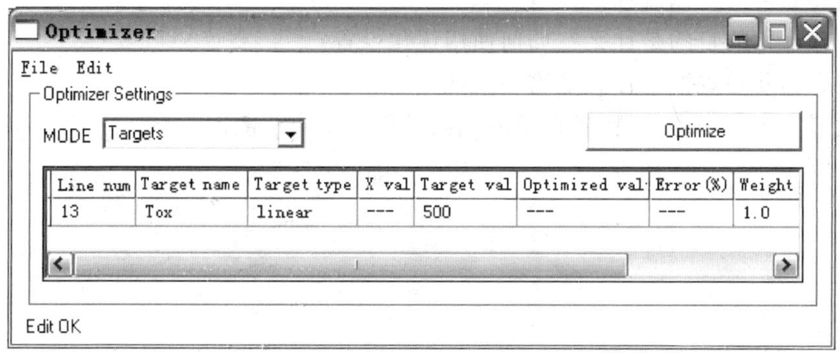

Line num	Target name	Target type	X val	Target val	Optimized val	Error (%)	Weight
13	Tox	linear	---	500	---	---	1.0

图 2.54　优化的目标设置

2.5.4　优化结果

优化设置、参数和目标值设置好后在 Optimizer 界面 MODE 框中选择 Results 然后执行 Optimizer 命令，Deckbuild 就会按照设置来回扫描工艺参数，直到提取的结果和目标值在设定的误差范围内。图 2.55 为几次扫描的参数值及目标值“Tox”。因为目标设置为 500，所以扫描到 502.544 时，软件认为已经满足要求，于是就停止了计算。

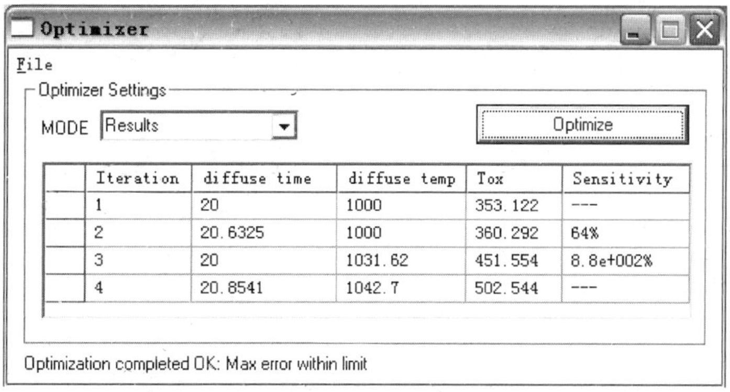

Optimizer
File
Optimizer Settings
MODE Results
Optimize

Iteration	diffuse time	diffuse temp	Tox	Sensitivity
1	20	1000	353.122	---
2	20.6325	1000	360.292	64%
3	20	1031.62	451.554	8.8e+002%
4	20.8541	1042.7	502.544	---

Optimization completed OK: Max error within limit

图 2.55　优化得到结果

思考题与习题

1. 什么是网格定义？网格定义有何意义？试制作一个均匀网格和非均匀网格。
2. 描述 ATHENA 的工艺仿真流程。
3. 如何提取器件结构的特性？
4. Silvaco TCAD 工艺仿真包括哪些基本的单项工艺？
5. 描述 Al 栅 MOS 器件和多晶硅栅 MOS 器件的工艺流程。
6. 设计一个 NPN 晶体管，并仿真出该器件的结构。
7. 怎样实现正面和背面相同杂质分布的扩散效果？
8. 简述 CMOS 器件的工艺的基本流程。
9. 掺杂的目的是什么？列举掺杂的方法并比较其优缺点。
10. 描述光刻的工艺流程。
11. 工艺优化的目的是什么？如何使用优化设置？
12. 什么是几何刻蚀？什么是物理刻蚀？
13. 设计一个仿真实例，比较杂质的纵向扩散和横向扩散。

第 3 章

二维器件仿真

3.1 ATLAS 概述

ATLAS 器件仿真器可以仿真半导体器件的电学、光学和热学行为。ATLAS 提供基于物理的模块化的易用的可扩展的平台，在此基础上分析二维或三维器件的 DC、AC 和时域响应以及光-电、电-光转换等特性。ATLAS 的功能很丰富：ATLAS 可以在 Deckbuild 交互式的运行环境中运行；允许 ATHENA、SSuprem3 工艺仿真器输入，DevEdit 器件编辑器输入，UTMOST Ⅲ[①]接口可以对器件参数进行提取和对器件建模等。

ATLAS 主要模块有：S-Pisces(二维/硅器件模拟器)、Devices3D(三维硅器件模拟器)、Blaze2D/3D(先进材料的二维/三维器件模拟器)、TFT2D/3D(无定型和多晶体二维/三维模拟器)、VCSELS(Vertical Cavity Surface Emitting Laser)、Laser(半导体激光二极管模拟器)、Luminous2D/3D(光电子器件模块)、Ferro(铁电体相关的介电常数模拟器)、Quantum(二维/三维量子限制效应模块)、Giga2D/3D(二维/三维非等温器件模拟模块)、NOISE(半导体噪声模块)、C-Interpreter(C 注释器模块)、MixedMode(二维/三维组合器件和电路仿真模块)和 DevEdit2D/3D(二维/三维器件编辑器)。具体各模块的特性，可查看器件仿真的手册或是查询官方网站的说明。

图 3.1 为 ATLAS 的输入输出框架，器件结构由工艺仿真生成或器件编辑器得到，对器件中材料参数、物理模型、电接触类型、计算方法等进行描述之后，通过 ATLAS 可计算其特性。UTMOST 为提参模块，可提取器件的 SPICE 模型参数和建模，但并不属于 Silvaco 的 TCAD 部分。C 注释器可用于编写参数的函数文件，用函数来描述参数。

ATLAS 器件仿真基于全面的物理模型：

- DC、AC 小信号和全时间依赖；
- 漂移-扩散输运模型；
- 能量平衡和水力学模型；

---

① UTMOST Ⅲ可提取器件参数和建模，器件类型有 Diode、MESFET、JFET、MOS、SOI 和 TFT 等。UTMOST Ⅲ不属于 TCAD 范畴，且只有 Linux 版本。

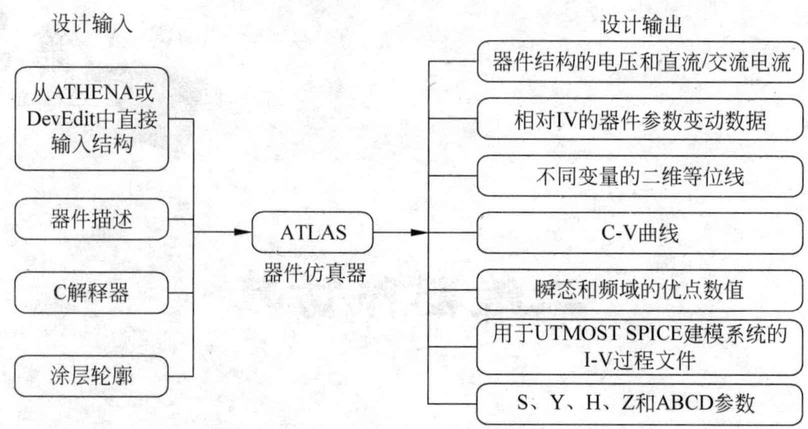

图 3.1 ATLAS 的输入和输出

- 晶格加热和热接触；
- 渐变和突变异质结；
- 光线轨迹对光电子特性的影响；
- 非晶硅和多晶硅材料；
- 通用电路环境；
- 受激发射和辐射；
- 费米-狄拉克和玻耳兹曼统计；
- 先进的迁移率模型；
- 重掺杂效应；
- 受主和施主陷阱动力学模型；
- 欧姆、肖特基和绝缘接触；
- SRH 复合、辐射复合、俄歇复合和表面复合；
- 局域或非局域的碰撞电离；
- 浮栅电极；
- 带-带隧穿和 Fowler-Nordheim 隧穿；
- 热载流子注入；
- 量子输运模型；
- 热离子发射电流。

先进的数值方法：

- 准确和强大的离散化技术；
- Gummel、Newton 和 Block-Newton 非线性迭代策略；
- 对线性子问题的有效求解，直接迭代；
- 强大的初始猜测技术；
- 小信号计算技术，包括所有的频率；
- 稳定和精确的时间集成。

ATLAS 基于物理的器件仿真可如此定义(这也可作为 ATLAS 仿真的大框架)：

- 仿真采用物理结构；

- 仿真采用物理模型；
- 仿真电学特性、偏置状态。

ATLAS 可以由用户输入材料的参数，如迁移率参数、寿命参数、能带参数和介电常数等，也可以自定义材料，更改物理模型的参数值，这些都给仿真验证提供了很好的手段。而且材料的界面、结等特性也可以方便地进行编辑。Silvaco 的这些很方便的扩展功能是非常具有吸引力的。

开始运行 ATLAS 时，注意一下输出窗口中就会发现，Deckbuild 的当前可用的模块会在实时输出窗口显示出来，样式如下：

```
==================================================
ATLAS                                      : enabled
S-PISCES                                   : enabled
BLAZE                                      : enabled
GIGA                                       : enabled
LUMINOUS                                   : enabled
LED                                        : enabled
TFT                                        : enabled
ORGANIC DISPLAY                            : enabled
ORGANIC SOLAR                              : enabled
MIXEDMODE                                  : enabled
LASER                                      : enabled
VCSEL                                      : enabled
FERRO                                      : enabled
QUANTUM                                    : enabled
NOISE                                      : enabled
REM                                        : enabled
MAGNETIC                                   : enabled
DEVICE3D                                   : enabled
THERMAL3D                                  : enabled
…                                          : …
==================================================
```

仿真前有必要了解软件的文件分布信息：

- 手册的路径：X:\sedatools\lib\Atlas\<version_number>. R\doc\atlas_user1. pdf
- 器件模型参数文件
  路径：X:\sedatools\lib\Atlas\<version_number>. R\common\atlasmod
- 参数文件
  路径：X:\sedatools\lib\Atlas\<version_number>. R\common
- C 注释器的模板、数学符号等文件
  路径：X:\sedatools\lib\Atlas\<version_number>. R\common\SCI

ATLAS 语法和 ATHENA 类似，是由一系列状态(statement)及其参数组成的。

statement 语法如下：

```
<STATEMENT><PARAMETER> = <VALUE>
```

参数的“VALUE”有四种类型：字符型、整数型、逻辑型和实数型。每一种类型参数的描述见表 3.1。

表 3.1　四种类型参数的描述

参数	描　述	是否需要数值	示　例
字符	任意字符串	是	material＝silicon
整数	任意完整的数字	是	region＝1
逻辑	是或否	否	gaussian
实数	任意实数	是	x. min＝0.1

Silvaco TCAD 语法的可读性很强，从字面上就能理解语句的含义。下面是器件仿真中语法描述的一些简单语句。

例 3-1　定义区域 1 为均匀掺杂，N 型，掺杂浓度为 $1\times10^{16}\,cm^{-3}$。

```
doping uniform n.type concentration = 1e16 region = 1
```

例 3-2　定义电极。

```
electrode name = cathode bottom
```

例 3-3　定义界面态。

```
interface x.min = -4 x.max = 4 y.min = -0.5 y.max = 4 qf = 1e10 s.n = 1e4 s.p = 1e4
```

例 3-4　设置物理模型。

```
models k.p fermi incomplete consrh auger optr print
```

例 3-5　设置数值计算方法。

```
method gummel  newton trap itlimit = 20 maxtrap = 6
```

例 3-6　定义材料参数。

```
material material = AlGaAs mun = 2170 mup = 350 tmun = 1 tmup = 2.1
```

例 3-7　定义结构文件中额外可以包含的信息。

```
output val.band con.band e.velocity
```

例 3-8　施加电压。

```
solve vbase = 0.5
```

ATLAS 的 statement 非常多，本书不可能面面俱到，读者如果遇到不懂的一定要及时查询手册。学习的一个很好的资源就是程序自带的例子，Silvaco 中 ATLAS 部分的示例相当丰富，是按照器件进行分类的，这些示例库有 bjt、ccd、diode、eprom、esd、ferro、hbt、hemt、isolation、laser、latchup、led、magnetic、mercury、mesfet、mos1、mos2、noise、optoelectronics、organic、quantum、power、seu、sic、soi、solar、tft、thermal 和 vcsel 等，对于这些器件又有不同的特性获取的示例。

本章主要对仿真流程的控制以及对一些常用器件的直流、交流、瞬态和频率特性的获取方式进行讲解，对光电特性、单粒子翻转效应、晶格自加热效应和噪声特性等高级特性也将有详细讲解。

3.2 器件仿真流程

如图 3.2 所示，ATLAS 的仿真是通过对一系列状态的描述来进行组织的，而这些状态又可以分成一些组，大体是结构生成、设定材料模型、计算方法、器件特性获取和结果分析等五组状态。这些状态也不是都需要，如果从工艺仿真和器件编辑器得到结构的话就可以直接从材料和物理模型开始。

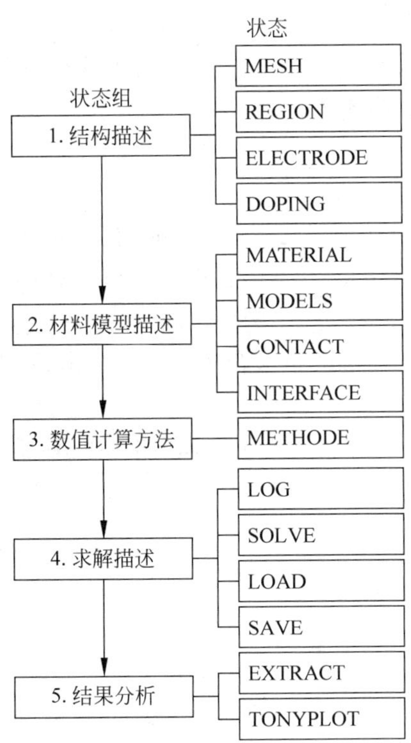

图 3.2 ATLAS 状态组及其主要状态

本章的思路就是按照这个流程来展开的，希望能起到既见树木又见森林的效果。从下一节开始将分别从这些状态组及其状态来讲解 ATLAS 仿真。

3.3 定义结构

器件仿真时所采用的结构可由多种方式得到：

(1) 直接导入现成的器件结构；

(2) 由工艺仿真器 ATHENA 生成器件结构；

(3) 由 ATLAS 命令来描述器件结构；

(4) 由器件编辑器 DevEdit 生成器件结构。

这4种方法各有特点。第2章中已经讲到了直接导入结构文件和由工艺仿真得到结构。ATLAS命令来描述的器件结构是比较简单的，器件剖面占据整个X、Y轴定义的范围，不允许有空的状态。器件编辑器可以灵活地定义器件结构，它的区域边界是由一系列点(x,y)的坐标来决定，可以得到不规则的边界。器件编辑器也支持导入现成的结构，然后进行更改，如从二维结构扩展到三维结构、网格重新定义和添加电极等。

例3-9 直接导入现成的结构文件。

```
go atlas
init infile = origin. str
```

3.3.1 ATLAS生成结构

ATLAS生成结构也是从网格定义开始，主要的步骤有四个：①初始化网格；②定义区域和材料；③定义电极；④描述掺杂。

1. Initial Mesh

在介绍工艺仿真时提到衬底网格是用命令line、参数location和spacing来定义的。和ATHENA的定义方式相近，ATLAS是由状态x. mesh、y. mesh及其对应的参数location和spacing来定义网格。状态mesh声明网格生成开始，参数space. mult定义网格线间距的倍乘因子，默认值是1，大于1会使网格变粗糙，仿真也相应变快。参数width可以定义器件在Z轴方向的长度。

例3-10 X和Y轴的mesh定义，器件剖面即在此范围内。

```
go atlas
mesh space. mult = 1.0
x. mesh location = 0.0 spacing = 0.05
x. mesh location = 3.0 spacing = 0.05
y. mesh loc = 0.0 spac = 0.02
y. mesh loc = 2.0 spac = 0.02
```

同ATHENA的情形一样，如果各个location处的spacing一样的话，网格就是均匀的，如果spacing不一样，网格就非均匀。网格必须考虑疏密分布，材料界面、很薄的材料层都需要定义得密一些。衬底可以定义得稀疏一些。其基本原则就是在某个location附近参数变化显著，分段线性化时应该考虑使分的段的长度小一些，这样才能得到更精确的结果。但网格也不是越密越好，网格定义过于密集会使仿真速度减慢。

命令eliminate可在已有的网格基础上删除掉指定矩形区域内的一些网格线，删除的方法是定义某范围内沿横向或纵向网格线隔一条删除一条。参数rows或x. dir表示删除横向的网格线，columns或y. dir表示删除纵向的网格线，参数row或columns必须定义一个，不然程序将有警告。

例3-11 eliminate使纵向网格粗糙化，图3.3(a)和(b)分别为使用前后的效果。

```
go atlas
#
mesh
```

```
x. mesh location = 0.0 spacing = 0.02
x. mesh location = 2.0 spacing = 0.1
y. mesh loc = 0.0 spac = 0.02
y. mesh loc = 2.0 spac = 0.2

eliminate columns x.min = 0.25 x.max = 1.5 y.min = 0.3 y.max = 1.3
region num = 1 silicon

save outfile = eliminate.str
tonyplot eliminate.str
```

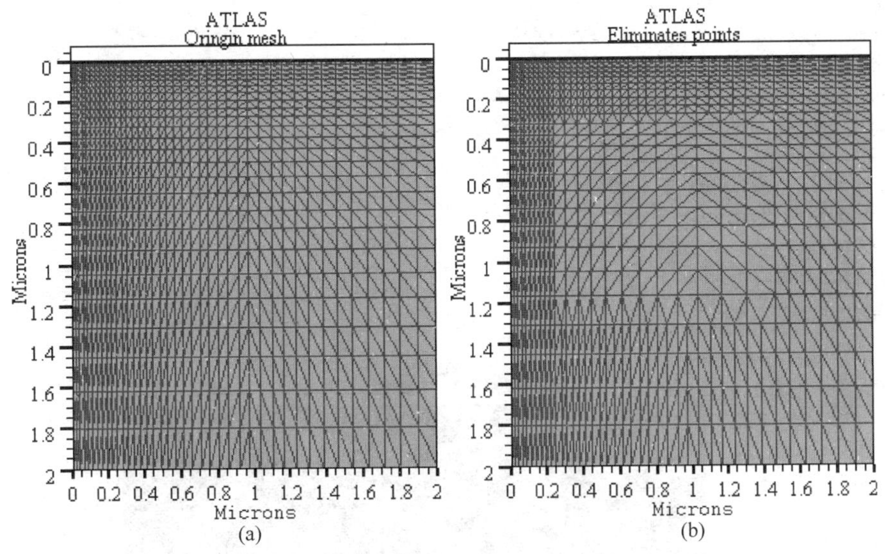

图 3.3 eliminate 使纵向的网格线变稀疏

(a) 原始网格；(b) 使用 eliminate 后的网格

ATLAS 需要将 mesh 中定义的仿真剖面(例 3-11 中为点(0,0)和点(2,2)组成的矩形)划分成不同的区域(region)，并定义相应的区域参数之后保存结构才能由 tonyplot 显示网格。

2. Region and Materials

ATHENA 的网格定义好后，初始化即得到衬底，在衬底上经过一系列的工艺生成器件结构。ATLAS 的网格定义是对整个器件的二维剖面(二维器件仿真)进行描述的，且剖面一定是矩形。

ATLAS 的器件剖面可以按需要分成不同的区域，然后定义区域的特性。定义区域需要指明位置(X 和 Y 的范围)、材料以及序号，在后续定义掺杂等特性时就可以按区域定义。

region 语法：

```
REGION NUMBER = <N> <MATERIAL> [<POSITION>]
```

例 3-12 MIS 结构的区域定义。

```
region num = 1 y.min = 0.25 y.max = 0.5 silicon
region num = 2 y.min = 0.2 y.max = 0.25 x.min = 0 x.max = 1.0 oxide
region num = 3 y.min = 0 y.max = 0.2 x.min = 0 x.max = 1.0 aluminum
```

应当使 mesh 范围全部都有 region 进行定义，不提倡存在没定义的地方，否则程序会发出警告。实在没有材料也可将 material 设置为 air。

例 3-13 定义 region 材料为 air，结果如图 3.4 所示。

```
go atlas

mesh
x. mesh location = 0.0 spacing = 0.02
x. mesh location = 2.0 spacing = 0.1
y. mesh loc = 0.0 spac = 0.02
y. mesh loc = 2.0 spac = 0.2

region num = 1 silicon  y.min = 1
region num = 2  material = air y.max = 1

save outfile = region_air.str
tonyplot region_air.str
```

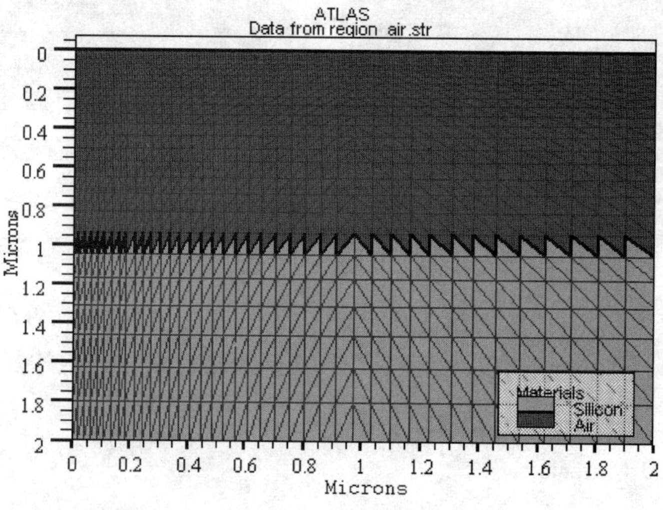

图 3.4 region 材料为 air

运行例 3-13 时，实时输出窗口将显示下面所列出的信息，包括总的网格点数、三角形数、粗糙的三角形的比例等。

```
Mesh
 Type:                  non - cylindrical
 Total grid points:   1066
 Total triangles:      2000
 Obtuse triangles:    0  (0 %)

Warning: In line #    8
```

```
Region or electrode statement missing from rect.mesh section   18
Starting:    SPISCES module.
```

如果网格生成时有警告也会在实时输出窗口里提示。例如在定义 region 2 为 air 的时候，虽然区域 1 的范围是 y＞1μm，区域 2 范围为 y＜1μm，正好填满整个空间，但因为在 y=1μm 处没有网格线，软件自动将其调整成了锯齿形的边界。为了避免这种情况发生，应尽量调整 y. mesh 命令使其在 location=1μm 处有网格线。

在 2.3.3 节淀积工艺部分曾提到了淀积层材料的掺杂渐变、多元材料的组分渐变等特性，其中渐变是线性的，定义相当方便。如参数 c. fraction 和 f. fraction 一起使用时分别表示淀积层底部和顶部三元化合物的第一种元素的组分。

ATLAS 有两种方法可以定义区域中材料组分的渐变：

(1) 用 compx. top 和 compx. bottom 参数来定义区域顶部和底部的组分，中间区域组分是线性变化的。四元化合物有参数 compy. top 和 compy. bottom 与之对应。

(2) 由参数 grad. <n>定义在某一区间内组分由某一值减少为 0。

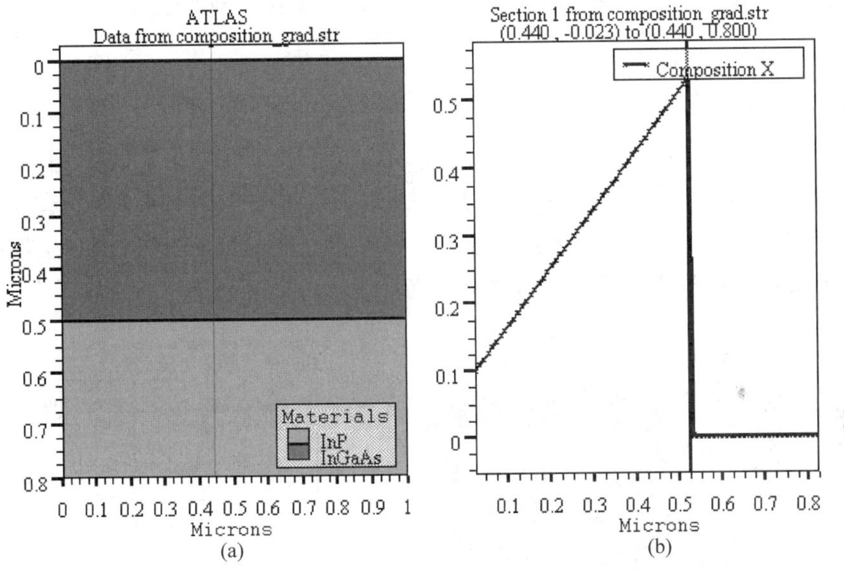

图 3.5　参数 compx. top 和 compx. bottom 定义区域材料的组分渐变

例 3-14　参数 compx. top 和 compx. bottom 定义材料的组分渐变，结果如图 3.5 所示。

```
go atlas

mesh
x. mesh location = 0.0 spacing = 0.02
x. mesh location = 1.0 spacing = 0.02

y. mesh loc = 0.0 spac = 0.01
y. mesh loc = 0.8 spac = 0.01

region num = 1 material = InP y.min = 0.5
region num = 2 material = InGaAs y.max = 0.5 compx.top = 0.1 compx.bottom = 0.53
```

```
save outfile = composition_compx.str
tonyplot composition_compx.str
quit
```

例 3-15 参数 grad.<n>定义材料的组分渐变，结果如图 3.6 所示。

```
go atlas

mesh
x.mesh location = 0.0 spacing = 0.02
x.mesh location = 1.0 spacing = 0.02

y.mesh loc = 0.0 spac = 0.01
y.mesh loc = 0.8 spac = 0.01
y.mesh loc = 1 spac = 0.1

region num = 1 material = GaN y.min = 0.6
region num = 2 material = AlGaN y.max = 0.4   x.comp = 0.4 grad.34 = 0.2

save outfile = composition_grad.str
tonyplot composition_grad.str
```

例 3-15 中区域 1 定义 GaN 的范围 y>0.6μm，区域 2 定义 AlGaN 的范围 y<y.max+grad.34 =0.6μm。AlGaN 中 Al 的组分从 y.max=0.4μm 处的 0.4 线性减少，直到 y.max+grad.34=0.6μm 时减为 0。也就是说组分渐变是发生在大小为 grad.<n>的距离内的。从导出的数据文件可以清晰地看出组分变化的范围为 0.4～0.6μm。

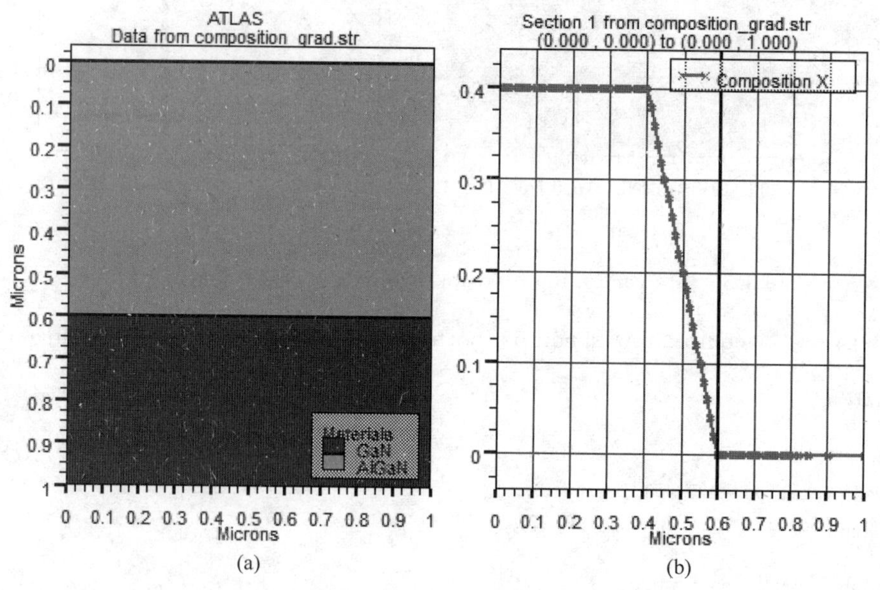

(a) (b)

图 3.6 参数 grad.<n>定义区域材料的组分渐变

(a) 器件结构；(b) 组分渐变

参数 grad.<n>可定义异质结材料组分从某一值减到 0 时的渐变，n 的数值有 12、23、

34 和 41，如图 3.7 所示，grad. 12 为上边界，grad. 23 表示右边界，grad. 34 表示下边界，grad. 41 表示左边界。

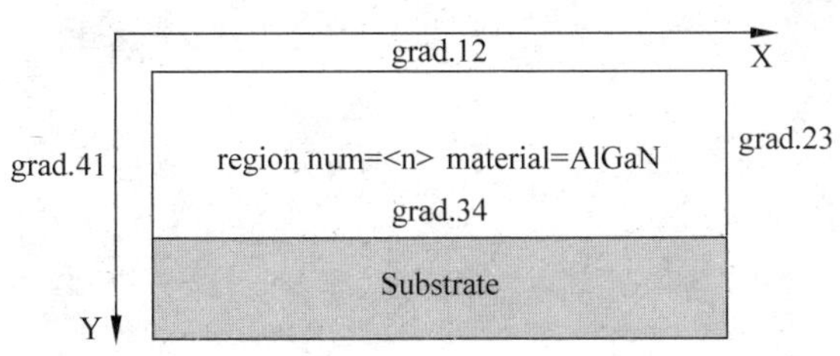

图 3.7　grad. <n>表示的材料边界

这两种方法各有特点，用 compx. top 和 compx. bottom 可以较方便地定义纵向组分的渐变，而且起始值和结束值较灵活，但是整个区域组分都是变化的；用 grad. <n>可以灵活定义区域内组分在某边界附近的变化，但结束值是 0。仿真时需要视具体情形来进行选择。

3. Electrode

Elctrode 定义电极，位置可以是由 x. min、x. max、y. min 和 y. max 组成的矩形框，也可以是按照剖面的特定位置如 top、bottom、left、right 或 substrate 定义，还可以是指定一点和电极在 X 方向的长度来定义。电极接触类型默认为欧姆接触。

electrode 语法：

```
ELECTRODE NAME = < C > [NUMBER = < N >] [SUBSTRATE] < POSITION > < REGION >
```

例 3-16　发射极，范围为 x 从 1.75 到 2.0，y 从－0.05 到 0.05。

```
elec name = emitter x.min = 1.75 x.max = 2.0 y.min = - 0.05 y.max = 0.05
```

例 3-17　MOS 结构中栅极、源极和漏极位置定义，结果如图 3.8 所示。

```
elec num = 1 name = gate x.min = 0.5 length = 0.5 y.max = - 0.02
elec num = 2 name = source y.min = 0 left length = 0.25
elec num = 3 name = drain y.min = 0 right length = 0.25
```

如图 3.8 所示，虽然在定义电极的时候有电极的位置参数，但最终结果也受电极附近网格的影响，如例 3-17 中门极电极实际范围与设定的 0.5～1.0μm 不同。

例 3-18　表面和底部分别定义成阳极和阴极。

```
elec name = anode top
elec name = cathode bottom
```

4. Doping

杂质分布由 doping 状态设置，doping 语法格式如下：

```
DIOING  < DISTRIBUTION_TYPE > < DOPANT_TYPE > < POSITION_PARAMETERS >
```

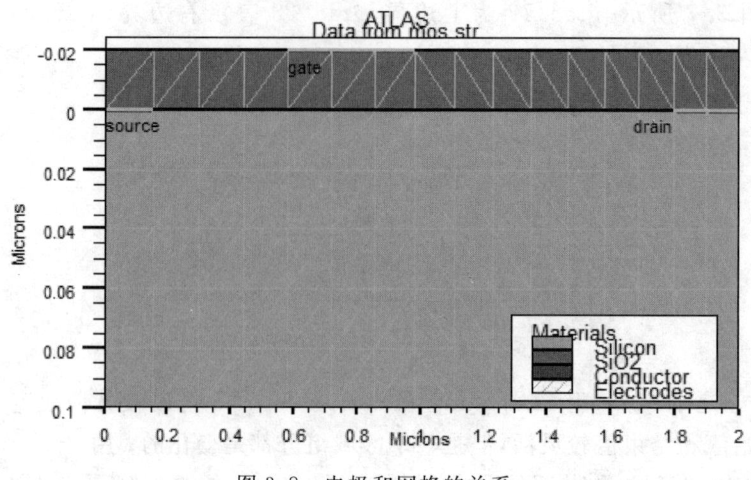

图 3.8 电极和网格的关系

杂质分布可以是均匀(uniform)、高斯(Gaussian)和余误差函数(error function)分布。均匀分布常用的参数有杂质类型(n. type 或 p. type)、浓度(concentration)和区域(region)。

例 3-19 区域 1 均匀掺杂,N 型,浓度 $1\times10^{16}\text{cm}^{-3}$。

```
doping uniform conc = 1e16 n.type region = 1
```

高斯分布常用的参数可以分成类型和分布参数两类,即 n. type 和 p. type。分布参数可以分成三组,三组参数选其中一组。第一组的参数有 concentration 和 junction,第二组参数有 dose 和 characteristic,第三组参数有 concentration 和 characteristic。

例 3-20 以 junction 定义的高斯分布。存在 PN 结的情况下可用,这时由峰值点以及结处的浓度值以及相对距离可得出高斯分布。

```
doping region = 1 uniform conc = 5e15 n.type
doping region = 1 gauss conc = 1e18 p.type peak = 0.2 junct = 0.15
```

如果没有 PN 结,那么 junction 参数就不可用,此时可考虑 y. char(同 characteristic,可简写为 char)。

例 3-21 以 y. char 定义的高斯分布,在 N 型衬底的上定义 N+掺杂。

```
doping region = 1 uniform conc = 5e15 n.type
doping region = 1 gauss conc = 1e19 n.type peak = 0.2 y.char = 0.15 x.min = 1 x.max = 2
```

y. char $\sqrt{2}$ 为纵向高斯分布的标准差,横向分布的标准差默认为 $70/\sqrt{2}\,\%$ * char,横向分布的标准差可用 ratio. lateral 定义。x. min 和 x. max 定义峰值浓度的 X 边界。

y. char 通过给定与峰值浓度点特定距离后的浓度值求出,表达式如下:

$$N(y)=\text{peak}\cdot\exp\left[-\left(\frac{y}{\text{y. char}}\right)^2\right]$$

例 3-22 误差函数分布。

```
doping erfc n.type peak = 0.5 junction = 1.0 conc = 1e19 x.min = 0.25 x.max = 0.75 \
  ratio.lat = 0.3 erfc.lat
doping p.type conc = 1e18 uniform
```

例 3-22 使用余误差函数分布，余误差函数分布和高斯分布的参数定义是一致的，峰值浓度为 1e19，峰值位置在 0.5μm 深度。char 决定浓度随深度的变化速率，因为定义了结深是 1μm，所以 1μm 处施主浓度也必须达到 1e18(第二条语句定义了所有区域均为 P 型均匀掺杂，浓度为 1e18)，用下面的方程可以计算出 char 为 0.43μm：

$$\text{erfc}([\text{junction} - \text{peak}]/\text{char}) = 0.1$$

也可以从文件导入掺杂信息。下面的例句为杂质分布信息由文件 concdata 导入，文件为 ASCII 编码。文件 concdata 内部信息由两列数字表示，第一列表示深度(μm)，第二列表示掺杂浓度(cm^{-3})。

例 3-23 由文件描述掺杂分布。

```
doping x.min = 0.0 x.max = 1.0 y.min = 0.0 y.max = 1.0 n.type ascii  infile = concdata
```

经过这几步就可以定义一个器件结构，将结果保存成结构文件即可。例 3-24 是一个完整的 diode 结构定义的例子，结构如图 3.9(a)所示。

例 3-24 由 ATLAS 描述二极管结构。

```
go atlas
#
mesh
x. mesh loc = 0.00 spac = 0.025
x. mesh loc = 0.50 spac = 0.025
y. mesh loc = 0.00 spac = 0.05
y. mesh loc = 2.00 spac = 0.05

region number = 1 x.min = 0.0 x.max = 0.5 y.min = 0.0 y.max = 1.0 material = silicon
region number = 2 x.min = 0.0 x.max = 0.5 y.min = 1.0 y.max = 2.0 material = silicon
#
electrode name = anode top
electrode name = cathode bottom
#
doping uniform conc = 1e20 n.type region = 1
doping uniform conc = 1e18 p.type region = 2
#
save outfile = diode_0.str
tonyplot diode_0.str
```

3.3.2 DevEdit 生成结构

图 3.9(b)是由器件编辑器 DevEdit 生成的二极管结构。对比图 3.9(a)和(b)就会发现器件编辑器得到的区域边界可以多样化。器件编辑器的区域是由一些“point”连起来的，而 ATLAS 命令中的区域是定义 X 和 Y 边界，所以只能是矩形。这样使 DevEdit 在结构的定义上具有很大的灵活性。

在器件编辑之前先定义工作面积，由 x1、x2、y1 和 y2 来定义。DevEdit 的结构是分区域(region)定义的，在不同区域内再指定材料和掺杂。杂质用参数 impurity 定义。

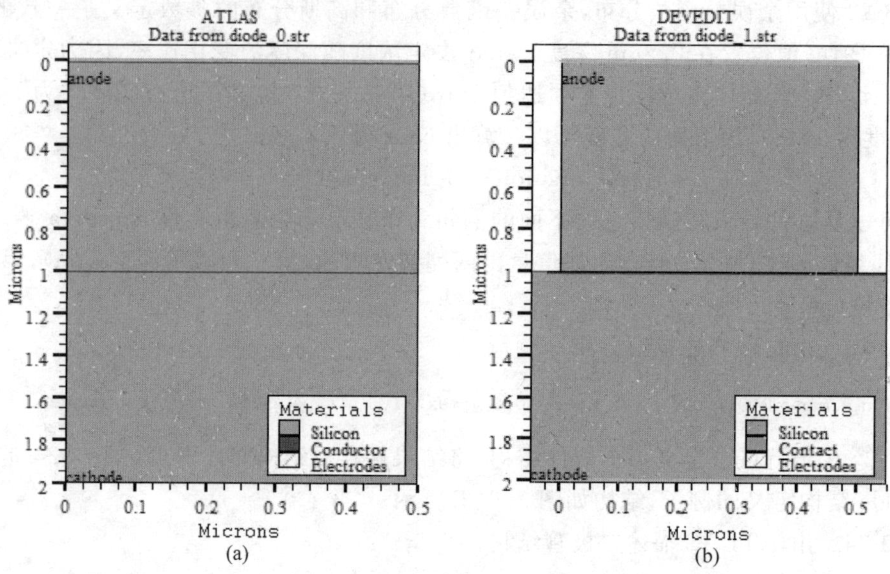

图 3.9　ATLAS 命令生成的器件结构和 DevEdit 生成的器件结构

region 语法：

```
REGION {DELETE {ID=<n> | ID=<c> | NAME=<STRING>} | {{ID=<n>]
[NAME=<c>]} | ID=<c>} [MATERIAL=<c>]
[COLOR=<n>] [PATTERN=<n>] POINTS=<point2d_list>
[WORK.FUNCTION=<n>] [ELECTRODE.ID=<n>] [Z1=<n>] [Z2=<n>]
```

电极由 region 定义，包括电极的位置、功函数等。

impurity 的参数很多，常用的参数有 region. id、id、impurity、points、x1、x2、y1、y2、rolloff. x|y|z、conc. param. x|y|z、peak. value、reference. value 和 resistivity 等。下面对这些参数作简要的说明：

region. id 为 impurity 所属的区域序号，如“region. id=1”表示定义第一个区域。

id 是此区域的掺杂序号，如“id=1”表示该区域内的第一种杂质分布。

points 定义区域的边界，双引号之间是按一定顺序定义的边界点，点的 XY 坐标用逗号隔开，两坐标点之间为空格，如 poins=“0,0 1,0 1,1 0,1 0,1”表示 0≤X≤1 且 0≤Y≤1 的矩形区域。如果点太多，一行写不完，则需要用反斜杠。

例 3-25　反斜杠将 DevEdit 编辑的结构区域的点进行多行显示。

```
impurity  … \
    points="0,0 1,0 1,1 0,1 \
    0,1"
```

impurity 定义采用的杂质，杂质不一定是掺杂剂，也可以是材料组分等其他参数。

x1、x2、y1 和 y2 所围成的矩形区域（或直线和点）内杂质浓度为 peak. val（或 resistivity）。

conc. func. x|y|z 定义杂质分布的函数类型，函数类型如表 3.2 所示。

表 3.2 杂质分布的函数类型

全　　名	缩　　写
“Gaussian”	gauss
“Gaussian (Dist)”	gauss. dist
“Error Function”	erfc
“Error Function (Dist)”	erfc. dist
“Linear (Dist)”	dist
“Logarithmic”	log
“Logarithmic (Dist)”	log. dist
“Exponential”	exp
“Exponential (Dist)”	exp. dist
“Step Function”	obsolete use rolloff＝step
<ld profile name>	

rolloff. x|y|z 定义在 x1、x2、y1 和 y2 围成的区域之外沿坐标轴的正负方向是否符合该分布，值常用的有 low、high 和 both。如果不是常数分布，则由 conc. param. x|y|z 表示离 x1、x2、y1 和 y2 围成的区域边界一定距离(μm)之后浓度达到 reference. value，图 3.10 为常数分布和非常数的各参数示意图。

编辑三维器件除了之前的“point”要有 x、y 和 z 坐标，impurity 也需要 z1 和 z2 指明 Z 方向的范围。

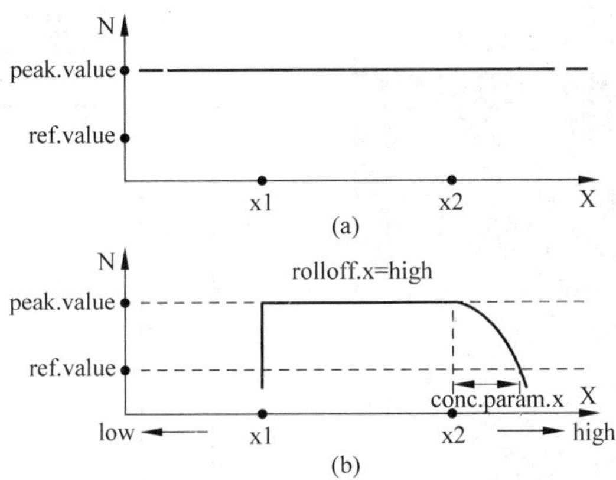

图 3.10 DevEdit 的杂质分布参数图解

(a) 常数分布；(b) 非常数分布

例 3-26 DevEdit 的掺杂定义，结果如图 3.11 所示。

```
go devedit

region reg = 1 mat = silicon color = 0xffb2 pattern = 0x9 \
    points = "0,0 50,0 50,30 0,30 0,0"

impurity id = 1 imp = Phos color = 0x906000 \
    x1 = 0 x2 = 0 y1 = 0 y2 = 0 \
    peak. value = 1.5e + 13 ref. value = 10000000000 comb. func = Multiply \
    rolloff. y = both conc. func. y = Constant \
```

```
    rolloff.x = both conc.func.x = Constant

impurity id = 2  imp = Boron  color = 0x906000 \
    x1 = 15 x2 = 35 y1 = 5 y2 = 15 \
    peak.value = 1e + 19 ref.value = 1.5e + 13 comb.func = Multiply \
    rolloff.y = high conc.func.y = "Gaussian (Dist)" conc.param.y = 10 \
    rolloff.x = both conc.func.x = "Gaussian (Dist)" conc.param.x = 5

constr.mesh region = 1 default

base.mesh height = 0.5 width = 0.5
bound.cond max.slope = 28 max.ratio = 300 rnd.unit = 5e - 05 line.straightening = 1 \
    align.points when = automatic
imp.refine min.spacing = 3

constr.mesh type = Semiconductor default
constr.mesh type = Insulator default
constr.mesh type = Metal default
constr.mesh type = Other default
mesh

structure outf = devedit_impurity_define.str
tonyplot devedit_impurity_define.str
```

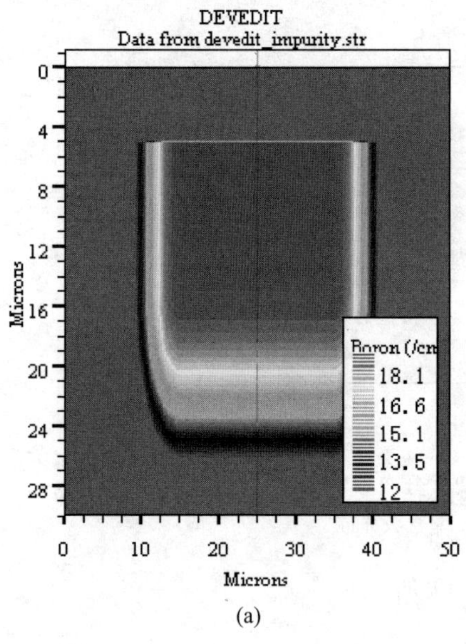

(a)

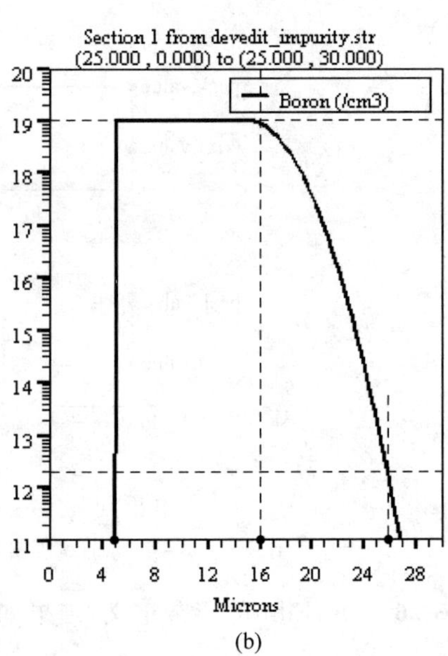

(b)

图 3.11 DevEdit 的杂质分布定义

(a) 二维结构；(b) 纵向杂质分布

区域和掺杂定义好后，就需对网格进行定义。网格状态由 base.mesh 和 constr.mesh 来定义。网格的参数有最大、最小的高度、宽度和角度等，定义完后由 mesh 状态生成网格。

例 3-27 DevEdit 编辑二极管结构，结果如图 3.9(b)所示。

```
go devedit
```

```
#
region reg = 1 mat = silicon color = 0xffb2 pattern = 0x9 \
    points = "0,0 0.5,0 0.5,1 0,1 0,0"
impurity id = 1 region. id = 1 imp = Donors \
    x1 = 0 x2 = 0.5 y1 = 0 y2 = 1 \
    peak. value = 1e + 20 ref. value = 1000000000000 comb. func = Multiply \
    rolloff. y = both conc. func. y = Constant \
    rolloff. x = both conc. func. x = Constant
#
region reg = 2 mat = silicon color = 0xffb2 pattern = 0x9 \
    points = " - 0.05,1 0.55,1 0.55,2  - 0.05,2  - 0.05,1 "
impurity id = 1 region. id = 2 imp = acceptors \
    x1 = - 0.05 x2 = 0.55 y1 = 1 y2 = 2 \
    peak. value = 1e + 18 ref. value = 1000000000000 comb. func = Multiply \
    rolloff. y = both conc. func. y = Constant \
    rolloff. x = both conc. func. x = Constant
# electrode
region reg = 3 name = anode   mat = contact elec. id = 1 work. func = 0 \
    points = "0,0 0.5,0 0.5, - 0.01 0, - 0.01 0,0"
region reg = 4 name = cathode mat = contact elec. id = 2 work. func = 0 \
    points = " - 0.05,2 0.55,2 0.55,2.01  - 0.05,2.01  - 0.05,2"

# Set Meshing Parameters
base. mesh height = 0.1 width = 0.125
#
bound. cond max. slope = 28 max. ratio = 300 rnd. unit = 0.001 line. straightening = 1 \
    align. points when = automatic
#
constr. mesh mat. type = semiconductor max. angle = 180 max. ratio = 200 \
    max. height = 1   max. width = 1 min. height = 0.001 min. width = 0.001
#
constr. mesh x1 = 0 x2 = 0.1 y1 = 0.0 y2 = 1   max. height = 0.08 min. width = 0.01
constr. mesh x1 =  - 0.01 x2 = 0.11 y1 = 1 y2 = 2 max. height = 0.1 min. width = 0.01

mesh
structure outf = diode_1. str
tonyplot diode_1. str
```

例 3-28 从文件导入掺杂分布信息,编辑得到 MOS 结构如图 3.12 所示。

```
go devedit

profile name = "Ndrain" impurity = donors filename = profile_N
profile name = "Pwell" impurity = acceptors filename = profile_P

region reg = 1 mat = silicon color = 0xffb2 pattern = 0x9 \
    points = "0,0 20,0 20,10 0,10 0,0"
# sub N -
impurity region. id = 1 id = 1 imp = donors color = 0x906000 \
    x1 = 0 x2 = 0 y1 = 0 y2 = 0 \
    peak. value = 1e + 14 ref. value = 10000000000 comb. func = Multiply \
```

```
    rolloff.y = both conc.func.y = Constant \
    rolloff.x = both conc.func.x = Constant
#Pwell
impurity region.id = 1 id = 2 imp = acceptors color = 0x8c5d00 \
    peak.value = 1e17 ref.value = 1.3e13 comb.func = Multiply \
    y1 = 0 y2 = 0 rolloff.y = high conc.func.y = "Pwell" conc.param.y = "Log Extrapolate" \
    x1 = 2 x2 = 18 rolloff.x = both conc.func.x = "Gaussian (Dist)" conc.param.x = 1.6
#Source
impurity region.id = 1 id = 3 imp = donors color = 0x8c5d00 \
    peak.value = 1e20 ref.value = 1.3e13 comb.func = Multiply \
    y1 = 0 y2 = 0 rolloff.y = high conc.func.y = "Ndrain" conc.param.y = "Log Extrapolate" \
    x1 = 3 x2 = 6 rolloff.x = both conc.func.x = "Gaussian (Dist)" conc.param.x = 0.35
#Drain
impurity region.id = 1 id = 4 imp = donors color = 0x8c5d00 \
    peak.value = 1e20 ref.value = 1.3e13 comb.func = Multiply \
    y1 = 0 y2 = 0 rolloff.y = high conc.func.y = "Ndrain" conc.param.y = "Log Extrapolate" \
    x1 = 14 x2 = 17 rolloff.x = both conc.func.x = "Gaussian (Dist)" conc.param.x = 0.35

region reg = 2 mat = oxide color = 0xffb2 pattern = 0x9 \
    points = "6,0 14,0 14,-0.05 6,-0.05 6,0"
region reg = 3 name = gate mat = contact elec.id = 1 work.func = 0 \
    points = "6,-0.05 14,-0.05 14,-0.15 6,-0.15 6,-0.05"
region reg = 4 name = source mat = contact elec.id = 2 work.func = 0 \
    points = "3,0 5.5,0 5.5,-0.1 3,-0.1 3,0"
region reg = 5 name = drain mat = contact elec.id = 3 work.func = 0 \
    points = "14.5,0 17,0 17,-0.1 14.5,-0.1 14.5,0"

constr.mesh region = 1 default

base.mesh height = 0.5 width = 0.25
bound.cond !apply max.slope = 200 max.ratio = 300 rnd.unit = 5e-05 \
line.straightening = 1 align.points when = automatic
imp.refine imp = donors sensitivity = 0.1
imp.refine imp = acceptors sensitivity = 0.5
imp.refine min.spacing = 0.025

constr.mesh under.material = oxide depth = 0.3 max.height = 0.025 min.height = 0.01

constr.mesh type = Semiconductor default
constr.mesh type = Insulator default
constr.mesh type = Metal default
constr.mesh type = Other default
mesh

structure outf = devedit_mos.str
tonyplot devedit_mos.str

quit
```

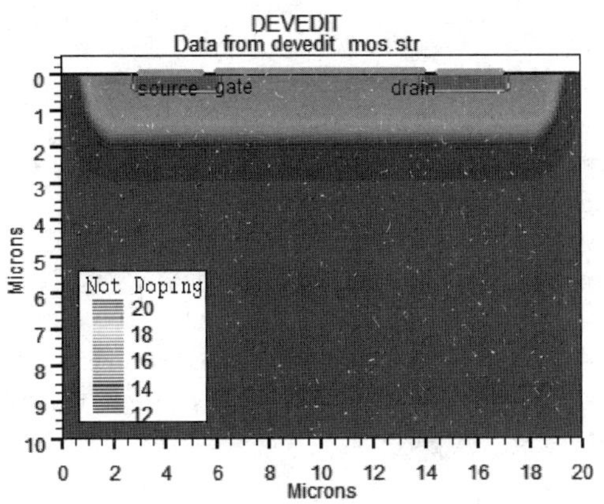

图 3.12 导入掺杂分布编辑得到的 MOS 结构

命令 profile 定义导入的掺杂文件，主要参数是 name、impurity 和 filename。参数 filename 为导入的掺杂文件名，impurity 为杂质种类，name 参数为该 profile 定义一个名称，这样在后续定义掺杂分布函数类型时就只需指定文件名即可而不需定义分布类型。掺杂文件无后缀名，文件书写格式为两列，第一列为深度(μm)，第二列为掺杂浓度(cm^{-3})，两列之间以空格或 Table 键隔开。例 3-28 中 profile_P 文件用于定义 Pwell 区域的掺杂，profile_N 文件定义源漏区的掺杂，文件数据内容分别如下：

profile_P

0	1e17
1	1e16
2	1e14
3	0

profile_N

0	1e20
0.4	1e20
0.45	1e18
0.5	1e16
0.55	0

编写掺杂文件时可以先用文本编辑器编写好数据内容，将文件保存为文本格式，最后删除后缀名即可。

3.3.3 DevEdit 编辑已有结构

1. 网格调整

工艺仿真器 ATHENA 可以得到器件结构，再由器件仿真器 ATLAS 直接调用该结构进行器件仿真。网格是工艺和器件仿真的重要资源，工艺仿真中有些区域需要将网格定义得密一些，这样在求解工艺方程时可以有更高的精度。但在器件仿真中那些在工艺仿真中密集的网格区域占用了计算资源却对精度没有贡献，而且降低了计算速度，这种情况下可以考虑用器件编辑器对网格进行调整。

例 3-29 采用 DevEdit 编辑二维结构的网格，结果如图 3.13 所示。

```
go devedit
```

```
init infile = mos0.str

base.mesh height = 0.1 width = 0.1
#
bound.cond   max.slope = 28 max.ratio = 300 rnd.unit = 0.001 \
    line.straightening = 1 align.points when = automatic
constr.mesh max.angle = 90 max.ratio = 300 max.height = 1 \
    max.width = 1 min.height = 0.0001 min.width = 0.0001
#
constr.mesh x1 = 0   x2 = 1.2   y1 = 0.2   y2 = 0.25   max.height = 0.008 max.width = 0.05
constr.mesh x1 = 0   x2 = 0.45   y1 = 0.25 y2 = 0.4   max.height = 0.02   max.width = 0.02
constr.mesh x1 = 0.75 x2 = 1.2   y1 = 0.25 y2 = 0.4   max.height = 0.02   max.width = 0.02
#
mesh

structure outf = mos0_redefine_mesh.str
tonyplot mos0.str mos0_redefine_mesh.str
```

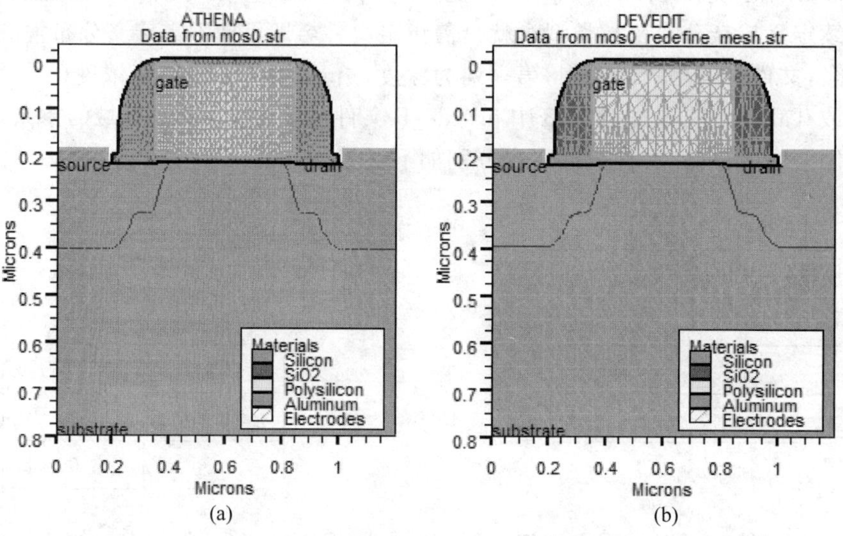

图 3.13　工艺仿真之后的网格和器件编辑器调整之后的网格

2. 结构修改

器件编辑器也可以对原结构进行修改，比如增删材料区域。

例 3-30　工艺仿真定义硅衬底，器件编辑器增加 SiO_2 层和 Al 层得到 MIS 结构，结果如图 3.14 所示。

```
go athena

line x loc = 0   spac = 0.05
line x loc = 1   spac = 0.05
line y loc = 0   spac = 0.025
line y loc = 0.5 spac = 0.05
```

```
init two.d c.boron = 5e16
structure outfile = pre.str

##########################################################
go devedit
init infile = pre.str

region reg = 1 mat = silicon
region reg = 2 mat = oxide color = 0xffc8c8 pattern = 0x7 points = "0,0 1,0 1, - 0.05 \
    0, - 0.05 0,0"
region reg = 3 name = gate mat = aluminum elec.id = 1 work.func = 0 \
    color = 0xffc8c8  pattern = 0x7 points = "0, - 0.05 1, - 0.05 1, - 0.1 0, - 0.1 0, - 0.05 "
region reg = 4 name = substrate mat = aluminum elec.id = 2 work.func = 0 \
    color = 0xffc8c8  pattern = 0x7 points = "0,0.5 1,0.5 1,0.55 0,0.55 0,0.5 "

base.mesh height = 0.1 width = 0.1
#
bound.cond  max.slope = 28 max.ratio = 300 rnd.unit = 0.001 \
    line.straightening = 1 align.points when = automatic
constr.mesh max.angle = 90 max.ratio = 300 max.height = 1 \
    max.width = 1 min.height = 0.0001 min.width = 0.0001
#
constr.mesh x1 = 0  x2 = 1  y1 = - 0.1  y2 = 0.1  max.height = 0.01 max.width = 0.05
mesh

structure outf = MIS.str
tonyplot pre.str MIS.str - set display.set
```

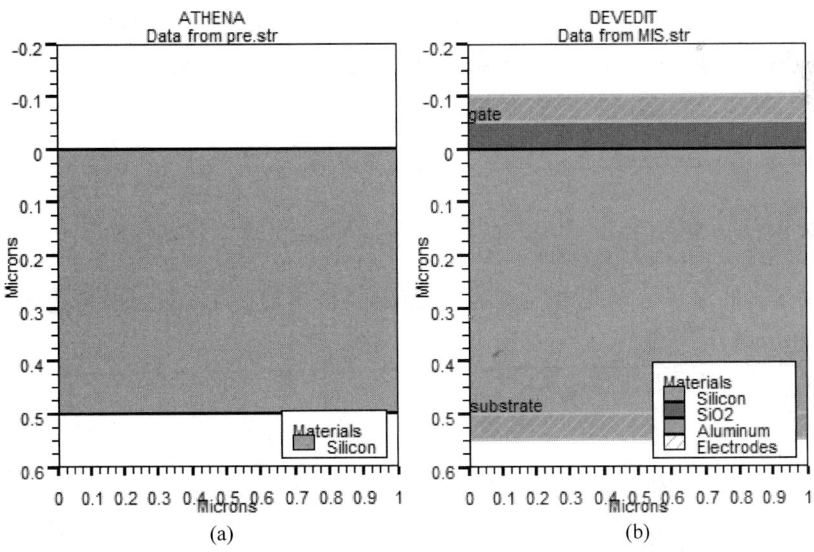

(a) (b)

图 3.14 原结构硅衬底和 DevEdit 编辑后的 MIS 结构

DevEdit3D 可以将二维结构扩展至三维结构，具体参见例 5-21。

3.4 材料参数及模型

网格、区域和掺杂分布等定义后，就可以定义器件仿真时的电极参数、材料特性和物理模型了，数值计算方法定义好后再施加电压、电流、光照或磁场来获取器件特性。以下分别介绍电极接触特性、材料特性、界面特性和物理模型。

3.4.1 接触特性

电极的接触状态由 contact 定义，参数有功函数参数、边界情形、寄生参数、电极连接参数和浮栅电容参数等。参数很多，下面从一些经常用到的接触类型的示例来介绍 contact 的语法。

1. 功函数和肖特基接触

电极和半导体材料的接触默认为欧姆接触，定义功函数参数则会被认为是肖特基接触。

例 3-31 肖特基接触，功函数为 4.8eV。

```
contact name = gate workfunction = 4.8
```

肖特基接触可由接触材料确定，如 aluminum、n. polysilicon、p. polysilicon、tungsten 和 tu. disilicide 定义时功函数分别为 4.10eV、4.17eV、4.17eV＋E_g(Si)、4.63eV 和 4.80eV。

例 3-32 由接触材料定义肖特基接触。

```
contact name = gate n.polysilicon
```

铝和重掺杂硅的接触通常是欧姆接触，这种情况就不要指定功函数。

当指定功函数时还可以用 barrier 和 alpha 参数设置接触的势垒特性。

例 3-33 定义肖特基接触势垒的高度。

```
contact name = anode workfunction = 4.9 barrier alpha = 1e - 7
```

2. 设置电流边界状态

contact 定义的电极可以是电压控制，也可定义成电流控制，采用电流边界时计算方法不能采用 gummel 迭代法。

例 3-34 定义接触为电流边界。

```
contact name = drain current
```

在电流控制型器件的输出特性仿真时需将电极设置成电流边界情形。

3. 定义外电阻、电容或电导

以下例句为定义接触的外电阻、电容和电导，单位分别是 Ω、F 和 H。

例 3-35 接触时外电阻和电容定义。

```
contact name = source resistance = 50.0 capacitance = 20e - 12 inductance = 1e - 6
```

分布电阻可以用 con. resist 定义，例 3-36 为定义 $0.01\Omega \cdot cm^2$ 分布电阻。

例 3-36 接触的分布电阻。

```
contact name = source con. resistance = 0.01
```

4. 浮动接触

contact 的参数 floating 可定义 EEPROM 中的浮栅电极，也可以在功率器件仿真中定义浮场极板(floating field plates)。

例 3-37 浮接触。

```
contact name = fgate floating
```

浮动接触也可以用很高的外接电阻来替代。这在击穿仿真时很有用，如果耐压为 1V 而外电阻为 $100M\Omega \cdot \mu m$，则该接触的最大电流就是 $10^{-8}A/\mu m$。

例 3-38 外电阻实现浮接触。

```
contact name = drain resist = 1e20
```

5. 电极间短接

contact 可以定义电极间的短接，短接电极的电位将是相同的。

回忆一下之前介绍用 ATLAS 命令生成结构，里面有个 electrode 状态，其中就有 name 参数。相信读者在这里不难挖掘出电极短接的方法，就是将两个或多个 electrode 的 name 设置成一样，而使用不同的位置参数。同样的，在由 ATHENA 进行工艺仿真后在不同金属区的位置上设置的 electrode 的 name 一样，当仿真器切换到 ATLAS 时，名称相同的电极也是短接的。上述两种方法都是要电极的名称一致，而用 contact 状态就可以在电极名称不一致时实现短接。

例 3-39 电极间短接。

```
contact name = base common = collector
…
solve vcollector = 0.5
```

例 3-39 是将基极和集电极短接，在计算电学特性时这两个电极将是等电位的，solve 将 base 电压加到 0.5V 时 collector 也是 0.5V 电压。这在 Gommel Plot 仿真中很有用。common 参数除了可以得到电极短接的效果，也可以将电极联系起来而电极间有一恒定的电压差。

例 3-40 gate1 的电压始终等于 gate2 电极的电压加上 0.1V。

```
contact name = gate1 common = gate2 factor = 0.1
```

6. 开路接触

有三种方法可实现电极的开路。第一种方法是在生成结构时将 electrode 删掉，也就是没有电极，不过由于电极接触处金属的等电势效应也没有了，会对结果带来一定影响。第二种方法是在 contact 定义中采用很大的接触电阻(如 $10^{20}\Omega$),接触电阻相当于上拉电阻的作用。第三种方法是在 contact 定义中使用电流控制,然后将电流大小设置得极小。

3.4.2 材料特性

TCAD 中所有的材料都可归为半导体、绝缘体和导体三大类中的某一类。每一类都有特定的参数,如半导体有电子亲和势、能带间隙、状态密度、少子寿命和饱和速度等。器件仿真时很多材料都有默认的参数。

材料特性用 material 状态设置,material 参数可以分成几大类:区域参数、能带结构参数、BQP 参数、迁移率模型参数、复合模型参数、碰撞电离参数、Klaassen 模型参数、载流子统计模型参数、能量平衡参数、热载流子注入参数、晶格温度相关参数、氧化材料参数、光生成参数、激光器参数、噪声参数、有机传输参数、激子参数、混杂参数、导体材料和缺陷生成参数等。这些参数都对应一定的物理模型,由一系列方程来表示这些量。模型方程及变量的默认参数在 ATLAS 手册的 physics 部分有详细说明。

材料特性的常用参数及其说明如下:

区域材料参数

material:材料名称。

name:在结构生成时特定区域的名称。

region:在结构生成时特定区域的序号。

能带结构参数

affinity:电子亲和势(eV)。

align:不同禁带宽度材料接触时导带不连续参数(式(3.1)~式(3.4)将给出详细描述)。

d.tunnel:肖特基隧穿模型中定义最大隧穿距离。

eg300:300K 时的禁带宽度(eV)。

nc300:300K 时的导带密度(cm^{-3})。

nv300:300K 时的价带密度(cm^{-3})。

ni.min:本征载流子允许的最小值(cm^{-3})。

permittivity:材料的电学介电常数。

迁移率模型参数

mun:低电场时电子迁移率($cm^2/(V\cdot s)$)。

mup:低电场时空穴迁移率($cm^2/(V\cdot s)$)。

vsatn:电子饱和速度(cm/s)。

vsatp:空穴饱和速度(cm/s)。

复合模型参数

augn:电子俄歇系数(cm^6/s)。

augp:空穴俄歇系数(cm^6/s)。

copt:材料的光学复合速率(cm^3/s),设定模型时需使用 optr 模型。

etrap:SRH 复合时的陷阱能量(eV)。

碰撞电离参数

lambdae：电子平均自由程。

lambdah：空穴平均自由程。

opphe：光学声子能量(eV)。

klaassen 模型参数

taun0：SRH 复合的电子寿命(s)。

taup0：SRH 复合的空穴寿命(s)。

载流子统计模型参数

eab：受主能级(eV)。

edb：施主能级(eV)。

热载流子注入参数

ig. elinr：两次碰撞之间的电子平均自由轨道(cm)。

ig. hlinr：空穴平均自由轨道(cm)。

ig. elinf：电子平均自由程长度(cm)。

ig. hlinf：空穴平均自由程长度(cm)。

导体参数

drhodt：电阻率温度系数($\mu\Omega \cdot$ cm/K)。

resistivity：电阻率($\mu\Omega \cdot$ cm)。

晶格温度相关参数

egalpha：禁带宽度随温度变化的 α 参数(eV/K)。

egbeta：禁带宽度随温度变化的 β 参数(K)。

lt. taun：电子寿命受晶格温度的影响指数因子(无量纲)。

lt. taup：空穴寿命受晶格温度的影响指数因子(无量纲)。

power：热学仿真时某区域热源的热生成功率(W)。

tc. a、tc. b 和 tc. c：热导系数(cm · K/W)。

光生成参数

j. elect：电流密度(A/cm^2)。

j. magnet：磁流密度(V/cm^2)。

imag. index：半导体的复光学折射率的虚部。

index. file：从文件导入不同波长时的复折射率。

permeability：磁导率。

real. index：半导体的复光学折射率的实部。

激光器参数

alphaa：体吸收系数(cm^{-1})。

alphar：线宽扩展因子(无量纲)。

混杂参数

alattice：面晶格常数(Å)。

degeneracy：自旋退化因子(无量纲)。

delta1、delta2 和 delta3：价带能量劈裂参数(eV)。

dindexdt：折射率的温度系数(1/K)。

drhodt：导体电阻率的温度系数(μΩ·cm/K)。

mhh：重空穴有效质量(无量纲)。

mlh：轻空穴有效质量(无量纲)。

mc：导带有效质量(无量纲)。

mv：价带有效质量(无量纲)。

resistivity：导体电阻率(μΩ·cm)。

材料的有些参数可以用C注释器写成函数表达式，再以文件的方式导入ATLAS进行仿真。Silvaco提供一些C注释器的模板，还有数学表达的缩写。5.1节对此有详细介绍。

材料的光学折射率参数可用index.file(同f.index)参数导入文件。文件内包含了波长及材料在该波长下的折射率信息。文件格式如下：

```
<n>
l(1)  n(1)  k(1)
l(2)  n(2)  k(2)
 ⋮     ⋮     ⋮
l(n)  n(n)  k(n)
```

<n>表示不同波长的波长总数目，l(n)表示第 n 个光波的波长(μm)，n(n)和k(n)分别对应材料在该波长时的折射率实部和虚部。

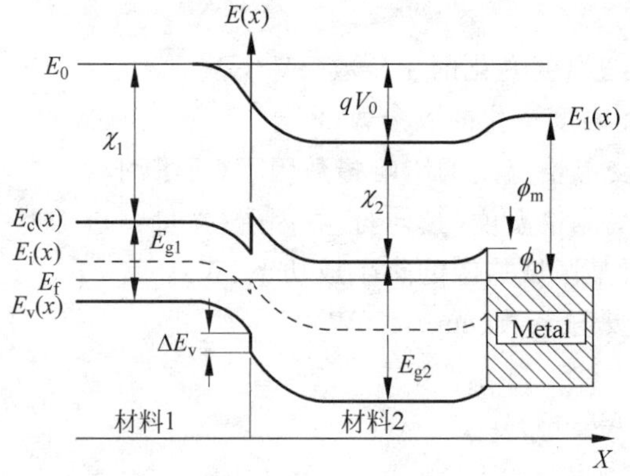

图 3.15　材料能带结构参数示意图

图3.15为能带结构及其参数。材料1和材料2是两种不同的半导体，禁带宽度分别为 E_{g1} 和 E_{g2}，电子亲和势分别为 χ_1 和 χ_2，$E_{g1} < E_{g2}$，$\chi_1 > \chi_2$，它们可以制作异质结器件。材料2和金属形成非整流接触，ϕ_b 为势垒高度，ϕ_m 为金属功函数。下面的四个方程示出了这些能带结构参数之间的关系：

$$\Delta E_c = \chi_1 - \chi_2 \tag{3.1}$$

$$\Delta E_v = \Delta E_g - E_c \tag{3.2}$$

$$\Delta E_c = (E_{g2} - E_{g1}) \cdot \text{align} \tag{3.3}$$

$$\phi_b = \phi_m - \chi_s \tag{3.4}$$

前文介绍能带结构参数时提到了align参数，align是异质结器件的重要参数，表征导带的不连续性[①]。从方程(3.3)可知 align 的含义。

例 3-41　硅材料,300K 时禁带宽度 1.12eV,电子迁移率 $1100\text{cm}^2/(\text{V}\cdot\text{s})$。

```
material material = silicon eg300 = 1.12 mun0 = 1100
```

例 3-42　区域 1 的材料,电子和空穴的寿命 1μs。

```
material region = 1 taun0 = 1e - 6 taup0 = 1e - 6
```

例 3-43　能带不连续参数定义。

```
material material = InP align = 0.36  mun0 = 2000 mup0 = 100
material material = InGaAs align = 0.36 mun0 = 4000 mup0 = 200 vsat = 2.e7 \
    taun0 = 1.e - 8 taup0 = 1.e - 8
```

例 3-44　由函数文件描写材料参数。

```
material name = silicon f.index = myindex.c
```

3.4.3　界面特性

interface 状态用于定义界面电荷密度和表面复合速度。界面的类型默认是半导体-绝缘体界面,也可以是半导体和半导体之间的区域或半导体的边界区域。界面的主要参数是面电荷密度 qf(cm^{-2});位置参数 x.min、x.max、y.min 和 y.max;电子表面复合速度 s.n 和空穴表面复合速度 s.p。参数 s.s、s.m 和 s.c 指明界面模型应用在半导体-半导体界面、半导体-金属界面以及半导体-导体界面。

例 3-45　界面电荷密度。

```
interface y.min = 0.05 y.max = 0.1 qf = - 1e11
```

例 3-46　电子表面复合速度 $1\times10^4\text{cm/s}$,空穴表面复合速度 $1\times10^4\text{cm/s}$。

```
interface x.min = - 4 x.max = 4 y.min = - 0.25 y.max = 0.1 qf = 1e11 s.n = 1e4 s.p = 1e4
```

3.4.4　物理模型

ATLAS 中物理模型由状态 models 和 impact 指定。这些物理模型可以分成五组:迁移率模型、复合模型、载流子统计模型、碰撞电离模型和隧道模型。

器件仿真的通用框架是泊松方程和连续性方程。其中 Jn、Jp、Gn、Gp、Rn、Rp、迁移率、载流子浓度、禁带变窄、少子寿命和光生成速率等参数都有专门的模型来定义。不同的模型表达式会有差别。将基本方程中的量去耦,然后由相应的模型求出这些量,再代入方程进行计算。

以能带变窄的物理描述为例来了解器件仿真的物理模型及其模型参数。

能带变窄模型方程为

---

① 准确地表征异质结的不连续,除了之前的这些能带参数定义准确外,还有能带不连续处的网格间距也非常关键。如果间距太大,本来是突变的能带被拉直了,不只是没有二维电子气存在,后面所有的仿真结果都将是不可信的。

$$\Delta E_g = \text{bgn.e}\left\{\ln\frac{n}{\text{bgn.n}} + \left[\left(\ln\frac{n}{\text{bgn.n}}\right)^2 + \text{bgn.c}\right]^{\frac{1}{2}}\right\} \tag{3.5}$$

能带变窄模型的参数见表3.3。

表3.3 能带变窄模型的参数

状态	参数	默认值(slotboom)	默认值(klaassen)	单位
material	bgn. e	9.0×10^{-3}	6.92×10^{-3}	V
material	bgn. n	1.0×10^{17}	1.3×10^{17}	cm^{-3}
material	bgn. c	0.5	0.5	

物理模型的内容相当丰富,器件仿真手册的第3章Physics部分有详细说明。

- 迁移率模型
  - * 浓度依赖迁移率模型(conmob)
  - * 浓度和温度依赖迁移率模型(analytic、arora)
  - * 载流子浓度依赖模型(ccsmob)
  - * 平行电场依赖模型(fldmob)
  - * 横向电场依赖模型(tasch、watt、shirahata)
  - * 集成模型(cvt、yamaguchi、kla)
- 复合模型
  - * Shockley-Read-Hall复合模型(srh、consrh、klasrh、trap. tunnel)
  - * 俄歇复合模型(auger、klaaug)
  - * 光学复合模型(optr)
  - * 表面复合模型(s. n、s. p、surf. rec)
  - * 陷阱复合模型(trap、inttrap、defect)
- 载流子生成模型
  - * 碰撞电离模型

  Selberrherr模型(impact selb),Grant模型(impact),Crowell-Sze模型(impact crowell),Concannon(impact n. concan p. concan),Valdinoci模型(impact valdinoci),Toyabe模型(impact toyabe)
  - * 带-带隧穿模型

  标准模型(bbt. std),Klaassen模型(bbt. kl),能带变窄模型(kagun kagup)
  - * Fowler-Nordheim隧穿模型(FNORD)
  - * 热载流子注入模型(hei、hhi)
- 载流子统计模型
  - * Boltzmann统计模型(默认)
  - * Fermi-Dirac统计模型
  - * 不完全电离模型(incomp、ioniz)
  - * 能带变窄模型(bgn)

- 晶格自加热和能量平衡模型
  - ＊ 晶格加热模型(lat. temp)
  - ＊ 能量平衡模型(hcte. el、hcte. ho)

例 3-47 采用迁移率模型(conmob、fldmob)、寿命模型(srh)和费米-狄拉克统计。

```
models conmob fldmob srh fermidirac
```

例 3-48 碰撞电离模型。

```
impact selb
```

针对特定的技术，有简便的方法配置相应模型，这些技术是 MOS、BIPOLAR、BIPOLAR2、PROGRAM 和 ERASE。models 将会据此配置一些基本的迁移率、复合、载流子统计和隧道模型。模型参数为 MOS 时配置的基本模型有 cvt、srh 和 fermi-dirac，为 BIPOLAR 时配置的基本模型有 conmob、fldmob、consrh、auger 和 bgn。

例 3-49 器件类型的默认模型。由于有 print 参数，所以在 Deckbuild 输出窗口将会列出此仿真模型及其参数。

```
models mos print
```

物理模型的指定也可以是对特定材料，这样在异质结器件仿真或其他的多半导体类型器件的仿真时给参数设置提供了很大方便。

例 3-50 定义特定材料使用的物理模型。

```
models material = gaas fldmob evsatmod = 1 ecritn = 6e3 conmob
models material = ingaas srh fldmob evsatmod = 1 ecritn = 3e3
```

3.5 数值计算方法

ATLAS 仿真半导体器件是基于 1 到 6 个耦合的非线性的偏微分方程，ATLAS 将在器件结构的网格点处对这些方程采用数值计算来获取器件的特性。

对非线性的代数系统采用迭代的方式求解，直到解满足要求或确认不收敛。非线性迭代始于初始猜测值，然后将问题线性化，再对线性子问题直接求解或迭代求解。不同的解决步骤会导致收敛性、精确性、效率和坚固性上的差异。收敛性主要体现在是否收敛和收敛的快慢。精确性指计算得到的解答和真实结果的近似程度。效率主要体现在计算所耗费的时间多少。坚固性指应用在宽范围结构，或网格和初始猜测策略非最优时的收敛性上的能力。

离散化技术将不同的网格点产生一定的联系。离散化应该包含两重含义，一是通过建立网格使连续的结构离散化，二是数值计算上的算法使物理量离散化。离散化技术对仿真很重要，尤其网格定义是重中之重。

非线性计算方法由 method 状态以及迭代和收敛准则相关的参数进行设定。参数是 newton、gummel 和 block，也可以是这些参数的组合。

1. Newton 迭代法

Newton 迭代法的每一次迭代将非线性的问题线性化处理。离散化的“尺寸”较大，则所需的时间也会变长。如果初始猜测很成功的话，就能很快得到收敛的且比较满意的结果。

Newton 迭代法是 ATLAS 漂移-扩散计算的默认方法。还有一些其他的计算需要采用 Newton 迭代法，它们是含有集总元件时的 DC 计算、瞬态计算、curve tracing 和频域的小信号分析。

Newton-richardson 方法是 Newton 迭代法的变体，当收敛放慢时它会计算新的系数矩阵。method 的参数设置为 autonr 时会自动采用 Newton-richardson 法。

如果经过很多步才能收敛，问题可能来自于：网格定义，网格中高宽比(或宽高比)很大的三角形太多；耗尽区扩展到已定义为欧姆接触的地方；或初始猜测值很差。

2. Gummel 迭代法

Gummel 迭代法的每一步迭代都需解一系列相关的子问题(subproblems)。通过对一个方程的主要变量离散化来得到子问题，此时其他的变量保持在当前计算得到的值不变。Gummel 迭代法收敛得较慢，但能容忍粗糙的初始猜测值。

Gummel 迭代法不能用于含有集总元件或电流边界情形的求解。

有两种方法可以改善 Gummel 迭代计算。①由于默认的 Gummel 迭代是阻尼的(步长在减小)，可将参数 dvlimit 设置成负值或零让迭代成为非阻尼的。②由于每一步 Gummel 迭代法其线性 Poisson 求解的数目限制为 1，这会导致势(potential)更新时弛豫不足。single-Poisson 求解模式可扩展 Gummel 迭代方法应用范围(更高的电流的情形)，这在低电流 Bipolar 仿真和 MOS 饱和区的仿真上很有用。实现的方法是 method 的参数设置为 singlepoisson。

3. Block 迭代法

在含有晶格加热或能量平衡方程时 Block 迭代法很有用。Block 迭代法计算一些子方程组(subgroup of equations)，子方程组由一些不同方程按不同的顺序组成。

在不等温的漂移-扩散仿真时指定 Block 迭代法，则 Newton 迭代法将更新势和浓度，去耦之后计算热流方程。热流方程和载流子温度方程都包含时，Block 法将先计算最初的温度，然后晶格温度去耦之后再迭代进行计算。

4. 组合迭代法

Newton 迭代法、Gummel 迭代法和 Block 迭代法可以单独使用来计算，有时也需要将这些方法联合起来使用。可以先用 Gummel 迭代法，一定计算步数还不收敛再转为采用 Block 迭代法或 Newton 迭代法计算。Gummel 迭代的次数由参数 gum. init 设定。

在包含晶格加热或能量平衡计算时可以先采用 Block 迭代法然后 Newton 迭代法的方式，Block 迭代法的次数上限用 nblockit 参数设置。

例 3-51 基本的漂移-扩散计算。

```
method gummel block newton
```

例 3-52 晶格加热时的漂移-扩散计算。

```
method block newton
```

例 3-53 能量平衡计算。

```
method block
```

5. 非线性迭代的收敛准则

当计算后的结果(主要是电势、浓度、晶格温度和载流子温度)在可容忍的范围内时非线性迭代就终止,即结果收敛。

计算的载流子种类数,默认是 2,也可以是 1 或 0。载流子类型 elec 和 hole 分别表示电子和空穴。如果载流子类型设置为 0 时,将主要得到电势分布的仿真结果。

例 3-54 定义计算时的载流子类型。

```
method carriers = 1 elec
```

如果计算结果很粗糙而导致不收敛,则使用 trap 参数可定义计算的折半次数。如果计算开始时数值梯度太大,无法满足计算精度时,电极的偏置步长将从最初值减小到原来一半并重新计算,如果结果还是太粗糙就又折半计算直到满足精度要求。

ATLAS 默认的 trap 次数是 4,如果初始值折半 4 次还很粗糙,则计算将停止,并在实时输出窗口中显示不收敛的报错信息“max trap more than 4”。

例 3-55 默认 trap 次数。

```
go atlas
init infile = mos.str

# set material models
models cvt srh print

contact name = gate n.poly
interface qf = 3e10
method newton

# Bias the drain
solve vdrain = 1
quit
```

当执行到 solve vdrain=1 时,实时输出窗口将显示计算的当前信息(见下文),注意其中的提示“V(drain)=1”,“Warning: Solution diverging. Potential update too large.”,“step(s). Bias step reduced 1 times.”,“Warning: Bias step cut back more than 4 times. Cannot trap.”等。

```
ATLAS > solve vdrain = 1
Obtaining static solution:

      V(  drain  ) = 1
prev           psi     n      p     psi     n      p
direct          x      x      x     rhs    rhs    rhs
   i    j  m  -5.00*  -5.00*  -5.00*  -26.0*  -17.3*  -17.3*
-----------------------------------------------------------
```

```
 1      N  2.146 -0.001 -0.028 -14.07 -0.309 -4.528
 2      N  6.174  3.943  2.984 -13.44 -0.314 -3.669
 3      N  6.488  6.121  6.430 -13.26  0.143 -0.435
 4      N  6.858  8.874  7.445 -11.47  1.691  1.455

Warning: Solution diverging. Potential update too large.
 Update: 7.21164e+006 Vstep: 40

 Warning: Convergence problem.  Taking smaller bias
 step(s).  Bias step reduced              1  times.

Obtaining static solution:
     V(  drain  ) = 0.5
     …
Warning: Solution diverging. Potential update too large.
 Update: 8.18201e+006 Vstep: 40

 Warning: Convergence problem.  Taking smaller bias
 step(s).  Bias step reduced              2  times.

Obtaining static solution:
     V(  drain  ) = 0.25
     …
Warning: Solution diverging. Potential update too large.
 Update: 8.82822e+006 Vstep: 40

 Warning: Convergence problem.  Taking smaller bias
 step(s).  Bias step reduced              3  times.

Obtaining static solution:
     V(  drain  ) = 0.125
     …
Warning: Solution diverging. Potential update too large.
 Update: 8.30138e+006 Vstep: 40

 Warning: Convergence problem.  Taking smaller bias
 step(s).  Bias step reduced              4  times.

Obtaining static solution:
     V(  drain  ) = 0.0625
     …
Warning: Solution diverging. Potential update too large.
 Update: 19220.9 Vstep: 40

 Warning: Bias step cut back more than
               4  times.  Cannot trap.
```

这个例子中当计算 1V 时势更新太大，然后折半到 0.5V 进行计算，接着是 0.25V、0.125V 和 0.0625V，到 0.0625V(折半四次)后结果仍然很粗糙，程序停止并报错。参数 maxtrap 可以增加 trap 的上限。在考虑使用 maxtrap 参数前读者需要先确认网格密度是否合理、物理模型和迭代方法是否适当。

例 3-56　参数 maxtrap 增加 trap 次数。

```
method newton trap maxtrap = 10
```

仿真时方程的求解都有相应的误差容限或收敛准则，通过设置容差水平可以控制计算精度，表 3.4 所示为容差的参数及含义。

表 3.4　容差的参数及含义

符号	状态	参数	默认值	含　义
P^x tol	method	px. tol	1e−5	泊松方程相对容差
C^x tol	method	cx. tol	1e−5	连续性方程相对容差
TL^x tol	method	tlx. tol	1e−5(a)	晶格温度方程相对容差
TL^x tol	method	tol. temp	1e−3	Block 迭代法计算晶格热方程的温度收敛准则
TC^x tol	method	tcx. tol	1e−5	载流子温度方程的相对收敛容差
P^r tol	method	pr. tol	5e−26	泊松方程绝对容差
C^r tol	method	cr. tol	5e−18	连续性方程绝对容差
TL^r tol	method	tlr. tol	100	晶格温度方程相对容差
TC^r tol	method	tcr. tol	100	载流子温度方程绝对容差
E_1	method	ix. tol	2e−5	相对电流收敛准则
E_2	method	ir. tol	5e−15	绝对电流收敛准则
W	method	weak	200	电流收敛容差的乘数因子
TOL. RELAX	method	tol. relax	1	指定六泊松、连续性方程和电流收敛参数的松弛因子(px. tol、cx. tol、pr. tol、cr. tol、ix. tol 和 ir. tol).
XNORM	method	xnorm	true	只有相对误差决定漂移-扩散方程的收敛准则
RHSNORM	method	rhsnorm	ture	只有绝对误差来决定收敛准则
CLIMIT	method	climit	1e4	浓度归一化因子

例 3-57　增加收敛精度。

```
method gummel newton trap maxtrap = 10 ix.tol = 1e - 35 ir.tol = 1e - 35
```

3.6　获取器件特性

实际情况下器件的特性都要通过仪器进行测试得到，测试结果通常是端电流/电压特性，可改变电信号(直流、交流、瞬态以及特征波形等)、环境温度、光照或磁场等得到端电流/电压随这些量的变化。ATLAS 进行器件仿真时也按照这种思路进行，除了能得到端的电学特性外，还能得到器件内部的信息，如浓度分布、电势分布、电流密度等，这是实际测试仪器难以做到的。UTMOST Ⅲ 可以直接导入 ATLAS 仿真的结果(也可以是实际仪器测试的结果)，从而提取器件相应的 SPICE 模型的参数。

在仿真开始时电极都是零偏的，之后才会按照设置的方式将电流或电压以一定方式加载上去。电流或电压的扫描步长是需要考虑的，步长太大容易不收敛。电压和电流的施加使用 solve 状态，log 和 save 语句将计算得到结果分别保存为日志文件和结构文件。log 语

句需要在 solve 之前，这样 solve 的数据才能得到保存。

例 3-58 计算 gate 电压为 0.1V 时的电学信息将其保存到 log 文件，并保存结构文件，此时结构文件中就将包含有电场、电流密度等电学信息了。

```
log outfile = test.log
solve vgate = 0.1
save outfile = gate_0.1.str
```

不同的器件类型关心不同的特性，以下分别介绍直流、交流、瞬态和一些其他特性的获取，这些获取方式可以用于获取哪些器件的哪些特性也会有相应的提示。

3.6.1 直流特性

本节在介绍器件特性获取时，主要关注获取方式及其语法描述，例子大多从导入结构开始，至于器件结构如何得到，请读者参照第 2 章工艺仿真和本章 ATLAS 结构描述和器件编辑器部分。特性获取方式是和具体器件以及所需仿真的特性相关联的，不能孤立地给出几个 solve 语句，这一节会尽量提到需要注意的地方。

例 3-59 所有电极的电压偏置为 0V。

```
solve init
```

经过 solve 之后保存的结构文件中将包含有电学信息，如电势、电流密度、电极的电流电压等。直接从某一电压开始计算，则 solve init 将自动加入。

例 3-60 基极电压加到 0.1V。

```
solve vbase = 0.1
```

例 3-61 将之前计算得到的结果作为计算的初始近似。

```
solve previous
```

例 3-62 结束写日志。

```
log off
```

例 3-63 阳极电压经过一系列步骤加到 1.0V，可以得到二极管的 I-V 特性，结果如图 3.16 所示。

```
go atlas
init infile = SBD.str
model conmob fldmob srh auger bgn
contact   name = anode workf = 4.97

solve   init
log outfile = Schottky_Diode_IV.log
solve vanode = 0.01
solve vanode = 0.05
solve vanode = 0.1
...
solve vanode = 1.0

tonyplot Schottky_Diode_IV.log
```

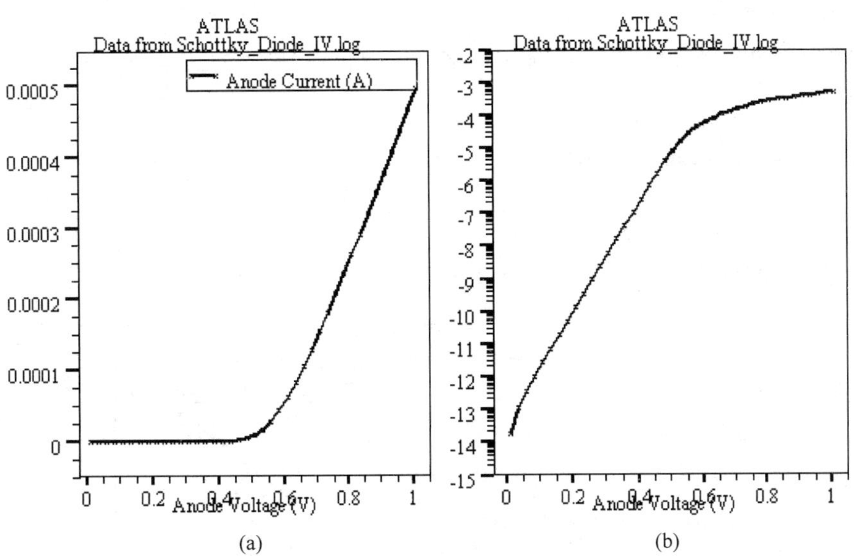

图 3.16 肖特基二极管 I-V 特性曲线

(a) 线性坐标；(b) 对数坐标

例 3-64 栅电压按一定步长进行扫描，可得转移特性，MOS 的转移特性仿真结果如图 3.17 所示。从保存的日志文件中可提取出跨导随栅压变化的特性曲线，如果 v. final 不是整数个步长后的值，则会自动调整。

```
go atlas
init infile = structure. str

models cvt srh print
#
contact name = gate n. poly
interface qf = 3e10
#
method newton
solve init
solve vdrain = 0.1

log outf = Vt_test. log master
solve vgate = 0.1 vstep = 0.1 vfinal = 3.0 name = gate
tonyplot   Vt_test. log
```

通常会分段扫描电压，开始阶段的步长小一点以利于计算收敛，然后适当增加步长。

例 3-65 Gummel Plot 特性仿真，结果如图 3.18 所示。

```
go atlas
init infile = bjt. str
models conmob fldmob consrh auger print
```

```
solve init
solve vcollector = 0.1 vstep = 0.1 vfinal = 2 name = collector

log outf = Gummel_Plot.log
solve vbase = 0.025 vstep = 0.025 vfinal = 1 name = base
log off

tonyplot  Gummel_Plot.log
```

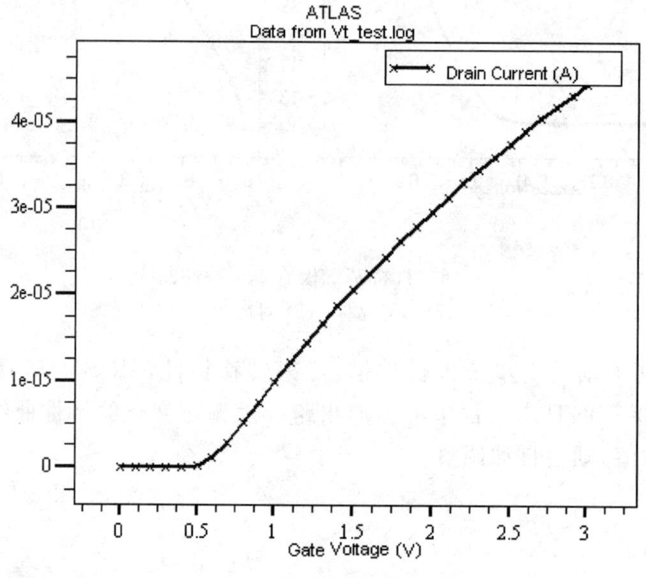

图 3.17　MOS 转移特性仿真

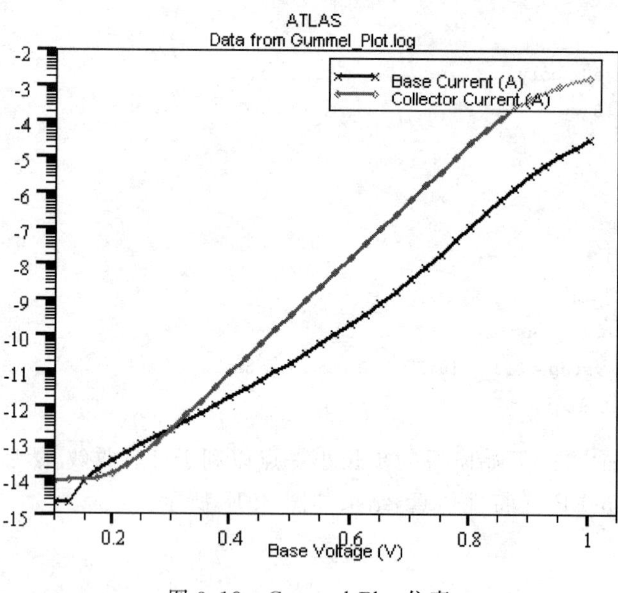

图 3.18　Gummel Plot 仿真

GP 图也可以按照之前介绍接触定义时的方法，将基极和集电极短接，再扫描电压。

例 3-66　电极短接来得到 GP 特性。

```
contact name = base common = collector
log outf = gp.log
solve vcollector = 0.0 vstep = 0.1 vfinal = 2 name = collector
```

BJT 的 CE 结击穿特性的仿真必须将基极开路，开路接触在介绍接触时也提到了，实现的方法是将基极定义成电流控制电极，再将电流设置成极小的接近于零的值。

例 3-67　击穿特性仿真，结果如图 3.19 所示。

```
go atlas
init infile = bjt.str

material taun0 = 5e - 6 taup0 = 5e - 6
models bipolar print
impact selb

method trap climit = 1e - 4 maxtrap = 10
#
solve vbase = 0.2
contact name = base current
solve ibase = 3.e - 15
#
log outfile = breakdown.log master
solve vcollector = 0.2 vstep = 0.2 vfinal = 5 name = collector
solve vstep = 0.5 vfinal = 10 name = collector compl = 5.e - 10 e.comp = 3

tonyplot breakdown.log
```

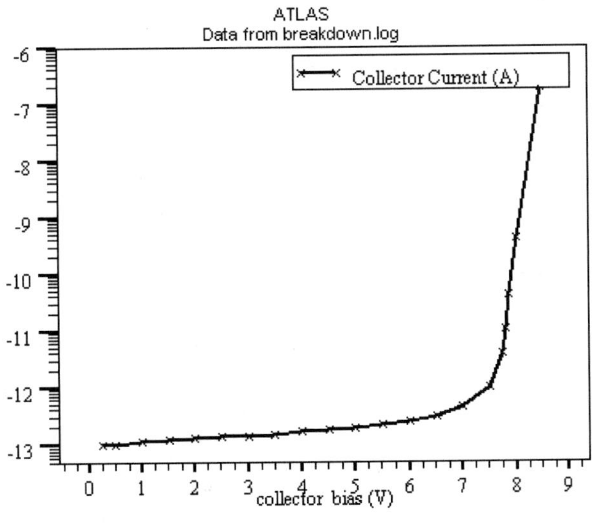

图 3.19　BJT 的 CE 结击穿特性仿真

在仿真击穿特性时必须使用碰撞电离模型。例 3-67 中参数 comp 的作用是将电极的电流限流至 5e－11A，参数 e.comp 将限流的电极数设置为 3，当 3 个电极中的一个电流达到 5e－11A 则仿真停止。

电流控制型器件(BJT、HBT)的输出特性仿真，是一个 Ib 一条曲线的。例 3-67 仿真击穿特性的语句实际上就是输出特性曲线中 Ib＝0(3e－15≈0)的那一条。按照这个思路，在解得的每一个 Ib 值后保存结构文件(结构文件里面要有当时完整的电学信息)，再在扫描集电极电压时导入相应的结构文件即可得到输出特性。

例 3-68 电流控制型器件的输出特性仿真。

```
go atlas
init infile = bjt.str

models bipolar print
method trap climit = 1e - 4 maxtrap = 10

solve vbase = 0.05 vstep = 0.05 vfinal = 0.8 name = base
contact name = base current
#
solve ibase = 1.e - 6
save outf = bjt_ib_1.str master
solve ibase = 2.e - 6
save outf = bjt_ib_2.str master
solve ibase = 3.e - 6
save outf = bjt_ib_3.str master
solve ibase = 4.e - 6
save outf = bjt_ib_4.str master
solve ibase = 5.e - 6
save outf = bjt_ib_5.str master
#
load inf = bjt_ib_1.str master
log outf = bjt_ib_1.log
solve vcollector = 0.0 vstep = 0.1 vfinal = 5.0 name = collector
#
load inf = bjt_ib_2.str master
log outf = bjt_ib_2.log
solve vcollector = 0.0 vstep = 0.1 vfinal = 5.0 name = collector
#
load inf = bjt_ib_3.str master
log outf = bjt_ib_3.log
solve vcollector = 0.0 vstep = 0.1 vfinal = 5.0 name = collector
#
load inf = bjt_ib_4.str master
log outf = bjt_ib_4.log
solve vcollector = 0.0 vstep = 0.1 vfinal = 5.0 name = collector
…

tonyplot - overlay  bjt_ib_*.log
```

例 3-68 语句中 bjt_ib_*.str 为一定基极电流下保存的结构文件，bjt_ib_*.log 为对应的输出特性曲线。save 状态中的 master 参数将计算得到的电学特性保存在结构文件中。

图 3.20 为仿真得到的 BJT 的输出特性曲线，其中曲线上添加了 label，因为是二维仿真，所以电流单位为 A/μm。

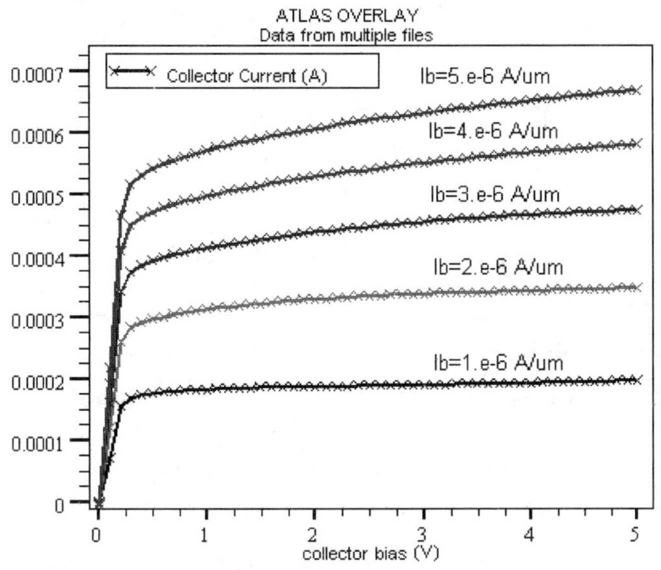

图 3.20 电流控制型器件的输出特性仿真曲线

电压控制型器件(MOS、MESFET、HEMT)的输出特性仿真和电流控制型器件的方法类似。如果栅电压跨度大，为了收敛可将 method 的参数 maxtrap 设置大一些。

例 3-69 电压控制型器件的输出特性仿真。

```
…
solve init
solve vgate = 1 outf = solve_tmp1
solve vgate = 2 outf = solve_tmp2
#
load infile = solve_tmp1
log outf = mos_ids_1.log
solve name = drain vdrain = 0  vstep = 0.3 vfinal = 3.3
#
load infile = solve_tmp2
log outf = mos_ids_2.log
solve name = drain vdrain = 0  vstep = 0.3 vfinal = 3.3
…
tonyplot - overlay mos_ids_ * .log
```

3.6.2 交流小信号特性

交流仿真的语法和直流仿真的语法相似，只是添加了频率相关的参数。有两种交流仿真类型，一是频率不变只变直流偏置，一是变频率直流偏置不变。

例 3-70 交流仿真，频率不变，变直流偏置，得到特定频率下的 CV 特性。

```
solve vgate = - 5 vstep = 0.1 vfinal = 5.0 name = gate ac freq = 1e6
```

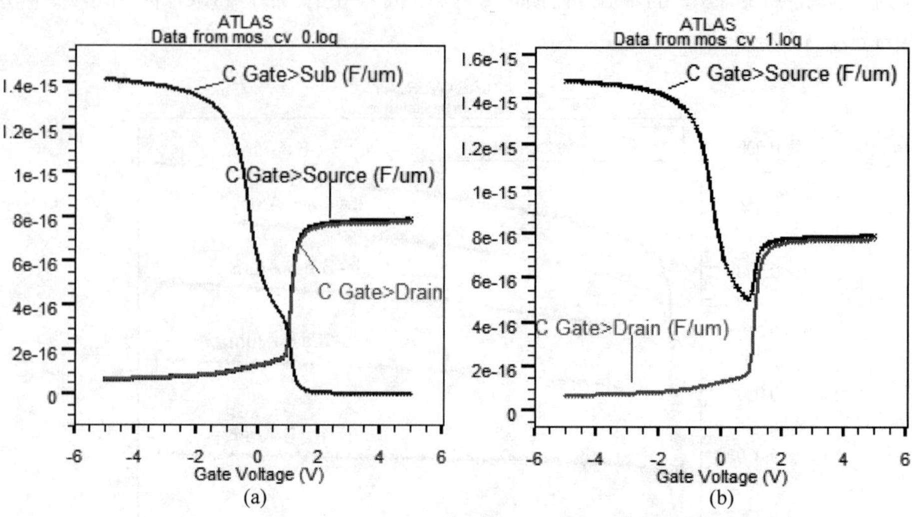

图 3.21 MOS结构的电容-电压特性

(a) 源不接衬底；(b) 源接衬底

交流仿真可以得到器件 CV 特性，应用在 MOS 器件仿真中则可以得到栅-源电容、栅-漏电容和栅-衬底电容。对于 MOS 中源和衬底不相接和相连接（由器件编辑器将源和衬底用金属层连接起来）的两种接法下都使用例 3-70 仿真其交流特性，就得到图 3.21 所示的电容-电压特性。从图 3.21(a)可知，源不接衬底时源和漏是对称的结构，所以栅-源电容（C_{gs}）和栅-漏电容（C_{gd}）有一样的特性，曲线重合，而栅和衬底的电容-电压（C_{gsub}）特性就是 P 型衬底的 MIS 结构的电容-电压特性。而当源和衬底相连接的时候，如图 3.21(b)所示，C'_{gs}为之前的 C_{gs} 和 C_{gsub} 的并联，电容并联为相加，所以当电压在 1.5V 以上时和 C_{gd} 一样了。因为是二维器件仿真，所以图中的电容单位为 F/μm，即为 Z 方向单位长度时的电容。

例 3-71 交流仿真，变交流频率（能得到两端口的电容随频率变化的特性）。频率从 1GHz 增加到 11GHz，以 1GHz 为步长。

```
solve vbase = 0.7 ac freq = 1e9 fstep = 1e9 nfstep = 10
```

例 3-72 交流仿真，在初始频率的基础上按倍数增加，从 1MHz 开始，频率每次增加为原来的两倍，总共增加 10 次，这样最后为 $2^{10}\times 1\text{MHz}=1\text{GHz}$。

```
solve vbase = 0.7 ac freq = 1e6 fstep = 2 mult.f nfstep = 10
```

例 3-73 直流偏置和交流频率一起改变，这会在每一个直流偏置点都对频率进行扫描。

```
solve vgate = 0 vstep = 0.05 vfinal = 1 name = gate ac freq = 1e6 fstep = 2 mult.f nfsteps = 10
```

3.6.3 瞬态特性

瞬态仿真用于时间相关的测试或响应分析。瞬态仿真可以由逐段线性方式、指数函数方式和正弦函数方式获得。

例 3-74 在 ramptime 时间内栅压加到 1.0V,然后保持直到 tstop,示意图如图 3.22 所示。

```
solve vgate = 1.0 ramptime = 1e - 9 tstep = 0.1e - 9 tstop = 1e - 8
```

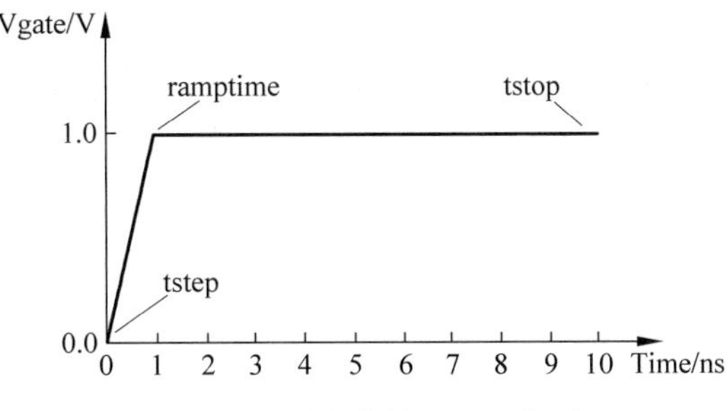

图 3.22 瞬态参数设置示意图

例 3-75 光电器件瞬态响应,光强在 ramptime 内从 5W/cm^2 减小为 0,结果如图 3.23 所示。

```
go atlas
init infile = diode.str

model srh optr fldmob evsatmod = 1 ecritn = 6.e3 fermidirac print bgn impact
impact selb an2 = 1e7   ap2 = 9.36e6   bn2 = 3.45e6   bp2 = 2.78e6

output con.band val.band band.para flowline
method  gummel newton  trap

beam  num = 1 x.origin = 0 y.origin =  - 1.0 angle = 90.0 wavelength = .623 rays = 200 \
    back.refl front.refl   reflect = 5 min.power = 0.001
solve vcathode = 0.05
solve vcathode = 0.1 vstep = 0.1 vfinal = 1 name = cathode

solve prev b1 = 10
save outfile = bl_10.str

log outf = photo_current_transient.log master
solve prev b1 = 0 ramp.lit ramptime = 1e - 9 tstop = 10e - 9 tstep = 1e - 12

tonyplot  photo_current_transient.log   - set photo.set
```

例 3-74 和例 3-75 中并没有提到瞬态响应的时间步骤是如何增加的,时间起点是多少,两个状态之间的时间间隔多大。将 photo_current_transient.log 的数据导出则可以清晰地知道这些信息。导出的数据中将光强和时间列出如下,从其中可以知道瞬态时间 t0＝tstep,光强在 ramptime 内从 5W/cm^2 线性减小,直到为 0。两点之间的时间间隔和 tstep 有关,且后面的时间间隔是前面间隔的两倍,如第一点时间是(1e－12)s,第二点增加这个值的两倍(2e－12)到(3e－12)s,第三点和第二点的间隔为(2×2e－12＝4e－12),其他各点的时间依次类推。

```
Transient time      Light intensity, beam 1
```

```
1.00E-12        5.00E+00
3.00E-12        4.99E+00
7.00E-12        4.97E+00
1.50E-11        4.93E+00
3.10E-11        4.85E+00
6.30E-11        4.69E+00
1.27E-10        4.37E+00
2.55E-10        3.73E+00
5.11E-10        2.45E+00
1.02E-09        0.00E+00
2.05E-09        0.00E+00
3.92E-09        0.00E+00
7.67E-09        0.00E+00
1.00E-08        0.00E+00
```

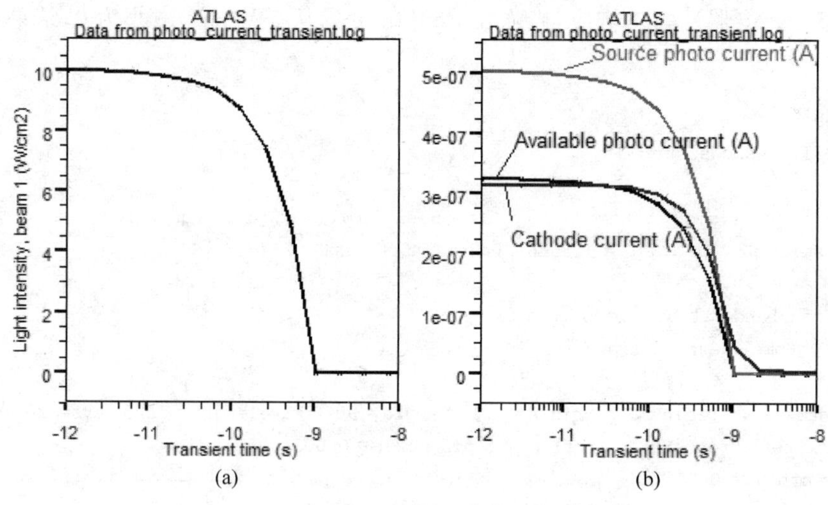

(a) (b)

图 3.23 光电器件瞬态响应

(a) 光强；(b) 光电流和阴极电流

method 中 dt. min 和 dt. max 参数可设置瞬态仿真中时间间隔的最小和最大值，ratio. time 参数可以改变时间间隔的比例(默认值是 2)，ratio. time 必须大于 1，否则时间不会增加。

例 3-76 改变瞬态响应的时间间隔，时间间隔的减小会使仿真数据指数增加，仿真时间也将增加很多。

```
method ratio.time = 1.5
```

3.6.4 高级特性

1. curcetrace

curvetrace 可以设置复杂的扫描方式，自动得到 I-V 特性。curvetrace 和 solve 联合使用可用于击穿电压仿真、CMOS 闩锁仿真和二次击穿仿真。

例 3-77 curcetrace 定义扫描方式。

```
curvetrace contr.name = cathode step.init = 0.5 nextst.ratio = 1.2 mincur = 1e-12   \
```

```
    end.val = 1e-3 curr.cont
solve curvetrace
```

上例中 contr. name 定义电极名称，step. init 为开始的电压步长，当电流值超过 mincur 时电压按 nextst. ratio 增加，curr. cont 指定为电流控制，电流达到或超过 end. val 时停止扫描。

可参照工艺仿真时的 machine 参数来体会 curvetrace。

例 3-78　IGBT 正向 Ic_Vce 特性仿真。

```
go atlas
init infile = IGBT.str
thermcontact num = 1 elec.num = 3 temp = 300

models srh auger fldmob surfmob lat.temp
impact   selb
method newton trap

curvetrace contr.name = collector step.init = 0.05 nextst.ratio = 1.1 mincur = 1e-13  \
    end.val = 1e-3 curr.cont
solve init
solve vgate = 0.1 vstep = 0.1 vfinal = 10 name = gate

log outfile = latchup.log
solve curvetrace

tonyplot latchup.log
```

图 3.24 为 IGBT 的闩锁效应仿真结果，这时栅压为 10V。

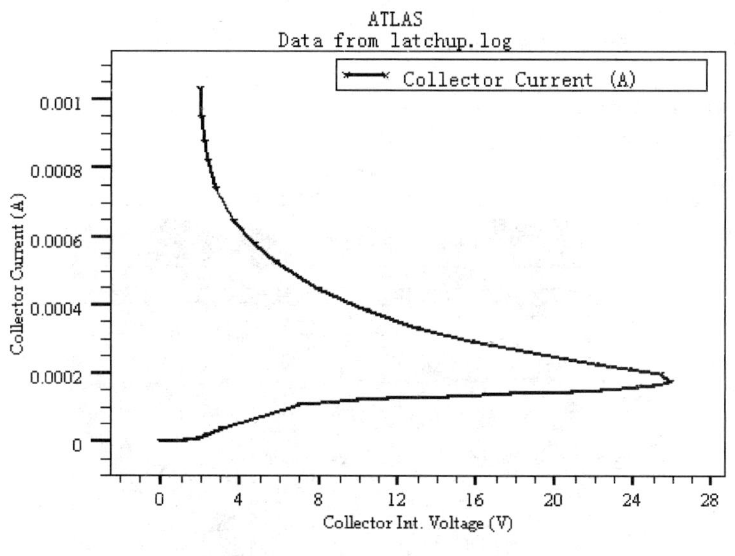

图 3.24　IGBT 的闩锁效应

2. S 参数仿真

S 参数仿真是基于交流分析的，只是 log 状态中需设定参数 s. param、inport 和

outport。Z 方向的宽度为 width(μm)。有两个输入端时用 in2port 来表示第二个输入端(同理,有 out2port),rin 表示输入电阻(Ω)。

例 3-79 GaAs HEMT 的 S 参数仿真。

```
go atlas
init infile = hemt.str
contact  name = gate  workfunction = 4.55

material material = GaAs   align = 0.6
material material = AlGaAs align = 0.6
material material = InGaAs align = 0.6 mun0 = 12000 mup0 = 2000 vsat = 2.e7 \
    taun0 = 1.e - 8 taup0 = 1.e - 8

models material = GaAs   consrh conmob fldmob print
models material = AlGaAs consrh conmob fldmob print
models material = InGaAs srh  fldmob print

output con.band val.band flowlines

solve init
solve vgate = 0
solve vdrain = 0.1
solve vdrain = 0.25 vfinal = 2.0 vstep = 0.25 name = drain

log outf = hemt_ac.log master gains s.params inport = gate outport = drain width = 50

solve ac freq = 10 fstep = 10 mult.f nfstep = 7
solve ac freq = 1e9
solve ac freq = 2e9 fstep = 2e9 nfstep = 3
solve ac freq = 1e10 fstep = 5e9 nfstep = 8

tonyplot  hemt_ac.log - set hemt_S_Para.set
tonyplot  hemt_ac.log - set hemt_CurrentGain.set
```

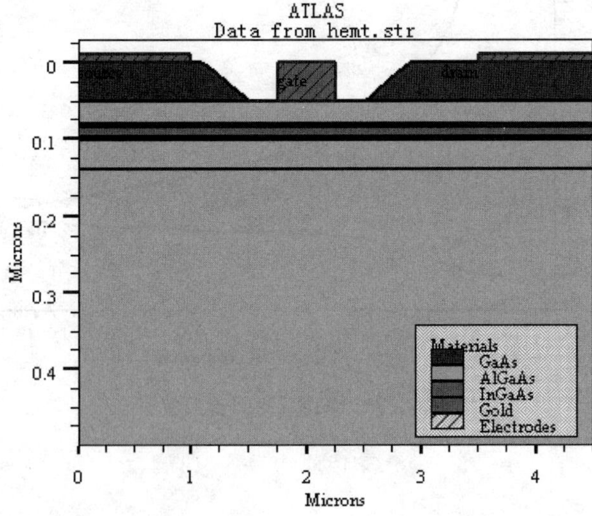

图 3.25 GaAs HEMT 结构

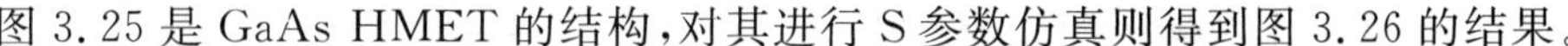

图 3.25 是 GaAs HMET 的结构，对其进行 S 参数仿真则得到图 3.26 的结果。

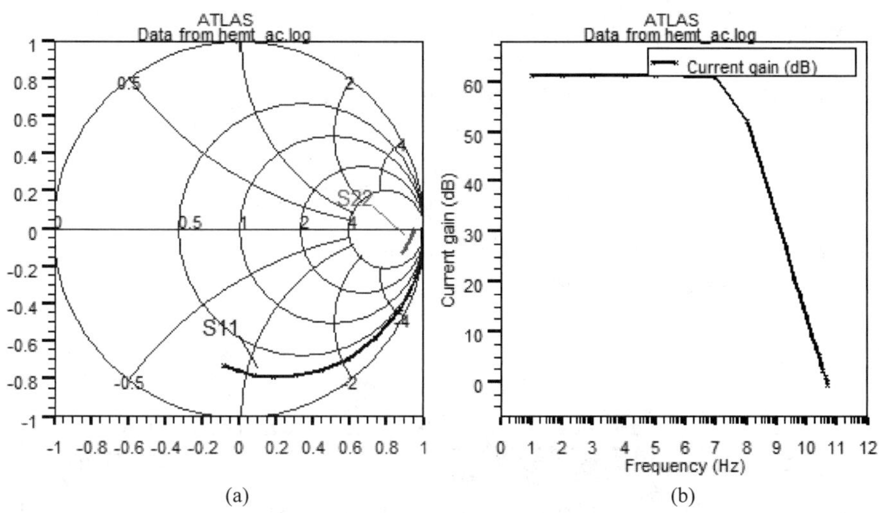

图 3.26　GaAs HEMT 的 S 参数和交流电流增益

(a) S 参数；(b) 交流电流增益

例 3-80　S 参数仿真，四端口，第二个输入段和输出端都是源极。

```
log outf = ac.log s.param inport = gate outport = drain   in2port = source out2port = source \
    width = 100 rin = 100
solve ac.analysis direct frequency = 1.e9 fstep = 2.e9 nfsteps = 20
```

可以参照例 3-80 得到 RF 分析的其他参数设置。如扫描方式 h. param、y. param、z. param、abcd. param 和 gain；噪声参数 noise；寄生元件参数 rout、rground、lin 和 lout (Henry)。S 参数仿真可以得到增益随频率变化的特性，这需要指定 gain 参数。

3. 霍尔效应仿真

例 3-81　硅霍尔效应仿真。

```
go atlas
set T = 300

mesh
x.mesh location = 0.0   spacing = 0.05
x.mesh location = 1.0   spacing = 0.005
y.mesh location = 0.0   spacing = 0.05
y.mesh location = 2.0   spacing = 0.05

region num = 1 material = silicon
electrode name = anode   top
electrode name = cathode bottom

doping n.type uniform conc = 1.0e19
save outfile = structure.str

models srh fldmob bz = 10.0 rh.elec = 1.2 rh.hole = 0.8
```

```
output charge ex.velocity ey.velocity hx.velocity hy.velocity

probe name = hall1  x = 0.0 y = 1.0  potential
probe name = hall2  x = 1.0 y = 1.0  potential
probe name = reference x = 0.5 y = 1.0 potential

solve init

log outf = si_n_BI.log
solve name = anode vanode = 0.0 vstep = 0.05 vfinal = 1.0
save outfile = Va1V.str

tonyplot  Va1V.str  si_n_$"T"BI.log
```

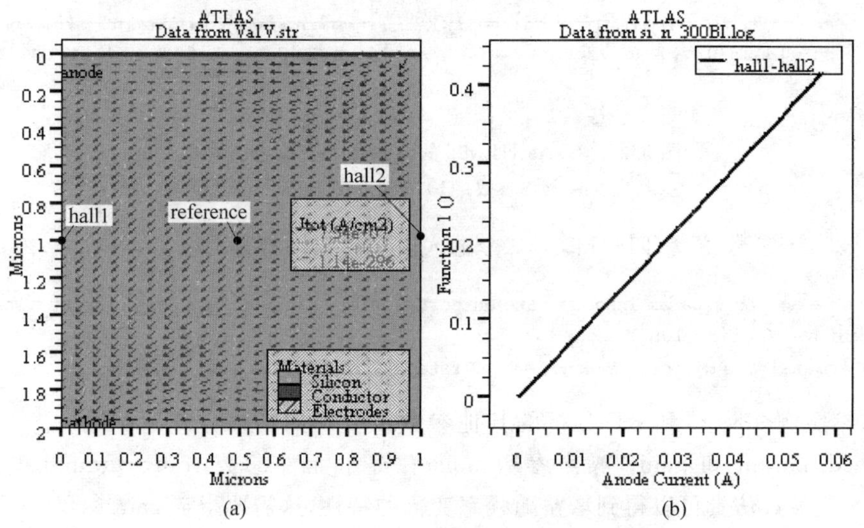

图 3.27 硅霍尔效应仿真

(a) 电流流向及参考点；(b) 霍尔电压与电流的关系

霍尔效应仿真要施加磁场激励，磁场在 models 状态中设置。bz 为 Z 方向的磁场大小(Tesla)，同样可以设置 bx 和 by。probe 状态允许输出日志文件中保存特定位置的分立的值，上例中为输出 potential。由 hall1、hall2 和 reference 的电势可以得到霍尔电压。不难理解上面的仿真语句能得到 I_x 和 V_{hall} 的曲线。

为了消除一些效应的影响，得到较准确的结果，测试时可以改变磁场和电流的方向得到四个霍尔电压(分别对应 $+B+I$，$+B-I$，$-B+I$，$-B-I$ 的情形)，再进行折算。例 3-81 中将日志文件存为“si_n_$"T"BI.log”，即 N 型硅材料在温度为 T 时磁场 $+B$，电流 $+I$ 下的霍尔效应仿真结果。

仿真温度可以在 models 状态中设置，默认为 300K。在多个温度点仿真并保存结果，这样就能间接得到某特性随温度变化的曲线。

4. 光电特性仿真

器件光电特性的仿真和霍尔效应仿真相似，主要就是加光照、对光照的条件(波长和光强等)进行改变。

光束的定义用 beam 状态，主要参数有方向、波长、强度分布和光线的几何分布参数、反射参数等。定义光束的方向，(x. origin，y. origin)为光出射的点，angle 为从 X 轴正向往 Y 轴正方向偏转的角度，默认为 0°，90°即表示从器件顶部垂直于表面往下照射。

例 3-82 光源为单色光，波长 0.8μm。

```
beam num = 1 x.origin = 5 y.origin = -2 angle = 90 wavelenght = .8
```

例 3-83 光束是复合光，波长范围由开始波长、结束波长以及波长数目定义。

```
beam num = 1 x.origin = 5 y.origin = -2 angle = 90 wavel.start = .5 wavel.end = 1.7 \
    wave.num = 13
```

例 3-84 考虑光在界面的反射，包括前反射和后反射，以及反射次数和最小光强(min. power)的限值。光强的单位为 W/cm^2。

```
beam num = 2 x.origin = 1 y.origin = -1 angle = 90 wavelength = 1.5 back.refl front.refl \
    reflect = 5 min.power = 0.01
```

光束以(x. origin，y. origin)为起点，平行于 angle 方向。rays 为射线束数目，默认是 1。

例 3-85 定义光强为高斯分布。

```
beam num = 3 x.origin = 2 y.origin = -0.5 angle = 90 wavelength = 0.9   rays = 101 \
    gaussian mean = 0 xsigma = 0.25
```

对于光电器件，需要考虑导带电子和价带空穴直接复合并发射光子的情形，模型 optr 即起到此作用。output 状态中有参数 opt. intens 时，结构文件将包含有光强分布的信息。状态 beam 没有定义光强，光强在 solve 状态中指定，b1＝2 表示第一束光的光强为 $2W/cm^2$，同理可知 b2 表示第二束光的光强(注意和磁场的 bx、by 和 bz 相区别)。

例 3-86 定义光束的光强，此时光束内光强是均匀分布的。

```
go atlas
init infile = InGaAs_PIN.str

material material = InGaAs   align = 0.36   mun0 = 10000 mup0 = 400 taun0 = 8e-8   \
    taup0 = 8e-8 augn = 7e-29 augp = 7e-29 eg300 = 0.75 nc300 = 2.1e17 nv300 = 7.7e18   \
    permittivity = 13.9   copt = 9.6e-11
material material = InP   mun0 = 4600 mup0 = 150 taun0 = 6e-12 taup0 = 6e-12 augn = 9e-31 \
    augp = 9e-31 eg300 = 1.35 nc300 = 5.7e17 nv300 = 1.1e19 permittivity = 12.5   \
    affinity = 4.4   copt = 1.2e-10
models auger srh optr fldmob print

beam num = 1 x.origin = 0 y.origin = -1.0 angle = 90.0 wavelength = 1 rays = 101

method newton trap maxtrap = 10
output opt.intens
solve b1 = 2
save outf = opto_top.str

tonyplot opto_top.str -set Optical_source_specification.set
```

图 3.28(a)为 InGaAs PIN 探测器的台面结构及光从上往下均匀照射时光生成速率的分布。因为 InP 对波长为 1.3μm 的光几乎是透明的,光吸收主要在 InGaAs 层,图 3.28(b)为在原结构图中 Cutline 之后得到的一维曲线,它更清楚地显示了光生成速率和光强与深度的关系。

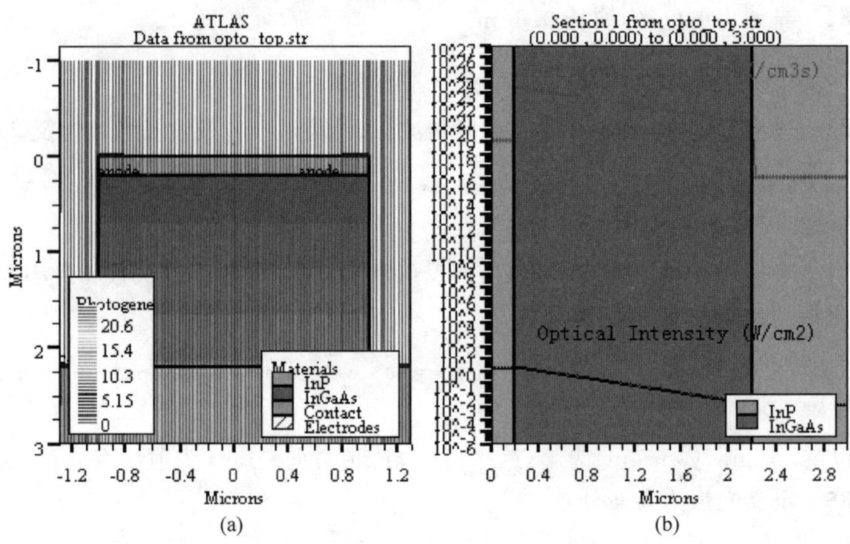

图 3.28 InGaAs 探测器台面结构及在均匀光照下的光生成速率

(a) 二维分布;(b) 纵向截线的一维分布

例 3-87 InGaAs PIN 光谱响应仿真,结果如图 3.29 和图 3.30 所示。

```
go atlas
mesh infile = InGaAs.str

material material = InGaAs align = 0.36 mun0 = 10000 mup0 = 400 taun0 = 8e-8 taup0 = 8e-8 \
    augn = 7e-29 augp = 7e-29  nc300 = 2.1e17 nv300 = 7.7e18 permittivity = 13.9 \
    copt = 9.6e-11 eg300 = 0.75 index.file = index.c
material material = InP affinity = 4.4 taun0 = 6e-12 taup0 = 6e-12 augn = 9e-31 \
    augp = 9e-31 nc300 = 5.7e17 nv300 = 1.1e19 permittivity = 12.5 copt = 1.2e-10

models auger srh  fermi optr  fldmob print
impact selb material = InGaAs  an2 = 5.15e7  ap2 = 9.69e7  bn2 = 1.95e6  bp2 = 2.27e6
impact selb material = InP  an2 = 1e7  ap2 = 9.36e6  bn2 = 3.45e6  bp2 = 2.78e6

output charge flowlines photogen opt.intens recomb u.auger u.srh u.radiative
method  gummel newton  trap

beam num = 1 x.origin = 0.75 y.origin = -1 angle = 90.0 wavelength = .4 back.refl front.refl \
    reflect = 5 min.power = 0.001 rays = 101

solve init
solve vcathode = 0.05
solve vcathode = 0.25
```

```
solve vstep = 0.25 vfinal = 3 name = cathode

log outf = SR_PIN_0.log master
solve prev b1 = 1 lambda = 0.6
solve prev b1 = 1 lambda = 0.625
solve prev b1 = 1 lambda = 0.65
solve prev b1 = 1 lambda = 0.675
solve prev b1 = 1 lambda = 0.7
solve prev b1 = 1 lambda = 0.725
solve prev b1 = 1 lambda = 0.75
solve prev b1 = 1 lambda = 0.775
solve prev b1 = 1 lambda = 0.8
save outfile = lambda0.8.str

solve prev b1 = 1 lambda = 0.81
solve prev b1 = 1 lambda = 0.825
solve prev b1 = 1 lambda = 0.85
solve prev b1 = 1 lambda = 0.875
solve prev b1 = 1 lambda = 0.9
save outfile = lambda0.9.str

solve prev b1 = 1 lambda = 0.925
solve prev b1 = 1 lambda = 0.93
solve prev b1 = 1 lambda = 0.94

solve prev b1 = 1 lambda = 0.95
solve prev b1 = 1 lambda = 0.975
solve prev b1 = 1 lambda = 1.0
save outfile = lambda1.str

solve prev b1 = 1 lambda = 1.05
solve prev b1 = 1 lambda = 1.075
solve prev b1 = 1 lambda = 1.1
solve prev b1 = 1 lambda = 1.125
solve prev b1 = 1 lambda = 1.15
solve prev b1 = 1 lambda = 1.175
solve prev b1 = 1 lambda = 1.2
solve prev b1 = 1 lambda = 1.225
solve prev b1 = 1 lambda = 1.25
solve prev b1 = 1 lambda = 1.275
solve prev b1 = 1 lambda = 1.3
save outfile = lambda1.3.str

solve prev b1 = 1 lambda = 1.33
solve prev b1 = 1 lambda = 1.35
solve prev b1 = 1 lambda = 1.375
solve prev b1 = 1 lambda = 1.4
solve prev b1 = 1 lambda = 1.425
solve prev b1 = 1 lambda = 1.45
solve prev b1 = 1 lambda = 1.475
solve prev b1 = 1 lambda = 1.5
```

```
solve prev b1 = 1 lambda = 1.51
solve prev b1 = 1 lambda = 1.525
solve prev b1 = 1 lambda = 1.54
solve prev b1 = 1 lambda = 1.55
solve prev b1 = 1 lambda = 1.575
solve prev b1 = 1 lambda = 1.6
save outfile = lambda1.6.str

solve prev b1 = 1 lambda = 1.61
solve prev b1 = 1 lambda = 1.625
solve prev b1 = 1 lambda = 1.64
solve prev b1 = 1 lambda = 1.65
solve prev b1 = 1 lambda = 1.66
solve prev b1 = 1 lambda = 1.67
solve prev b1 = 1 lambda = 1.68
solve prev b1 = 1 lambda = 1.69
solve prev b1 = 1 lambda = 1.70
solve prev b1 = 1 lambda = 1.71
solve prev b1 = 1 lambda = 1.72
solve prev b1 = 1 lambda = 1.73
solve prev b1 = 1 lambda = 1.74
solve prev b1 = 1 lambda = 1.75
solve prev b1 = 1 lambda = 1.76
solve prev b1 = 1 lambda = 1.77
solve prev b1 = 1 lambda = 1.78
solve prev b1 = 1 lambda = 1.79
solve prev b1 = 1 lambda = 1.8
solve prev b1 = 1 lambda = 1.825
solve prev b1 = 1 lambda = 1.85
solve prev b1 = 1 lambda = 1.875
solve prev b1 = 1 lambda = 1.9
solve prev b1 = 1 lambda = 1.925
solve prev b1 = 1 lambda = 1.95
solve prev b1 = 1 lambda = 1.975
solve prev b1 = 1 lambda = 2.0

tonyplot SR_PIN_0.log
```

可以将计算得到的光电流转换成在一定面积时的光响应率(A/W)。

Silvaco 仿真暗电流特性是由 measure 状态计算整个结构在某一电压下的总的复合率(u.total),再由此单位时间内复合的电子-空穴对数换算成暗电流。u.total 是显示在实时输出窗口中的。

例 3-88 计算暗电流。

```
solve vcathode = 0.1
measure u.total
solve vcathode = 0.2
measure u.total
…
```

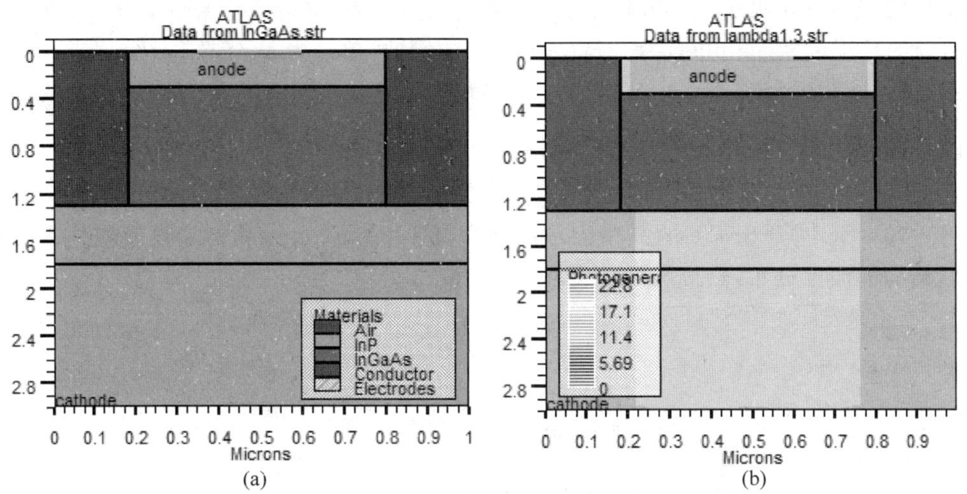

图 3.29　InGaAs PIN 结构和光生成速率分布

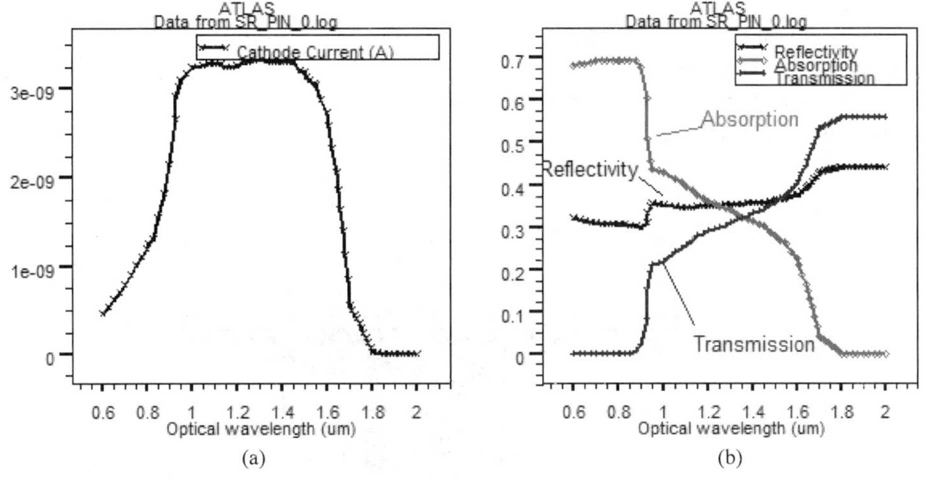

图 3.30　InGaAs PIN 结构的光谱响应曲线和光的发射率、吸收率和透射率

5. 热学特性仿真

介绍霍尔效应时曾提到，通过 model 状态的参数 temperature 可设置仿真时的温度。在不同的温度下对器件的特性进行仿真，可得到特性随温度的变化关系。

ATLAS 的 Giga 模块能仿真晶格的自加热效应，仿真时物理模型必须有 lat. temp，且至少要定义一个热接触，热接触状态由 thermcontact 描述。

thermcontact 语法：

```
THERMCONTACT NUMBER = <n> <POSITION> [EXT.TEMPER = <n>][ALPHA = <n>]
```

position 为热接触的位置，可由 x. min、x. max、y. min、y. max、z. min 和 z. max(μm)来定义位置。如果热接触是已定义的电极，则只需要设定 elec. number 参数即可，定义

electrode 的先后顺序决定了 number 值。位置默认为边界(boundary)。ext.temp 为仿真时热接触处的环境温度。alpha($\alpha=1/R_{TH}$)为热阻的倒数,单位为 W/(cm^2 · K)。

例 3-89 热接触定义。

```
thermcontact num = 1 y.min = 0.5 ext.temp = 300 alpha = 1
thermcontact num = 2 elec.num = 4 ext.temp = 350
```

例 3-90 SOI-MESFET 的晶格加热的仿真,图 3.31 所示为晶格加热效应仿真后得到的 SOI 结构的温度分布,热接触的位置在 y=0.6μm 处。

```
go atlas
mesh infile = soi.str

models arora consrh auger bgn fldmob lat.temp
impact selb
thermcontact number = 1 y.min = 0.6 ext.temper = 300
method   block newton trap maxtrap = 10

solve vgate = 0.1 vstep = 0.1 vfinal = 0.9 name = gate
solve vgate = 1 vstep = 1 vfinal = 10.0 name = gate
log outfile = lat_temp.log
solve vdrain = 0.1 vstep = 0.1 vfinal = 3.5 name = drain
save outfile = soi_lat_temp.str

tonyplot soi_lat_temp.str
tonyplot - overlay no_lat_temp.log lat_temp.log
```

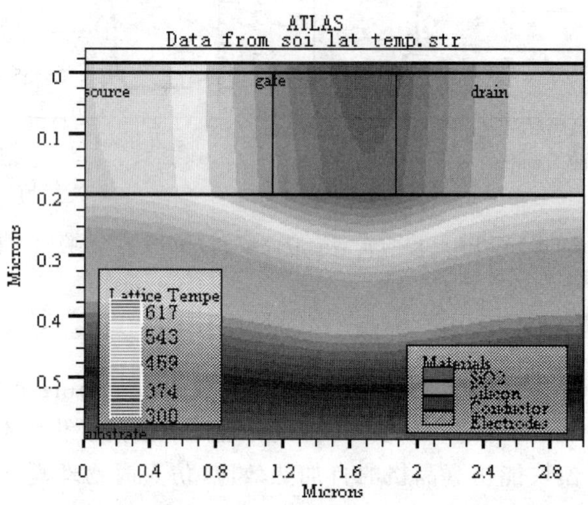

图 3.31 晶格自加热仿真时 SOI 的热分布(Vgate=10.V,Vdrain=3.0V)

例 3-91 电子和空穴温度仿真,使用 hcte 模型时 ATLAS 会计算电子和空穴的温度,hcte 为能量平衡模型。参数 hcte.el 或 hcte.ho 则分别表示只计算电子温度或只计算空穴温度,默认是同时计算电子温度和空穴温度。

```
models hcte
```

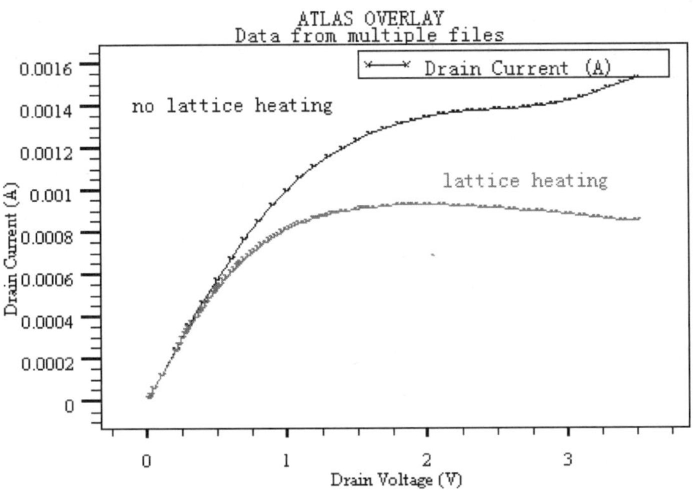

图 3.32　有无自加热效应时 SOI 输出特性的比较

GaN 器件的衬底材料有蓝宝石、4H-SiC、Si 和 GaAs 等，这些材料各有其特点，用得较多的是蓝宝石衬底和 SiC 衬底。蓝宝石虽然成本较低，但其导热性差，限制了其在高温大功率中的应用。热导率参数在 material 状态中设置，如使用常数热导率时需要同时有 tcon.const 和 tc.const 参数，其中 tc.const 即为热导率(W/(cm·K))。

例 3-92　考虑加热和不加热的 GaN HEMT 输出特性。

```
go  atlas    simflags = "-V  5.16.3.R"
mesh  width = 300

x.mesh  loc = -4          spac = 0.4
x.mesh  loc = -2.25       spac = 0.01
x.mesh  loc = -1.21       spac = 0.15
x.mesh  loc = -0.175      spac = 0.01
x.mesh  loc = 0           spac = 0.05
x.mesh  loc = 0.175       spac = 0.01
x.mesh  loc = 1.21        spac = 0.15
x.mesh  loc = 2.25        spac = 0.01
x.mesh  loc = 4           spac = 0.4
y.mesh  loc = -0.005      spac = 0.001
y.mesh  loc = 0           spac = 0.001
y.mesh  loc = 0.005       spac = 0.001
y.mesh  loc = 0.01        spac = 0.001
y.mesh  loc = 1           spac = 0.2
y.mesh  loc = 3           spac = 0.4

region  number = 1  material = oxide     y.max = 0
region  number = 2  material = GaN     y.min = 0  y.max = 0.005    polarization
region  number = 3  material = AlN     y.min = 0.005  y.max = 0.01  polarization  calc.strain
region  number = 4  material = GaN     y.min = 0.01  y.max = 1    polarization
region  number = 5  material = sapphire    y.min = 1
```

```
electrode  name = source  x.min = -4      x.max = -2.25   y.min = -0.005  y.max = 0
electrode  name = gate    x.min = -0.175  x.max = 0.175   y.min = -0.005  y.max = -0.002
electrode  name = drain   x.min = 2.25    x.max = 4       y.min = -0.005  y.max = 0

doping  n.type  region = 1  concentration = 1e14  uniform
doping  n.type  region = 2  concentration = 1e14  uniform
doping  n.type  region = 3  concentration = 1e14  uniform
doping  n.type  region = 4  concentration = 1e14  uniform

material  ni.min = 1e-10  taun0 = 1e-9  taup0 = 1e-9
mobility  fmct.n  GaNsat.n
models    srh  fermi  print

contact   name = gate     workfunc = 4.31
contact   name = source   workfunc = 4.31   surf.rec
contact   name = drain    workfunc = 4.31   surf.rec

output   charge   polar.charge
method   newton   climit = 1e-4  itlimit = 50  maxtrap = 20  carriers = 1  electrons

solve  init
structure  outfile = GaN_sapphire.str
tonyplot  GaN_sapphire.str

log  outfile = sapphire_0.log
solve  vdrain = 0.1  vstep = 0.1  vfinal = 5  name = drain
log  off

solve  init
solve  vgate = -0.05  vstep = -0.05  vfinal = -1  name = gate
log  outfile = sapphire_1.log
solve  vdrain = 0.1  vstep = 0.1  vfinal = 5  name = drain
log  off

solve  init
solve  vgate = -0.05  vstep = -0.05  vfinal = -2  name = gate
log  outfile = sapphire_2.log
solve  vdrain = 0.1  vstep = 0.1  vfinal = 5  name = drain
log  off

solve  init
solve  vgate = -0.05  vstep = -0.05  vfinal = -3  name = gate
log  outfile = sapphire_3.log
solve  vdrain = 0.1  vstep = 0.1  vfinal = 5  name = drain
log  off
```

```
tonyplot -overlay sapphire_*.log -set hemt.set
##########################################
go atlas simflags="-V 5.16.3.R"
mesh infile= GaN_sapphire.str width=300

material ni.min=1e-10 taun0=1e-9 taup0=1e-9
mobility fmct.n GaNsat.n
models srh print lat.temp fermi

contact name=gate workfunc=4.31
contact name=source workfunc=4.31 surf.rec
contact name=drain workfunc=4.31 surf.rec

thermcontact num=1 y.min=3 ext.temper=300 alpha=980
output charge band.param con.band val.band polar.charge
method block newton climit=1e-4 itlimit=50 maxtrap=20 carriers=1 electrons

solve init
save outfile=GaN_hemt_sapphire.str
tonyplot GaN_hemt_sapphire.str

log outfile=sapphire_therm_0.log

solve vdrain=0.1 vstep=0.1 vfinal=5 name=drain
log off

solve init
solve vgate=-0.05 vstep=-0.05 vfinal=-1 name=gate
log outfile=sapphire_therm_1.log
solve vdrain=0.1 vstep=0.1 vfinal=5 name=drain
log off

solve init
solve vgate=-0.05 vstep=-0.05 vfinal=-2 name=gate
log outfile=sapphire_therm_2.log
solve vdrain=0.1 vstep=0.1 vfinal=5 name=drain
log off

solve init
solve vgate=-0.05 vstep=-0.05 vfinal=-3 name=gate
log outfile=sapphire_therm_3.log
solve vdrain=0.1 vstep=0.1 vfinal=5 name=drain
log off
tonyplot -overlay sapphire_therm_*.log -set hemt.set
```

图 3.34 是以蓝宝石做衬底的 GaN 的 HEMT 结构，因为区域定义时有 polarization 参数，其中 AlN 层还有压电极化参数 cacl. strain，而且 output 状态中添加了参数 charge 和

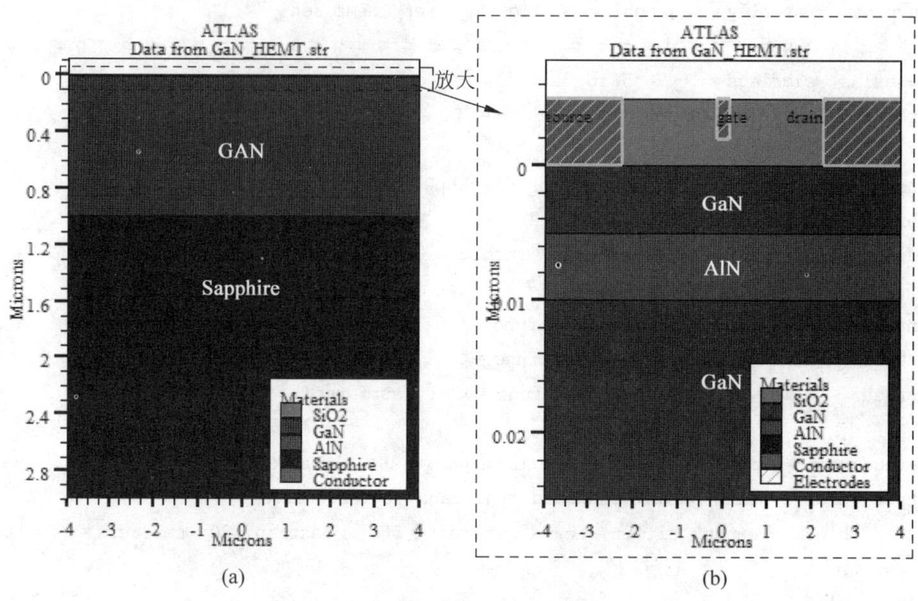

图 3.33　GaN HEMT 结构

(a) 整体结构；(b) 局部放大

polar.charge，则计算后保存的结构中就包含极化电荷分布的信息了。如图 3.34 所示，极化电荷主要分布在 AlN 和 GaN 的边界。

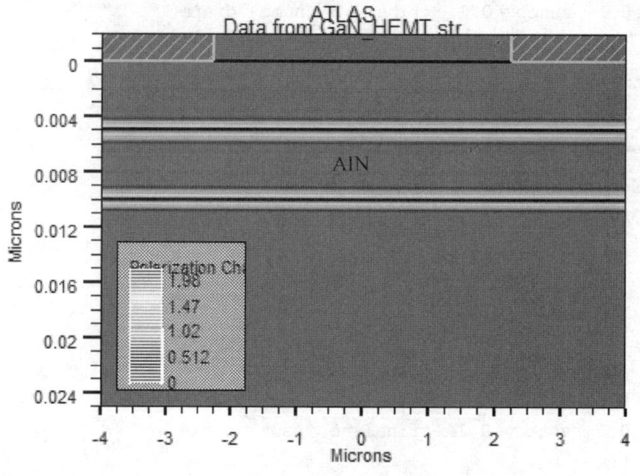

图 3.34　GaN HEMT 的界面极化电荷分布

图 3.35 为计算自加热效应和不计算自加热效应时的 GaN HEMT 输出特性比较，衬底为蓝宝石衬底，标出了栅压的曲线为没有考虑自加热效应的输出特性。可以看出计算自加热效应时由于晶格温度升高，器件性能退化很多。如图 3.36 所示，晶格最高温和功率有关。

6. 其他高级的特性

单粒子翻转(single event upset，SEU)的仿真可由状态 singleeventupset 进行，主要参数有：entrypoint，入射点坐标；outpoint，出射点坐标；radius，粒子束半径；density，粒子密

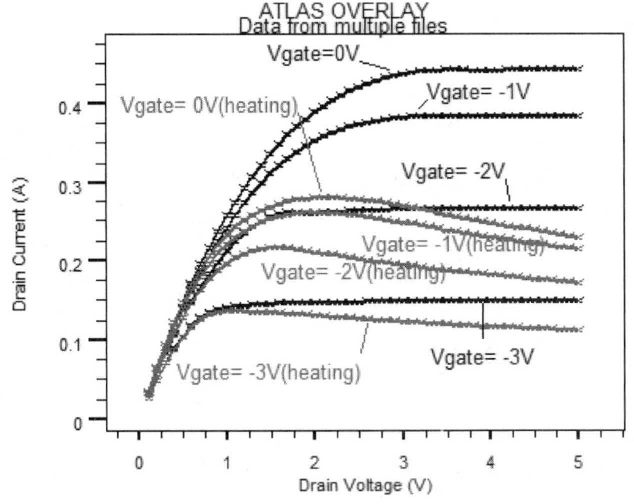

图 3.35 考虑自加热效应和不考虑自加热效应时的输出特性比较

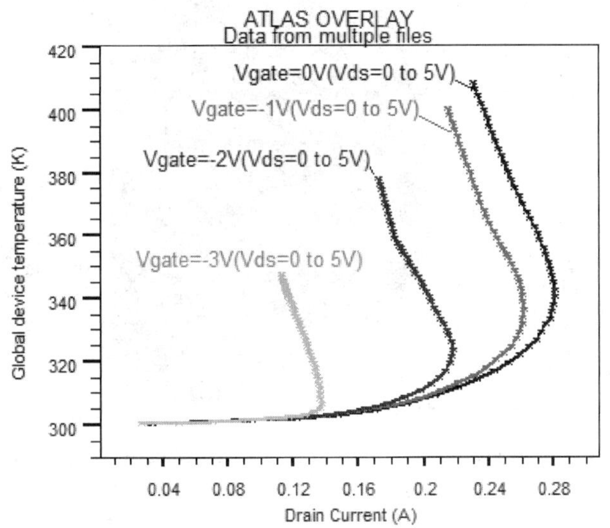

图 3.36 考虑自加热效应时电流和晶格最高温的关系

度；t0,电荷生成脉冲的峰值时间；tc,电荷生成脉冲的时间长度等。单粒子翻转的仿真实际是瞬态仿真。

例 3-93 MOS 单粒子效应仿真。

```
go atlas
mesh infile = seu_mos_3d.str master.in
contact num = 1 name = gate workfun = 4.1

models srh auger cvt
method newton
single entry = "0.1,0.0,2.25" exit = "1.0,2.0,0.0" radius = 0.05 density = 1.e18 \
    t0 = 1.e - 12 tc = 5.e - 13
method newton
```

```
load inf = seu_mos_vdrain5V.str
solve vdrain = 5.0

# SEU: Calculate transient response
method halfimpl dt.min = 1.e-12
solve tfinal = 1.e-12 tstep = 1.e-13
save outfile = seu_time_1e-12.str

log outf = seu_mos.log
solve tfinal = 4.e-12 tstep = 1.e-12
save outfile = seu_time_1e-12.str
solve tfinal = 1.e-7 tstep = 1.e-12

tonyplot3d  seu_time_1e-12.str
tonyplot seu_mos.log - set seu.set
```

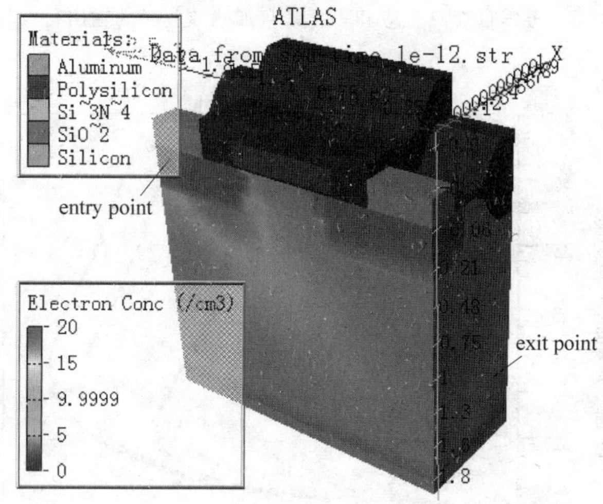

图 3.37　瞬态时间 1e—12 秒时粒子径迹上的电荷密度分布

图 3.37 为瞬态时间 1e—12 秒时保存的三维结构，在粒子径迹 entry point 到 exit point 上可以清楚地看出电子浓度的变化。图 3.38 为单粒子翻转的瞬态特性。

噪声特性仿真将计算相应端口(port)的随机电压的统计行为，噪声特性仿真的结果可用于电路仿真。噪声的来源有扩散噪声、生成-复合噪声和闪烁噪声(flicker noise)等。仿真噪声特性需要在 log 和 solve 命令中添加噪声参数。

例 3-94　二极管噪声特性仿真，因为 log 中有 noise. v. all，则噪声源会当作电压噪声(同样的会有 noise. i. all)，且扩散噪声、生成-复合噪声和闪烁噪声都会进行计算。计算得到的噪声强度如图 3.39 所示。

```
go atlas
init infile = diode.str

material material = silicon
models srh temperature = 300 print
```

```
solve init
solve vanode = 0.6

log outf = noise.log inport = anode noise.v.all
solve noise.ss direct frequency = 1.0E + 03 fstep = 2.154435 nfsteps = 27 mult.freq

tonyplot  noise.log
```

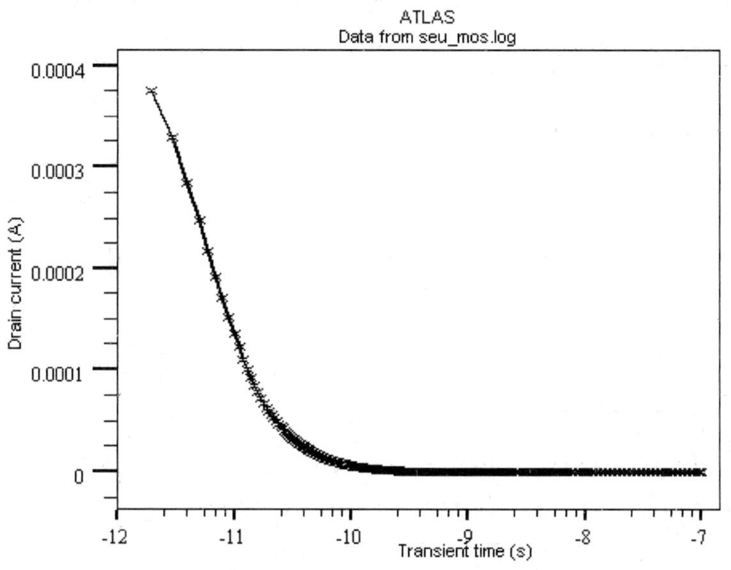

图 3.38 MOS 单粒子翻转仿真

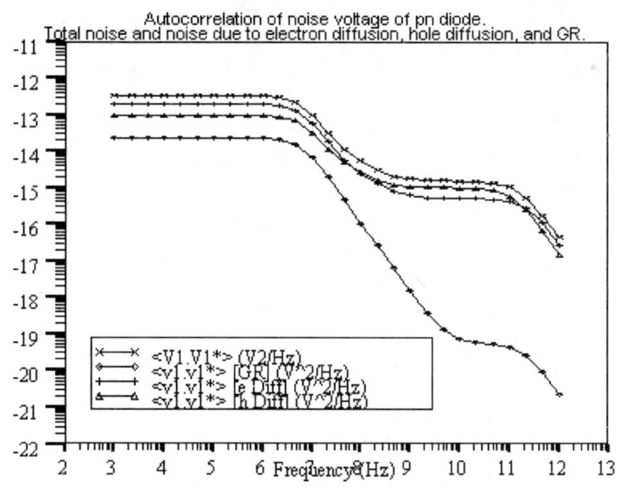

图 3.39 二极管的电压噪声

太阳能电池仿真实际上就是在之前介绍的光电特性仿真基础上更关注光电转换特性而已，如光生成速率分布，有无光照时的电流/电压特性，有光照时的开路电压、短路电流、光谱响应、量子效率和一定光照下的电功率等。很多特性是从 solve 得到的信息中提取出来的，如量子效率就是从 Source photo current、Available photo current 和 Cathode Current 三者计算出来的。

例 3-95 硅太阳能电池仿真，图 3.41(a)是光谱响应，图 3.41(b)为计算出的量子效率。

```
go atlas
mesh infile = solar.str

material material = Aluminum imag.index = 1000
material material = Silicon taun0 = 1e - 6 taup0 = 1e - 6
beam num = 1 x.origin = 10.0 y.origin = - 2.0 angle = 90.0 power.file = solar.spec
output opt.int
models conmob fldmob consrh print

# get short circuit current
solve init
solve previous
solve b1 = 1
extract name = "short_circuit_current" max(abs(i."cathode"))

# get open circuit voltage
solve init
solve previous
contact name = cathode current
solve icathode = 0 b1 = 1
extract name = "open_circuit_voltage" max(abs(vint."cathode"))

# spectral response
solve init
solve previous b1 = 0
log outf = solar_spectral_response.log
solve b1 = 1 beam = 1 lambda = 0.3 wstep = 0.025 wfinal = 1.0

tonyplot  solar_spectral_response.log - set spectral_response.set

extract init inf = "solar_spectral_response.log "
extract name = "EQ_int" curve(elect."optical wavelength", \
    - (i."anode")/elect."available photo current") outf = "EQ_int.dat"
extract name = "EQ_ext" curve(elect."optical wavelength", \
    - (i."anode")/elect."source photo current") outf = "EQ_ext.dat"
tonyplot EQ_int.dat - overlay EQ_ext.dat - set EQ.set
```

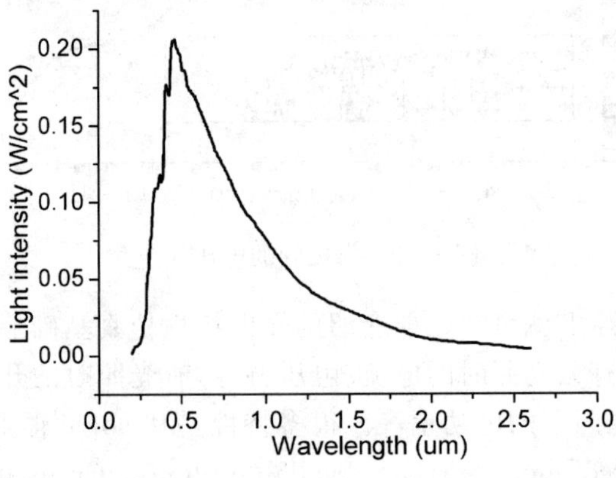

图 3.40 太阳光谱

光强分布由 power. file 导入文件 solar. spec，图 3.40 即为此文件显示的太阳的光谱。当太阳光强为 $1W/cm^2$ 时提取得到短路电流为 4.86522379nA，开路电压 open_circuit_voltage ＝0.40761V。

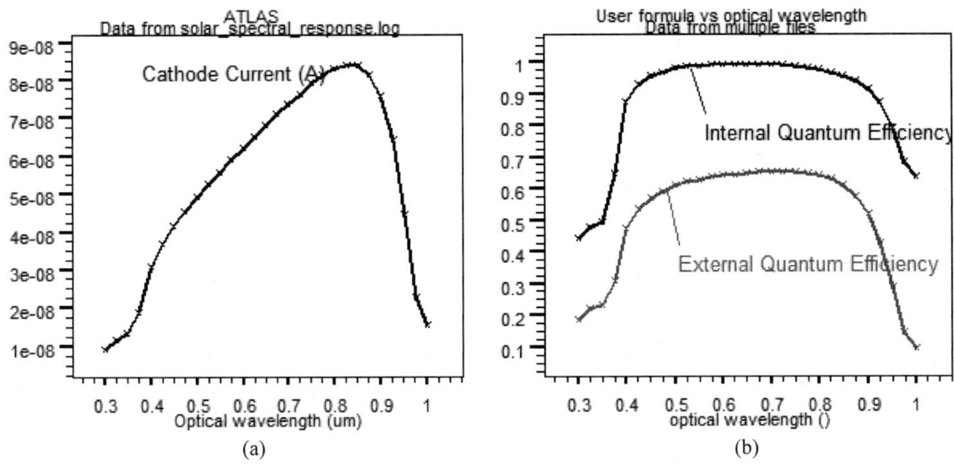

图 3.41　硅太阳能电池的光谱响应和内/外量子效率

3.7　圆柱对称结构

二维器件仿真的计算区域为 XY 剖面，默认器件的 Z 轴长度为 1μm，因此严格意义上，仿真值的单位须再除以 1μm，例如电流是 A/μm，而在结构描述的 mesh 命令中定义 width 参数则可以得到具体的电流值。如果器件结构在 Z 轴方向是相同的，那么 width 参数非常容易定义。如果器件结构较复杂，比如圆柱结构，width 参数将非常难以估算。对于圆柱结构，mesh 命令中的参数 cylindrical 可定义结构为圆柱对称，对称轴为 Y 轴。

例 3-96　IGBT 二维剖面结构和圆柱结构的输出特性比较。

```
go atlas
mesh infile = igbt_0.str

mater material = silicon taup0 = 1e - 6 taun0 = 1e - 6
contact num = 1 n.poly
models analytic srh auger fldmob surfmob
impact selb
output flowline

method gummel newton trap maxtrap = 10
solve init

solve vgate = 0.1 vstep = 0.1 vfinal = 9.9   name = gate
solve vgate = 10.0 outf = 2D_Vg10.str master

load inf = 2d_Vg10.str   master
log outf = mos_2d_Vg10.log
solve vcollector = 0 vstep = 0.25 vfinal = 0.5   name = collector
```

```
solve vcollector = 0.6 vstep = 0.05 vfinal = 0.85   name = collector
solve vcollector = 1 vstep = 0.25 vfinal = 3   name = collector
save outfile =  2d_Vg10_Vc3.str
#################################################
go atlas
mesh infile = igbt_0.str cylindrical

mater material = silicon taup0 = 1e - 6 taun0 = 1e - 6
contact num = 1 n.poly
models analytic srh auger fldmob surfmob
impact selb
output flowline

method gummel newton trap maxtrap = 10
solve init

solve vgate = 0.1 vstep = 0.1 vfinal = 9.9 name = gate
solve vgate = 10.0 outf = cylindrical_Vg10.str master

load inf = cylindrical_Vg10.str   master
log outf = mos_cylindrical_Vg10.log
solve vcollector = 0 vstep = 0.25 vfinal = 0.5   name = collector
solve vcollector = 0.6 vstep = 0.05 vfinal = 0.85   name = collector
solve vcollector = 1 vstep = 0.25 vfinal = 3   name = collector
save outfile = cylindirical_Vg10_Vc3.str

tonyplot - overlay mos_2d_Vg10.log mos_cylindrical_Vg10.log
```

IGBT 芯片中包含数以万计的元胞，元胞多为圆柱形对称结构，例 3-96 对二维剖面结构和圆柱结构的输出特性分别进行了仿真。图 3.42 所示为导通时 IGBT 内电流密度分布，由于 IGBT 是纵向导电器件，因此进行圆柱对称仿真非常方便。

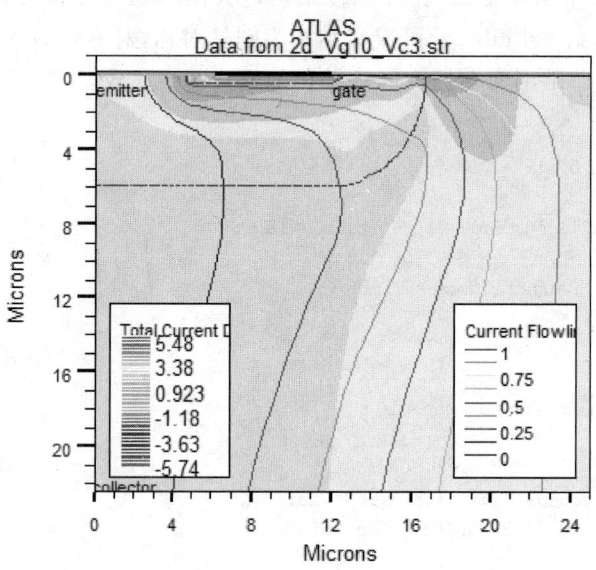

图 3.42　IGBT 导通时的电流密度分布及电流流径

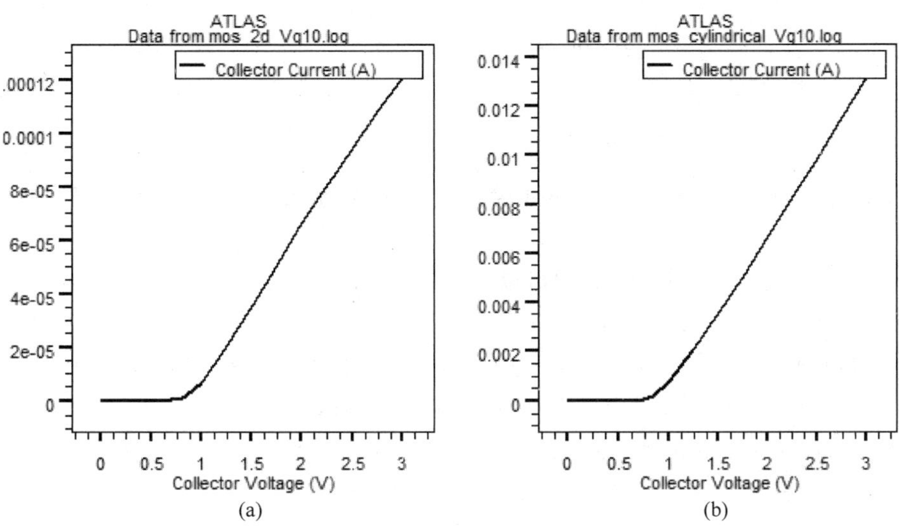

图 3.43　IGBT 输出特性曲线

(a) 二维剖面结构；(b) 圆柱对称结构

图 3.43(a)和(b)分别是二维剖面结构和圆柱对称结构的输出特性，除了数值不同，二者形状相似。但其实二者有非常大的区别，二维剖面结构仿真得到的是 Z 轴方向长度 1μm 的数值，圆柱对称结构是完整的圆柱对称元胞的数值。图 3.44 是圆柱对称结构和二维剖面结构的集电极电流的比值随集电极压降的关系，其比值并非固定值，可见不能用特定的 width 来估算器件特性。

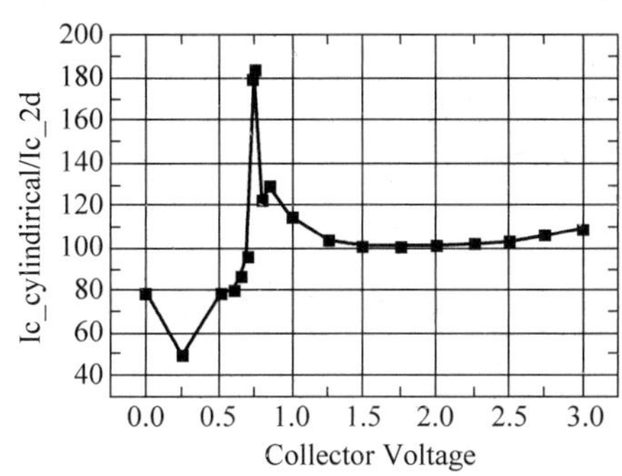

图 3.44　圆柱对称结构与二维剖面结构的集电极电流比值与集电极压降的关系(Vgate=10V)

3.8　器件仿真结果分析

ATLAS 的仿真结果形式有 Deckbuild 界面的实时输出、保存的日志文件和提取的器件特性，Tonyplot 可显示结果以及用它的 function 功能进行简单计算。

3.8.1　实时输出

网格生成时显示的网格信息如下：

```
Mesh
Type:                    non-cylindrical
Total grid points:         5263
Total triangles:           10192
Obtuse triangles:          0  (0 %)
```

当仿真进行到 solve 时,Deckbuild 输出窗口将显示实时计算结果以及各个电极的电流。

第一栏 project 为仿真初始,它们可以是 previous、local 或 init。第二栏 direct 为求解类型,可以是 direct 和 iterative。第三栏 i 和 j 表示迭代计算的当前次数,i 表示去耦之后的外循环迭代数,j 表示内循环数,m 是计算方法(字母含义:G = gummel,B = block,N = newton,A = newton with autonr,S = coupled Poisson-Schrodinger solution)。xnrom 和 rhsnorm 为方程计算时的误差,虚线下的值是以 10 为底的对数表示误差大小。有星号的数字表明已经达到精度要求。Va 栏列出了接触表面的电压。

```
ATLAS > solve init
Starting:   SPISCES module.
Obtaining static solution:

init          psi    psi
direct         x     rhs
   i    j  m  - 5.00 *  - 26.0 *
-----------------------------
   1    1  G  - 0.608  - 15.72
   2    1  G  - 0.546  - 16.04
   3    1  G  - 1.115  - 16.68
   4    1  G  - 2.823  - 18.20
   5    1  G  - 5.81 *  - 21.12

ATLAS > method newton
ATLAS > solve vanode = 0.05 vstep = 0.05 vfinal = 1 name = anode

Obtaining static solution:

 V(   anode   )  =  0.05

prev          psi      n       p      psi      n       p
direct         x       x       x      rhs     rhs     rhs
   i    j  m  - 5.00 *  - 5.00 *  - 5.00 *  - 26.0 *  - 17.3 *  - 17.3 *
------------------------------------------------------------
   1       N  - 0.700  - 0.700  - 3.130  - 27.9 *  - 6.392  - 13.19
   2       N  - 1.839  - 2.512  - 3.899  - 27.9 *  - 9.507  - 14.73
   3       N  - 4.922  - 5.59 *  - 6.25 *  - 27.9 *  - 15.65  - 16.89

Electrode  Va(V)       Jn(A/um)      Jp(A/um)      Jc(A/um)      Jt(A/um)
=================================================================
anode      5.000e - 002  2.395e - 013  8.254e - 018  2.395e - 013  2.395e - 013
```

```
cathode   0.000e+000  -2.395e-013  -1.719e-024  -2.395e-013  -2.395e-013
Total              -6.838e-018

Time for bias point:     0.27 sec.
Total time:               3.05 sec.
```

当模型里指定 print 时，Deckbuild 的实时输出窗口将显示当前仿真使用的物理参数、材料参数(如能带参数、复合参数、隧穿参数和迁移率参数等)和各材料区域使用的模型等，如果相关的参数在 ATLAS 进行了设置则会替换掉默认值。

用 print 显示出这些量，一方面展示了一些默认参数的数值，另一方面可以验证和自己设置的是否有差别。以下是 print 设置后输出窗口显示的例子，材料使用 4H-SiC，从语句中很容易就能看出各个量代表的含义：

```
CONSTANTS:
 Boltzmann's constant    = 1.38066e-023 J/K
 Elementary charge       = 1.60219e-019 C
 Permitivity in vacuum  = 8.85419e-014 F/cm
 Temperature              = 300 K
 Thermal voltage         = 0.025852 V

REGIONAL MATERIAL PARAMETERS:
 Region          :        1          2           3           4          5
 Material        :     SiC-4H Conductor Conductor Conductor Conductor
 Type            :     semicond.   metal       metal       metal      metal

 Average Composition Fraction
 X-composition:          0          0           0           0          0
 Y-composition:          0          0           0           0          0

 Band Parameters
 Epsilon         :      9.66
 Eg (eV)         :       3.3
 Chi (eV)        :      3.85
 Nc (per cc)    : 1.66e+019
 Nv (per cc)    :   3.3e+019
 ni (per cc)    : 4.48e-009

 Effective Richardson Constants
 An**              :       91.3
 Ap**              :        144

 Incomplete Ionization Parameters
 Gc              :          2
 Gv              :          4
 Ed (eV)         :        0.1
 Ea (eV)         :        0.2

 Recombination Parameters
```

```
taun0       :    5e-010
taup0       :    1e-010
etrap       :         0
nsrhn       :    3e+017
nsrhp       :    3e+017
ksrhtn      :    0.0025
ksrhtp      :    0.0025
ksrhcn      :    3e-013
ksrhcp      : 1.18e-012
ksrhgn      :      1.77
ksrhgp      :      0.57
nsrhn       :    3e+017
nsrhp       :    3e+017
augn        :    5e-029
augp        :  9.9e-032
augkn       :         0
augkp       :         0
kaugcn      : 1.83e-031
kaugcp      : 2.78e-031
kaugdn      :      1.18
kaugdp      :      0.72
copt        :         0

Impact Ionization Model Parameters (Selberherr model)
an1         : 1.66e+006
an2         : 1.66e+006
ap1         : 5.18e+006
ap2         : 5.18e+006
bn1         : 1.27e+007
bn2         : 1.27e+007
bp1         :   1.4e+007
bp2         :   1.4e+007
betan       :         1
betap       :         1
egran       :        -1

Anisotropic Impact Ionization Model Parameters
ae0001      : 1.76e+008
be0001      :   3.3e+007
ae1120      :   2.1e+007
be1120      :   1.7e+007
ah0001      : 3.41e+008
bh0001      :   2.5e+007
ah1120      : 2.96e+007
bh1120      :   1.6e+007

Band-to-sband tunneling Parameters
mass.tunnel :      0.25
```

```
 me.tunnel      :       0.76
 mh.tunnel      :        1.2

 Thermal Velocities
 vn (cm/s)      : 1.34e+007
 vp (cm/s)      : 1.07e+007

 Saturation Velocities
 vsatn (cm/s) :     2e+007
 vsatp (cm/s) :     2e+007

REGIONAL MODEL FLAGS:
 Region:            1    2    3    4    5
 SRH                T
 consrh             F
 klasrh             F
 Auger              T
 klaaug             F
 optr               F
 bgn                T
 incomplete         F
 bbt                F
 bbtauto            F
 bbthurkx           F
 bbtkane            F
 bbtschenk          F
 bbtnonlocal        F
 tat(local)         F
 tatnonlocal        F
 tat(coulombic)     F
 impact             T
 Boltzmann          F
 Fermi-Dirac        T

Gain and Rsp scaling
  Gain scale factor  :          1
  Rsp scale factor   :          1


REGIONAL MOBILITY MODEL SUMMARY:

  Region #1:

    Model for Electrons:

      Concentration Dependent Mobility
      @ Temperature =      300 Kelvin
        Using Caughey-Thomas model.
```

```
          mu1    = 5
          mu2    = 80
          alpha  =  - 3
          beta   =  - 3
          gamma  = 0
          delta  = 0.6
          ncrit  = 1.3e + 018

      Parallel Field Dependent Mobility
        Using parallel field model.
          vsat  = 2e + 007
          beta  = 2


    Model for Holes:

      Concentration Dependent Mobility
      @ Temperature  =       300 Kelvin
        Using Caughey-Thomas model.
          mu1    = 2.5
          mu2    = 20
          alpha  =  - 3
          beta   =  - 3
          gamma  = 0
          delta  = 0.5
          ncrit  = 1e + 019

      Parallel Field Dependent Mobility
        Using parallel field model.
          vsat  = 2e + 007
          beta  = 2

  Contacts :
  Name          Num   Work fn     Resist.      Capacit.     Induct.
                        (eV)       (Ohms)      (Farads)    (Henries)
  cathode        1     0.000    0.000E + 00  0.000E + 00  0.000E + 00
  anode          2     0.000    0.000E + 00  0.000E + 00  0.000E + 00
  Sanode         3     5.150    0.000E + 00  0.000E + 00  0.000E + 00
  Sanode         4     5.150    0.000E + 00  0.000E + 00  0.000E + 00
```

实时输出窗口有很多仿真的动态信息，如提取和 measure 语句测量的结果也都在实时输出窗口中显示，仿真的时候一定要随时留意。仿真时也要格外注意报错信息，从中可知如何改进仿真。

3.8.2 日志文件

ATLAS 仿真能保存的结果主要有结构文件和 log 文件。log 文件中包含有端的电学信息（电流和电压），还有 probe 或在 log 状态设置时声明的物理量。

在 Windows 系统中直接打开 log 文件，很难看清其数据结构。查看数据有两种好的办法：①用 Tonyplot 工具查看；②用 Tonyplot 将其导出成 csv 格式文件(见图 3.45)。

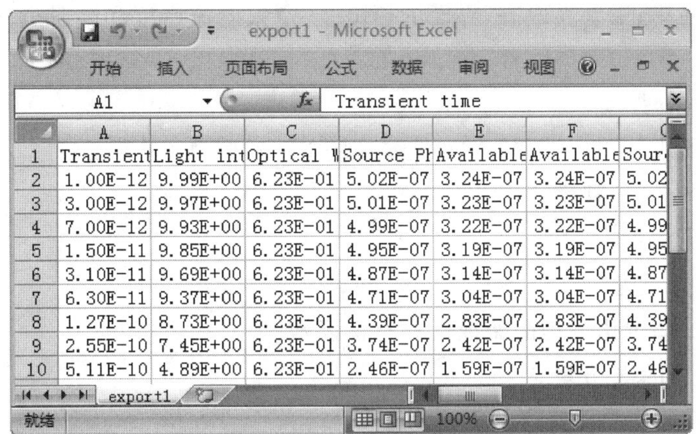

	A	B	C	D	E	F	G
1	Transient	Light int	Optical W	Source Ph	Available	Available	Sour
2	1.00E-12	9.99E+00	6.23E-01	5.02E-07	3.24E-07	3.24E-07	5.02
3	3.00E-12	9.97E+00	6.23E-01	5.01E-07	3.23E-07	3.23E-07	5.01
4	7.00E-12	9.93E+00	6.23E-01	4.99E-07	3.22E-07	3.22E-07	4.99
5	1.50E-11	9.85E+00	6.23E-01	4.95E-07	3.19E-07	3.19E-07	4.95
6	3.10E-11	9.69E+00	6.23E-01	4.87E-07	3.14E-07	3.14E-07	4.87
7	6.30E-11	9.37E+00	6.23E-01	4.71E-07	3.04E-07	3.04E-07	4.71
8	1.27E-10	8.73E+00	6.23E-01	4.39E-07	2.83E-07	2.83E-07	4.39
9	2.55E-10	7.45E+00	6.23E-01	3.74E-07	2.42E-07	2.42E-07	3.74
10	5.11E-10	4.89E+00	6.23E-01	2.46E-07	1.59E-07	1.59E-07	2.46

图 3.45 log 文件导出成 csv 格式以查看仿真数据

3.8.3 Deckbuild 提取

Deckbuild 有内建的 QUICKMOS 和 QUICKBIP 可以在工艺生成结构时就提取器件特性，但是这些是一维特性的简单的提取。在 1.3.6 节已经详细介绍了 Deckbuild 的提取。

器件特性提取是在 ATLAS 仿真得到 log 文件后，提取 log 文件内的电学信息。可以是以数字形式显示在实时输出窗口，如 Vt 提取，也可以提取出曲线，保存在 dat 文件中。

Tonyplot 能将结果导出成数据结构清晰的 csv 格式文件，那么提取岂不显得尴尬？参数提取也有自身的优势，提取的最大优势是能对数据进行分析和计算。如：统计功能(min())；拟合功能(slope())；计算功能(i."collector"/i."base")。提取的另一个应用是作为优化的目标。

3.8.4 Tonyplot 显示

Tonyplot 可以显示结构文件、器件仿真得到的 log 文件以及提取出的 dat 文件等。对此已经在 1.3.5 节进行过详细介绍。

3.8.5 output 和 probe

1. output

output 状态可以让某些量存储在标准结构文件中。

output 语法：

```
OUTPUT <parameters>
```

output 的参数及其含义如下：

band.param：保存能带参数如 Eg、ni、Nc、Nv 和 χ。

charge：网点电荷量。

con. band：导带能量。

devdeg：受主/施主型界面态、界面的热电子/空穴电流密度和陷阱电子/空穴保存在结构文件中。

e. field：总电场强度。

e. lines：电场线。

e. mobility：电子迁移率。

e. temp：电子温度。

e. velocity：电子速率。

eigens：泊松-薛定谔方程的特征值和特征函数。

ex. field：电场的 X 分量。

ex. velocity：电子漂移速度的 X 分量。

ey. field：电场强度的 Y 方向分量。

ey. velocity：电子漂移速度的 Y 方向分量。

flowlines：电流线。

h. mobility：空穴迁移率。

h. temp：空穴温度。

h. velocity：空穴漂移速率。

hcte. joule：体积平均发热量。

hei：热电子电流密度。

hhi：热空穴电流密度。

hx. velocity：空穴速度的 X 分量。

hy. velocity：空穴速度的 Y 分量。

hz. velociaty：空穴速度的 Z 分量。

impact：碰撞电离速率。

j. conduc：总传导电流密度。

j. disp：总位移电流密度。

j. electron：总电子电流密度。

j. hole：总空穴电流密度。

j. total：总电流密度。

jx. conduc：总传导电流密度的 X 分量。

j. drift：漂移电流密度。

j. diffusion：扩散电流密度。

jx. electron：电子电流密度的 X 分量。

jx. hole：空穴电流密度的 X 分量。

jx. total：总电流密度的 X 分量。

jy. conduc：总传导电流的 Y 分量。

jy. electron：电子电流的 Y 分量。

jy. hole：空穴电流的 Y 分量。

jy. total：总电流密度的 Y 分量。

jz. conduc：传导电流密度的 Z 分量。

jz. electron：电子电流密度的 Z 分量。

jz. hole：空穴电流密度的 Z 分量。

jz. total：总电流密度的 Z 分量。

ksn：电子散射率指数。

ksp：空穴散射率指数。

l. temper：晶格温度。

opt. intens：光强。

ox. charge：固定氧化物电荷。

permitivity：介电常数。

photogen：光生成速率。

polar. charge：极化电荷。

qfn：电子准费米能级。

qfp：空穴准费米能级。

qss：表面电荷。

qtunn. bbt：界面的直接量子隧穿电流密度。

qtunn. el：界面的直接量子隧穿电子电流密度。

qtunn. ho：界面的直接量子隧穿空穴电流密度。

recomb：复合速率。

schottky：复合速率和势垒下降量。

taurn：电子弛豫时间。

taurp：空穴弛豫时间。

tot. doping：总掺杂浓度。

traps：陷阱密度。

u. auger：俄歇复合速率。

u. bbt：带-带隧穿速率。

u. radiative：辐射复合速率。

u. srh：srh 复合速率。

u. trantrap：瞬态陷阱的电子复合速率和空穴复合速率。

val. band：价带能量。

vectors：只保存矢量数据。

x. comp：X 组分。

y. comp：Y 组分。

表 3.5　solve 前结构、solve init 默认保存和使用 output 保存的物理量比较

ATLAS 结构中可显示的物理量	solve init 后保存结构中可显示的物理量	使用 output 后保存结构中可显示的物理量	output
x coordinate	x coordinate	x coordinate	
Net Doping	Net Doping	Net Doping	
Total Doping	Total Doping	Total Doping	
Donor Conc	Donor Conc	Donor Conc	
Acceptor Conc	Acceptor Conc	Acceptor Conc	
Composition X	Composition X	Composition X	
Composition Y	Composition Y	Potential	
	Potential	Electric Field	
	Electric Field	E Field X	
	E Field X	E Field Y	
	E Field Y	Electron Conc	
	Electron Conc	Electron QFL	
	Electron QFL	e−Current Density	
	e− Current Density	Je−X	
	Je−X	Je−Y	
	Je−Y	e−Mobility	
	Hole Conc	e−Mobility X	e. mobility
	Hole QFL	e−Mobility Y	
	h+Current Density	Jn (drift)	
	Jh+X	Jnx (drift)	
	Jh+Y	Jny (drift)	j. electron
	Cond. Current Density	Jn (diff.)	
	Total Current Density	Jnx (diff.)	
	Jtot X	Jny (diff.)	
	Jtot Y	Hole Conc	
	Recombination Rate	Hole QFL	
	Impact Gen Rate	h+Current Density	
	e−Ionization Coefficient	Jh+X	
	h+Ionization Coefficient	Jh+Y	
		h+Mobility	
		h+Mobility X	h. mobility
		h+Mobility Y	
		Jp (drift)	
		Jpx (drift)	
		Jpy (drift)	j. hole
		Jp (diff.)	
		Jpx (diff.)	
		Jpy (diff.)	
		Cond. Current Density	

续表

ATLAS 结构中可显示的物理量	solve init 后保存结构中可显示的物理量	使用 output 后保存结构中可显示的物理量	output
		Cond Current X	
		Cond Current Y	
		Disp. Current Density	j. disp
		Total Current Density	
		Jtot X	
		Jtot Y	
		Recombination Rate	
		SRH Recomb Rate	u. srh
		Current Flowlines	flowline
		J (drift)	j. drift
		Jx (drift)	
		Jy (drift)	
		J (diff.)	j. diffusion
		Jx (diff.)	
		Jy (diff.)	
		Impact Gen Rate	
		e—Ionization Coefficient	
		h+Ionization Coefficient	
		Valence Band Energy	val. band
		Conduction Band Energy	con. band
		Interface Charge	qss
		Charge Conc	charge
		Ni	band. param
		Nc	
		Nv	
		Eg	
		Electron Affinity	

例 3-97 output 保存计算过程的中间量至结构文件。如表 3.5 所示，solve init 之后保存了一些电学量，而使用 output 语句则可保存计算过程的中间物理量。

```
go atlas
mesh infile = diode_0. str

models bipolar print
impact selb
method newton trap maxtraps = 10

solve init
save outf = diode_1. str
##########################################
go atlas
mesh infile = diode_0. str
```

```
models bipolar print
impact selb

output  charge qss impact recomb u.srh e.line h.mobility e.mobility flowline \
    con.band val.band band.param j.diffusion j.disp j.electron j.hole j.drift

method newton trap maxtraps = 10

solve init
save outf = diode_2.str
```

2. probe

probe 状态可以让某些量存储在 log 文件中，这些值可以是特点位置的值或者一定范围内的最小值、最大值或者积分。

probe 的语法：

```
PROBE [MIN | MAX | INTEGRATED | x=<n> y=<n> z=<n>] [DIR=<n>] [POLAR=<n>]
<PARAMETERS>
```

probe 的参数及其含义如下：

alphan：电子碰撞电离系数，需要有 dir 参数定义方向。

alphap：空穴碰撞电离系数，需要有 dir 参数定义方向。

apcurrent：可用光电流。

auger：俄歇复合速率。

band：电子或空穴有效质量。

bandgap：禁带宽度。

beam：光束数目。

charge：网格点的电荷量。

con. band：导带能量。

concacc. trap：受主陷阱浓度。

condon. trap：施主陷阱浓度。

device：MixedMode 进行器件-电路混合仿真时指明具体器件。

dir：物理量(矢量)与 X 轴正方向的夹角，0°为 X 轴正向，90°为 Y 轴正向。

emax、emin：当 probe 中有 wavelength 参数时，保存光束的能量范围。

exciton：激发的电子-空穴对密度。

field：电场强度，需要有 dir 参数定义方向。

generation：电离碰撞的生成速率。

gr. heat：运用 Giga 模块进行晶格自加热仿真时保存生成-复合发热功率。

h. conc：质子浓度。

h. atom：氢原子密度。

h. mole：氢原子摩尔密度。

integrated：对 x. min、x. max、y. min、y. max、z. min 和 z. max 范围内的值进行积分，保

存积分结果。

intensity：保存光强。

j. conduction：传导电流，为电子电流密度和空穴电流密度之和。

j. disp：位移电流。

j. electron：电子电流密度。

j. hole：空穴电流密度。

j. proton：质子电流密度。

j. total：总电流密度。

joule. heat：运用 Giga 模块进行晶格自加热仿真时保存焦耳热功率。

lasergain：激光器的光增益。

laser. intensity：激光器的光强。

lat. temp：晶格温度。

lmax，lmin：当 probe 中有 wavelength 参数时，保存光束的波长范围。

material：材料名称。

max：保存最大值。

min：保存最小值。

name：定义物理量保存的名字，可在 Tonyplot 中显示。

n. conc：电子浓度。

n. mob：电子迁移率，需要有 dir 参数定义方向。

n. temp：电子温度。

p. conc：空穴浓度。

p. mob：空穴迁移率，需要有 dir 参数定义方向。

p. temp：空穴温度。

permitivitay：材料的介电常数。

photogen：光生成速率或 SEU 生成速率。

polarization：铁电极化，需要有 dir 参数定义方向。

potential：静电势。

qfn：电子准费米能级。

qfp：空穴准费米能级。

r. trap：陷阱复合速率。

r. bbt：带-带隧穿速率。

radiative：辐射复合速率。

reaction. elec：电子耗尽速率。

reaction. hole：空穴耗尽速率。

recombin：复合速率。

region：物理量所在的区域。

resistivity：金属或半导体的电阻率，绝缘体的电阻率返回值为 0。

srh：srh 复合速率。

state：束缚态。

total. heat：运用 Giga 模块进行晶格自加热仿真时保存总发热量（gr. heat ＋ pt. heat ＋

joule. heat)。

val. band：价带能量。

vel. electron：电子速率。

vel. hole：空穴速率。

wavelength：辐射发光的光波长。

x、y：点位置坐标，只保存该点的结果。

x. max、m. min、y. max、y. min、z. max、z. min：X/Y/Z 的最大值和最小值。

例 3-98 PIN 击穿特性仿真，采用 probe 保存 PN 结中点处的中间计算量至 log 文件，结果如图 3.46 所示。

```
go atlas

mesh infile = PIN_0.str

models bipolar  print lat.temp
impact selb

thermcontact number = 1 elec.num = 1 ext.temper = 300
thermcontact number = 2 elec.num = 2 ext.temper = 300

output e.field impact e.line flowline

probe name = alphan_junc alphan x = 0.25 y = 3 dir = 90
probe name = alphap_junc alphap x = 0.25 y = 3 dir = 90
probe name = Field_junc field x = 0.25 y = 3 dir = 90
probe name = Generation_junc generation x = 0.25 y = 3
probe name = N_junc n.conc x = 0.25 y = 3
probe name = P_junc p.conc x = 0.25 y = 3
probe name = R_junc recombin x = 0.25 y = 3
probe name = Jn_junc j.electron x = 0.25 y = 3
probe name = Jp_junc j.hole x = 0.25 y = 3
probe name = lat.temp lat.temp max
probe name = total_heat total.heat x = 0.25 y = 3
probe name = joule_heat joule.heat x = 0.25 y = 3

method block newton trap maxtraps = 10

solve init
log outfile = PIN_breakdown.log

solve vcathode = 0.1 vstep = 0.1 vfinal = 0.5 name = cathode
solve vstep = 0.25 vfinal = 1 name = cathode
solve vstep = 1 vfinal = 10 name = cathode
solve vstep = 2 vfinal = 20 name = cathode
solve vstep = 5 vfinal = 800 name = cathode

save outf = Vc_800.str
solve vstep = 5 vfinal = 1200 name = cathode

tonyplot PIN_breakdown.log
quit
```

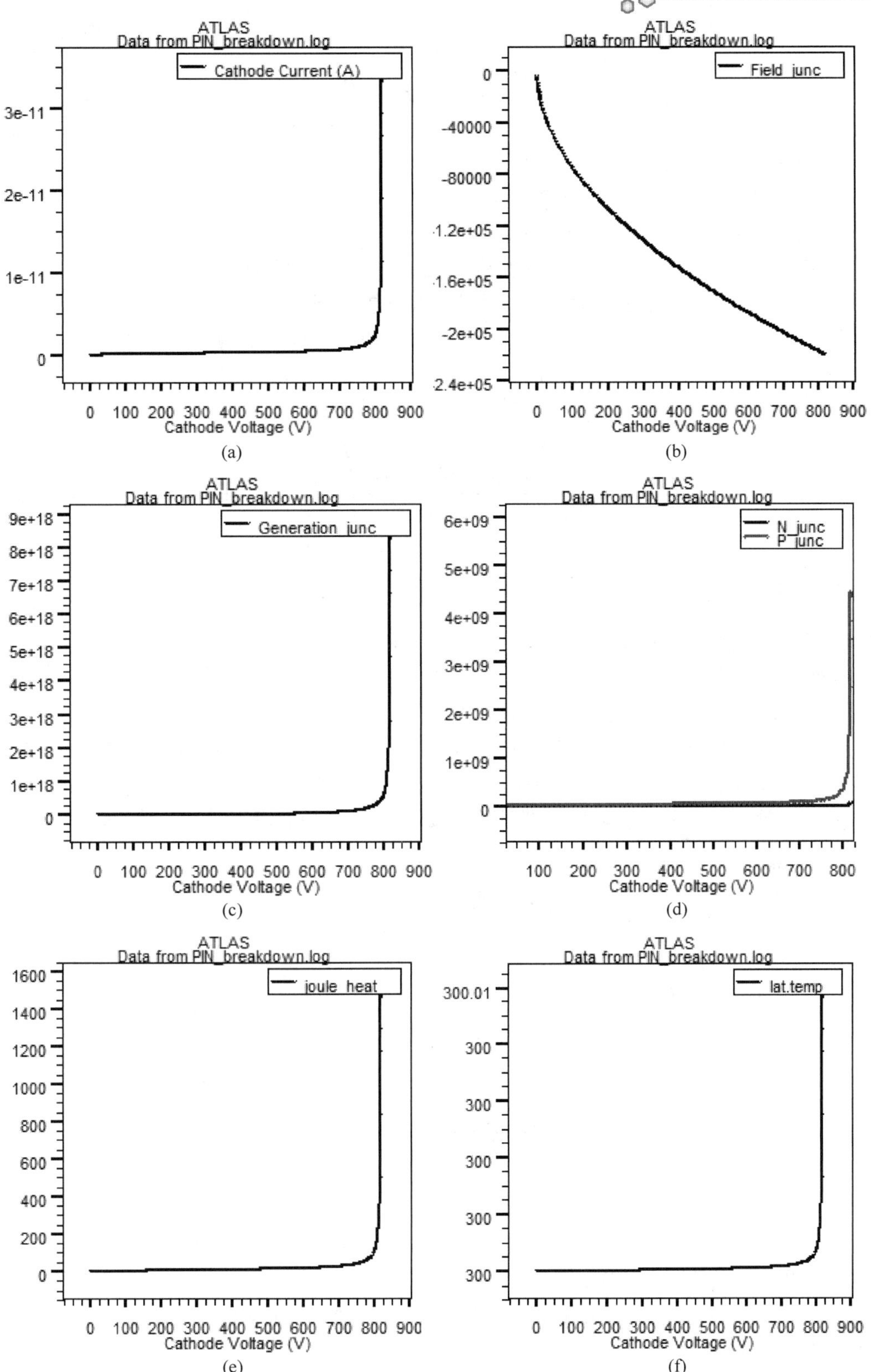

图 3.46　probe 保存中间计算量至 log 文件

(a) 阴极电流；(b) PN 结上沿 Y 轴正向的电场强度；(c) PN 结上的载流子生成速率；(d) PN 结上的电子和空穴浓度；(e) PN 结上的焦耳热功率；(f) PN 结上的晶格温度

思考题与习题

1. 如何得到器件仿真的结构?
2. 描述 ATLAS 器件仿真流程。
3. 描述命令 eliminate 的作用。
4. 简述 MOS 器件的沟道长度和宽度对阈值电压 V_{TH} 的影响。
5. 简述 NPN 晶体管中放大倍数 β 受器件哪些参数影响。
6. (1) 运用 ATLAS 语言得到图 3.47 所示的 PIN 二极管结构。

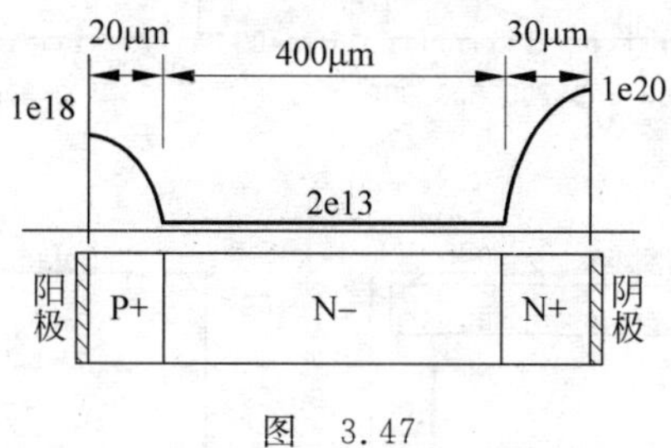

图 3.47

(2) 计算该 PIN 二极管(直径 50mm)在体寿命为 10μs 下的正向 25℃和 125℃下的 I-V 特性,电压 0~2V。

(3) 计算该 PIN 二极管的击穿特性曲线,并得到击穿电压。

(4) 如果已知 25℃时,该 PIN 二极管(直径 50mm)正向电流 500A 的压降为 1.5V,且假设各个区域的体寿命相同,那么寿命值为多少?

7. (1) 分别用 ATLAS 语句和器件编辑器得到图 3.48 所示的 MOS 结构。

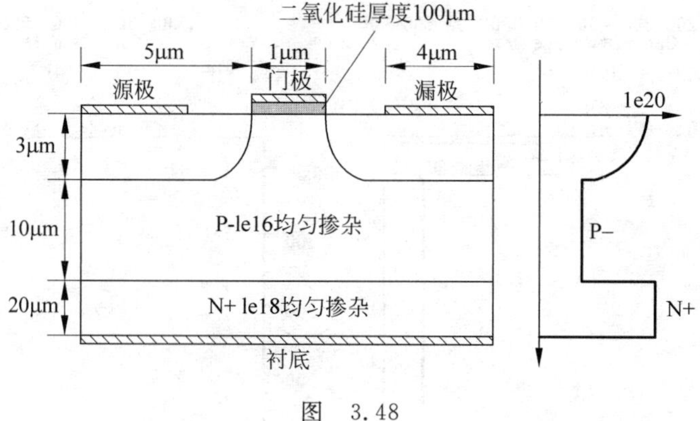

图 3.48

(2) 计算该 MOS 结构的转移特性曲线(源极接地,门极和漏极短接且扫描电压范围 0~3V,门极电极为多晶硅,界面态密度 1e11)。

(3) 计算门极电压 5V 下的输出特性曲线(源极接地,扫描漏极电压范围 0~3V,器件 Z 方向尺寸为 100μm)。

(4) 考虑晶格加热效应重新计算问题(3)的输出特性,热接触为四个电极,环境温度 300K。

第4章

器件-电路混合仿真

器件仿真得到的端电压-电流特性是在特定的激励下计算的器件特性，实际上电学激励总是来源于一定电路的，这是器件仿真的局限性，即激励的施加方式不能完全反映电路的特性，而且任何器件总是在一定电路中使用，所以对器件完整的设计应该包括电路仿真分析。

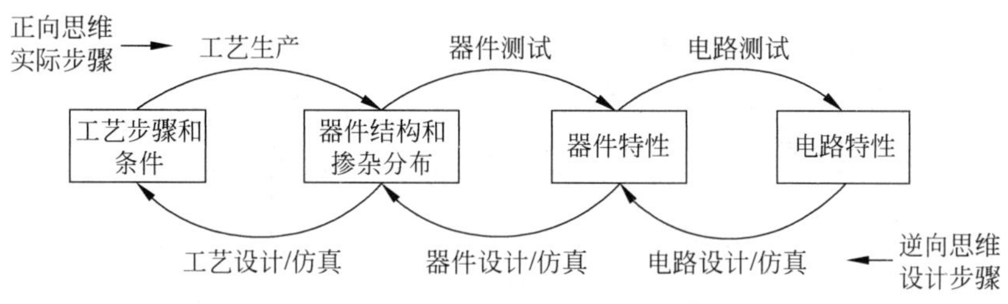

图 4.1　器件设计的正向和逆向思维方法

图 4.1 为器件设计的正向和逆向思维方法。正向思维是从器件的实际步骤出发，从硅单晶一步步制造成可以使用的电路。除非很有把握，否则使用这种思路来设计可能需要进行大量的实验。从特性需求出发的逆向思维，就显得有的放矢。读者在进行器件设计时不妨多培养这种逆向思维。

4.1　MixedMode 概述

Silvaco 的模块很多，从图 1.1 可以看出 Silvaco 拥有 TCAD 仿真、提参和电路仿真功能，几乎涵盖了半导体仿真的方方面面。本章的主要内容是介绍电路仿真，具体是一种称为“器件-电路混合仿真”的电路仿真器 MixedMode。MixedMode 是 ATLAS 中的一个模块。

在详细讲解电路仿真之前，先介绍几个概念。

电路方程：电路中需要满足的方程。比如：基尔霍夫电压定律(KVL)，电路中任何一个闭合回路的回路电压之和为零，其物理意义是能量不会凭空产生和消失(能量守恒)；基尔霍夫电流定律(KCL)，电路中任何一个节点的节点电流之和为零，物理意义是电荷不会凭空产生和消失(电荷守恒)；以及其他电路方程。

SPICE 模型：在器件的特性曲线基础上得到的一组解析方程，方程可以不考虑其物理意义。电路中的每个元件对应一组 SPICE 模型方程，这样在求解电路时实际上计算了元件的 SPICE 模型方程和电路方程。PSpice、Hspice、OrCAD、ADS 等电路仿真软件即是采用这种方法。电路中所有元件都采用 SPICE 模型的优点是计算速度快，因为采用纯解析模型，缺点是并非所有的器件都有 SPICE 模型，通常大功率半导体器件就缺乏 SPICE 模型。

数值器件：Numerical Devices，有一定几何结构和掺杂分布的器件模型。和采用 SPICE 模型的元件不同，数值器件需求解一系列半导体方程，这些方程有实际的物理意义，通常使用有限元分析方法求解网格点的方程值，进而可以得到器件的端电压-电流特性。这跟第 3 章器件仿真中的"器件"是同一个概念。

物理方程：有物理意义的半导体方程，用于求解数值器件中的物理量，与描述 SPICE 模型的解析方程相对。

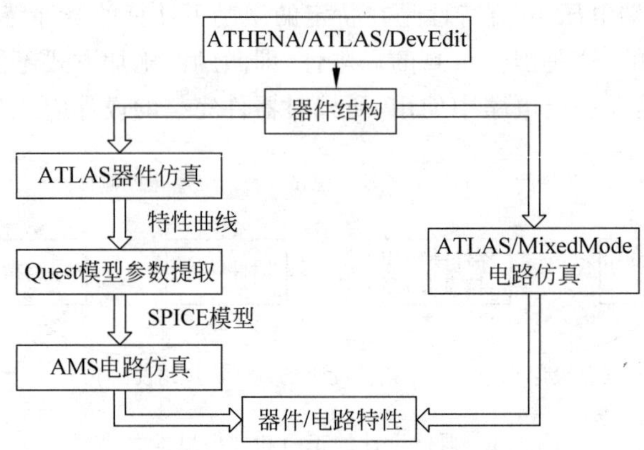

图 4.2　Silvaco 电路仿真的实现方式

Silvaco 有两种方式来仿真电路特性，如图 4.2 所示。

第一种方式的步骤是：①进行工艺仿真或器件仿真，得到器件的物理结构；②进行器件仿真，得到器件的特性曲线；③提取器件的模型参数，得到 SPICE 模型；④用纯电路仿真的方法计算电路特性。

第二种方式是在得到器件结构的基础上采用器件-电路混合的模式计算电路特性，这种方式中某些器件（比如电阻、电容、电压源和电流源等）使用 SPICE 模型，某些器件（比如光电子器件、功率器件等）是数值器件。数值器件先求解物理方程，得到器件内部以及器件端口的电学信息，然后将端口电学信息代入电路中求解电路方程，电路中求的结果又进一步作为器件物理方程求解的边界条件。

器件-电路混合仿真的优点是可以在缺乏器件的 SPICE 模型的情况下计算电路特性，因为某些器件（如高压器件）通常没有电路仿真所需的 SPICE 模型，而且器件-电路混合仿真使器件结构参数和电路的特性发生了关联，可以更全面地考察器件。对于器件设计来讲，采用第一种方式首先需要有能完全描述器件特性的 SPICE 模型，然后还需要针对不同器件结构提取出对应的模型参数，再进行电路仿真。

4.2　电路仿真流程

如图 4.3 所示，开始 MixedMode 仿真前，先要得到器件结构，然后再将器件放在特定的电路中分析整个电路的行为。使用 MixedMode 进行电路仿真时既需要求解电路方程又需要求解数值器件的物理方程，所以由电路仿真精度和器件仿真精度来控制总的仿真精度。

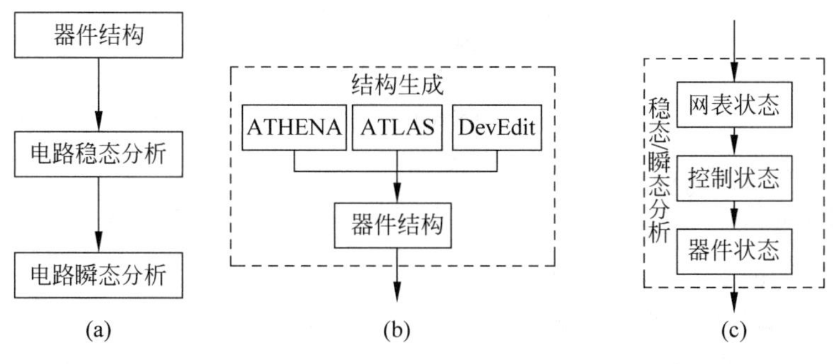

图 4.3　电路仿真流程

(a) 电路仿真总体流程；(b) 数值器件的结构生成；(c) 稳态和瞬态分析流程

器件结构可以通过工艺仿真、ATLAS 语法描述以及器件编辑器得到，这三种方法分别在第 2 章和第 3 章有详细介绍。本章的内容重点放在电路分析上。

电路分析总体上可以分成 DC 分析、AC 分析和瞬态分析。DC 分析和 AC 分析可以看做稳态分析。瞬态分析是指电路中有些元件的参数是随时间变化的，进而造成电路响应随时间变化。通常对瞬态分析更感兴趣一些，大部分的情况也是进行瞬态分析。

电路稳态分析和瞬态分析的流程基本相同，先从定义网点状态(电路拓扑结构和电路元件参数)开始，接着定义电路的控制状态(例如开始、结束、保存文件、瞬态分析、……)，最后是定义器件的状态(包括物理模型、材料参数、数值计算方法，这些和第 3 章器件仿真中的定义方式相同)。

4.3　MixedMode 的语法

4.3.1　网表状态

网表状态用于定义电路的拓扑结构以及电路元件的参数，那么网表需要怎样去定义呢？图 4.4 是一个非常简单的电路，该电路只有三个元件，分别是电流源、电压源和一个 NPN 结构的晶体管器件。从图中大致可以看出网表必须包含元件名称、网点和元件数值三部分内容。不同的元件类型，网表状态有所不同。

下面先介绍数值器件的网表状态定义，然后再对网表状态中的电路元件名称、网点和元件数值单独进行讲解。数值器件的网表状态定义的语法如下：

```
Axxx n1 = name1 n2 = name2 [n3 = name3 … ] infile = filename [width = val]
```

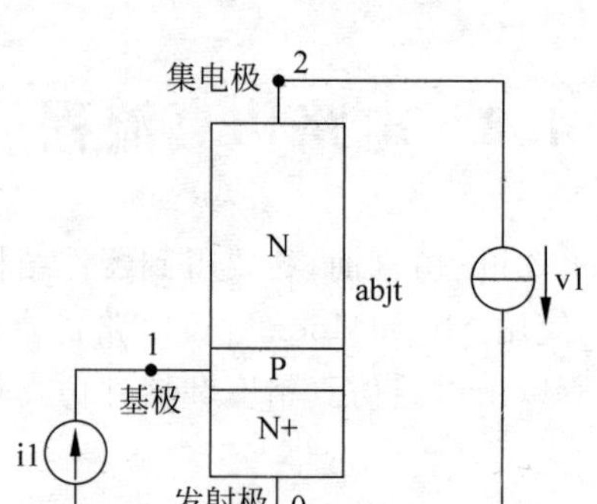

图 4.4 MixedMode 电路图

网表状态的各参数的意义如下：

Axxx：数值器件的名称。

n1：电路网点 n1。

name1：数值器件的一个电极名称。

infile：导入数值器件的结构文件。

width：数值器件在 Z 轴方向的长度，三维器件则不需要 width 参数。

例 4-1 数值器件 BJT 的网点定义。

```
abjt 0 = emitter 1 = base 2 = collector infile = bjt0.str width = 10
```

1. 元件名称

电路元件按数值器件或是 SPICE 模型进行分类。数值器件以字母"a"开头，"a"之后的字母可以任意取，如仿真具有物理结构的 MOS 器件的电路特性时，那么网表中可定义其名称为 amos。SPICE 元件以特定字母开头，按照电路中出现的顺序，通常在字母后用数字进行区分。表 4.1 所示为电路元件名称中约定的开头字母。

表 4.1 电路元件名称中约定的开头字母

器件类型	首字母	可否随时间变化
数值器件	A	否
自定义的两端元件	B	否
电容	C	否
二极管	D	否
电压控制电压源	E	否
电流控制电流源	F	否
电压控制电流源	G	否
电流控制电压源	H	否
独立电流源	I	是
JFET 器件	J	否
耦合电感	K	否
电感	L	否

续表

器件类型	首字母	可否随时间变化
MOSFETs	M	否
光源	O	是
BJT	Q	否
电阻	R	是
无损耗的传输线	T	否
独立电压源	V	是
MESFETs	Z	否

图 4.4 所示的电路中三个元件可以命名为 abjt、i1 和 v1。

2. 电路网点

电路的网点是用数字表示的，从 0 开始直到有限个的数字。图 4.4 中的数字即是网点的编号，也不难发现网点编号并不是唯一的。数值器件只能通过结构文件中定义的电极和电路网点取得一定的对应关系才行，例如图 4.4 中网点 0 和 BJT 的发射极相连，网点 1 和基极相连，网点 2 和集电极连接。

3. 元件数值

SPICE 元件有特定的数值，比如电容是 1μF，电流源的电流值为 5A。对于二维器件结构可以通过 width 参数定义器件在 Z 轴方向的大小(μm)来估算三维的结果。

例 4-2 定义网表状态，电路对应图 4.4。

```
i1 0 1 5
abjt 0=emitter 1=base 2=collector infile=bjt0.str width=10
v1 0 2 3
```

4.3.2 控制和电路分析状态

.begin

.begin 表示开始启动 MixedMode 进行电路仿真。

例 4-3 开始 MixedMode 仿真。

```
.begin
```

例 4-4 开始 MixedMode3D 仿真。

```
.begin 3d
```

.end

.end 表示结束 MixedMode 模块的电路仿真。

例 4-5 结束 MixedMode 仿真。

```
.end
```

.dc

.dc 计算电路的直流响应，这个过程中电容会被开路，而电感则视为短路，语法如下：

```
.DC DEC | OCT | LIN SOURCE_NAME START STOP INCREMENT /NUMBERS_STEPS
```

各参数的意义如下：

dec：以十进制扫描直流偏置(电压或电流)。

oct：以八进制扫描直流偏置。

lin：线性直流偏置扫描(默认)。

source_name：进行参数扫描的独立电压源、电流源或光源的名称。

start：参数扫描的初始值。

stop：参数扫描的最终值。

number_steps：参数扫描的步骤数。

例 4-6 电路直流扫描，电流源 ie 从 10A 到 50A，扫描通过 40 步完成。

```
.dc ie 10 50 40
```

.tran

.tran 表示进行电路的瞬态分析，语法如下：

```
.TRAN TSTEP TSTOP
```

各参数的意义如下：

tstep：初始时间间隔(秒)。

tstop：瞬态计算的总时间(秒)。

例 4-7 瞬态分析的初始时间间隔以及总计算时间。

```
.tran 1ns 50us
```

.ac

.ac 表示对电路进行交流小信号分析。MixedMode 首先生成电路操作点的线性小信号模型，然后在设置的频率范围内计算频率响应。在进行交流分析之前程序会对所有的 .dc 状态进行求解。仿真中至少要有一个独立电压源或电流源进行交流分析。

.ac 的语法：

```
.AC DEC | OCT | LIN NUMP FSTART FSTOP / SWEEP SOURCE_NAME STARTSTOP STEP
```

各参数的意义如下：

dec：以十进制扫描频率。

oct：以八进制扫描频率。

lin：线性频率扫描(默认)。

nump：扫描的总点数。

fstart：开始频率(Hz)。

fstop：结束频率(Hz)。

source_name：被扫描的独立电压源、电流源或光源的名字。

start：扫描的初始值。

step：扫描的步长。

stop：扫描的最终值。

sweep：在每一个频率点进行 DC 扫描。

例 4-8　线性频率扫描，从 1e5Hz 到 2e6Hz，扫描 20 个频率点。

```
.ac lin 20 1e5 2e6
```

.log

.log 指定保存的 log 文件名，*.log 文件中包含电路计算得到的网点电压和元件电流信息，器件状态部分 probe 的量也将保存于其中。语法如下：

```
.LOG OUTFILE = filename CSVFILE = filename
```

例 4-9　将计算结果保存在日志文件中。

```
.log outfile = mostest
```

.load

.load 为导入之前计算的结果文件，通常是在开始瞬态分析时需要导入经过静态偏置点计算后保存的电路结果文件。语法如下：

```
.LOAD INFILE = filename
```

例 4-10　导入电路仿真的结果文件。

```
.load infile = test
```

.nodeset

.nodeset 设置网点电压的初始值，通常用于电路的稳态求解。语法如下：

```
.NODESET [V(I) = VAL_I … ]
```

例 4-11　在某电压初始值下进行电路的稳态分析。

```
.nodeset v(1) = 0 v(2) = 0 v(3) = 3000
```

.numeric

.numeric 状态用于指定电路分析的计算参数，语法如下：

```
.NUMERIC IMAXDC|IMAXTR DTMIN LTE TOLDC|TOLTR VCHANGE VMAX VMIN
```

各参数的意义如下：

imaxdc：稳态分析中电路-器件迭代的最大次数，默认 25 次。

imaxtr：瞬态分析中电路-器件迭代的最大次数，默认 15 次。

dtmin：瞬态分析中的最小时间步长，默认 1ps。

lte：瞬态分析中的局域舍位误差(local truncation error)，默认值 0.1。

toldc：稳态分析中电路网点电压需满足的精度，默认值 1e-4。

toltr：瞬态分析中电路网点电压需满足的精度，默认值 1e-4。

vchange：在两次电路-器件迭代之间网点电压允许的最大变化量，默认值 5e7V。

vmax：网点电压的最大值，默认值 5e7V。

vmin：网点电压的最小值，默认值－5e7V。

例 4-12 设置电路计算参数。

```
.numeric lte = 0.2 vchange = 100 dtmin = 2ps
```

.option

.option 设置不同的电路仿真选项，以下是较常用的一些电路仿真选项。

cnode：在电路中的元件和地之间自动连接一个极小的电容，电容值可以设置为 0。

dc.write：对电路进行直流扫描时结构保存的频率。例如"5"表示每 5 次计算中保存一个文件，等于 0 表示不保存结构。

fulln：稳态仿真时使用默认的 Full Newton 计算方法。

m2ln.tr：稳态仿真时使用修改的 two-level Newton 计算方法。

print：在 DC 分析的每一个偏置点或瞬态分析的每一个时间步骤保存网点的电压值。

relpot：使用相对收敛准则计算 ATLAS 模型的电势。默认是使用绝对收敛准则。当偏置电压很大时绝对收敛准则就不适用，这种情况下推荐使用 relpot。

rv：定义所有电压源和所有电感的欧姆电阻。rv 不允许设置为 0，极端小的 rv 也容易使计算出现不收敛，可以考虑在 1e-6～1e-7。

temp：器件温度。

tnom：电路温度。

write：结构文件保存的频率。

例 4-13 采用相对收敛准则，Full Newton 计算方法，每 10 次计算保存一个结构。

```
.option relpot print fulln write = 10
```

.model

.model 用于定义电路中 SPICE 模型的参数，常用于定义 D(二极管)、NMOS、PMOS、NPN、PNP、NJF(N 沟 JFET/MESFET)和 PJF(P 沟 JFET/MESFET)的参数。模型的详细参数请参见 SmartSpice 或 UTMOST 的建模手册。

例 4-14 定义 NPN 晶体管的 SPICE 模型参数。

```
.model modbjt npn is = 1e - 17 bf = 100 cje = 1f tf = 5ps cjc = 0.3f rb = 100 rbm = 20
```

例 4-15 定义二极管的 SPICE 模型参数。

```
.model dd d is = 1e - 7
```

. save

. save 保存计算的结果，可作为后续计算的初始猜测，其语法如下：

```
.SAVE OUTFILE = name [MASTER = name] [TSAVE = timepts]
```

各参数的意义如下：

master：在 DC 仿真的直流偏置点计算或在瞬态仿真的时间步骤计算完成之后保存标准结构文件，保存的频率可由. option 状态的 write 参数定义。

outfile：在电路仿真完成之后保存结构文件 name. str 以及电路仿真的结果文件 name. cir，可作为后续电路分析的初始猜测，后续仿真中需通过. load 状态导入。

tsave：按时间步保存 master 文件，瞬态仿真的完整文件名为 filename_tr_number。

例 4-16 保存电路仿真的结果到 test 文件(可由 Tonyplot 打开)以及 test. cir。

```
.save outfile = test
```

例 4-17 保存电路仿真后特定时间点的标准结构文件。如果是 DC 仿真，则文件全名为 test_dc_number，number 表示第 number 个直流偏置点。如果是瞬态仿真，则文件全名为 test_tr_number，number 表示第 number 个瞬态时间步骤。

```
.save master = test
```

4.3.3 瞬态参数

如果元件数值不是一个定值呢？比如要模拟一个开关，在闭合的时候电阻约为零，在打开的时候电阻约为无穷大，依据这一特性，可以使用一个可变电阻来模拟开关。类似的思路，也可使用变化的电流来反映独立电流源的特性。这种随时间变化的参数为瞬态参数，瞬态参数随时间变化的关系有指数(EXP)、高斯(GAUSS)、脉冲(PULSE)、分段线性(PWL)、分段线性函数文件(PWLFILE)、调制正弦(SFFM)、正弦(SIN)和数据表(TABLE)等多种形式。下面给出指数、脉冲、分段线性和数据表四种瞬态参数的定义方式。

指数(EXP)

其语法如下：

```
EXP i1 i2 td1 tau1 td2 tau2
```

EXP 各参数的意义如下：

i1：初始值。

i2：脉冲之后的值。

td1：上升延迟时间。

tau1：上升时间常数。

td2：下降延迟时间。

tau2：下降时间常数。

EXP 的各时间段内数值的函数表达式见表 4.2。

表 4.2　瞬态参数 EXP 的分段函数表达式

时　　间	值
0<t<td1	i1
td1≤t<td2	i1+(i2−i1)*(1−exp[−(t−td1)/tau1])
t≥td2	i1+(i2−i1)*(1−exp[−(t−td1)/tau1])+(i1−i2)*(1−exp[−(t−td2)/tau2])

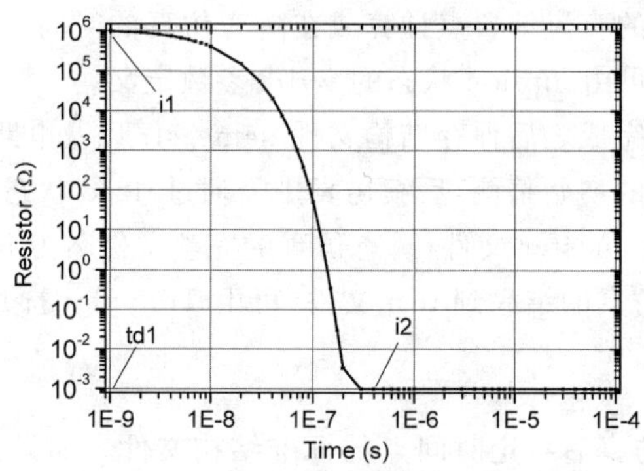

图 4.5　电阻随时间指数下降(模拟开关的闭合动作)

例 4-18　电阻初始值为 1MΩ，然后以指数形式从 1MΩ 降到 10^{-3}Ω，电阻变化见图 4.5。

```
r1 3 4 1mg exp 1mg 1e-3 1e-9 10ns 10 200
```

脉冲(PULSE)

其语法如下：

```
PULSE i1 i2 td tr tf pw per
```

PULSE 各参数的意义如下：

i1：初始值。

i2：脉冲值。

td：脉冲延迟时间。

tr：脉冲上升时间。

tf：脉冲下降时间。

pw：脉冲宽度。

per：周期数。

PULSE 的各时间段内数值的函数表达式见表 4.3。

表 4.3　瞬态参数 PULSE 的分段函数表达式

时间	值	时间	值
0	i1	td+tr+pw+tf	i1
td	i1	td+per	i1
td+tr	i2	td+per+tr	i2(第二周期)
td+tr+pw	i2		

例 4-19　脉冲电流源，结果如图 4.6 所示。

```
i1 1 0 1 pluse 1 5 0.5 0.1 0.1 0.5 5 2
```

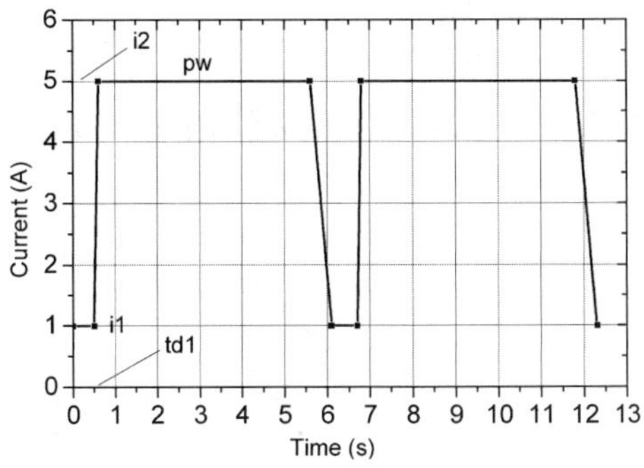

图 4.6　脉冲电流源的电流波形

分段线性(PWL)

其语法如下：

```
PWL t1, v1 [t2, v2 … ] [R = tval]
```

PWL 各参数的意义如下：

t1：初始时间。

v1：对应初始时间的数值。

t2：第二个时间点。

v2：对应第二个时间点的数值。

R：重复的时间点。

例 4-20　分段线性电压源，0 时刻到 1e-7 秒电压为 0，1e-7 秒到 5e-7 秒电压上升到 2700V，5e-7 秒之后，电压恒定为 2700V，结果如图 4.7 所示。

```
v1 1 0 0 pwl 0 0 1e-7 0 5e-7 2700
```

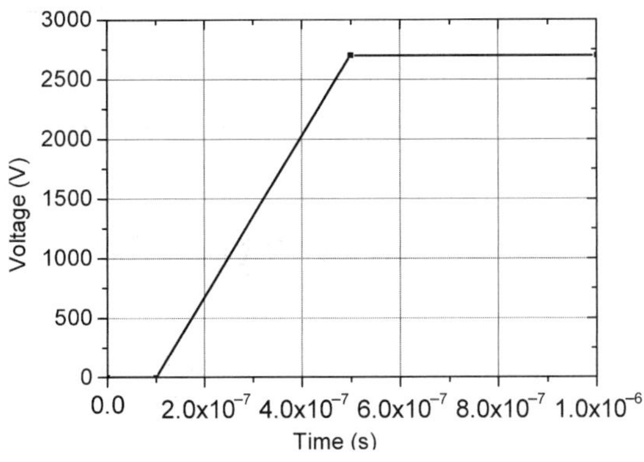

图 4.7　分段线性的电压源电压

数据表(TABLE)

其语法如下：

```
TABLE infile = <table_file_name> [R = tval]
```

"table_file_name"是 ASCII 码格式的文本文件，数据格式分成两列，第一列表示时间，第二列表示数值，数据末尾以 end 结束。样式如下：

```
t1    v1
t2    v2
t3    v3
⋮     ⋮
tn    vn
end
```

如果瞬态时间超过了数据表中的最后一个时间点，那么最后时间点所对应的数值将一直保持到仿真结束。

r：设置重复点。达到重复时间点后再按照数据表中的时间关系对数据进行改变一直到仿真结束。

MixedMode 中规定了数值量纲的默认表达，中英文名称及数值如表 4.4 所示。

表 4.4 数值系数的中英文名称及默认后缀

系数	英文名	中文名	后缀
10^{-15}	femto-	飞	F
10^{-12}	pico-	皮	P
10^{-9}	nano-	纳	N
10^{-6}	micro-	微	U
10^{-3}	milli-	毫	M
10^{3}	kilo-	千	K
10^{6}	mega-	兆	MG
10^{9}	giga-	吉	G
10^{12}	tera-	太	T

4.4 电路仿真示例

由于直流分析相对较简单，所以本书将电路仿真的重点放在瞬态分析上。为了方便读者理解，下面通过例子将前面提到的语法串起来。

4.4.1 FRD 正向恢复仿真

在进行电路仿真之前需要先得到 FRD 的器件结构，得到器件结构的方法在第 2 章和

第 3 章已有详细讲解，这里不再赘述。FRD 结构如图 4.8(a)所示，FRD 正向仿真的电路为图 4.8(b)所示的电路结构。

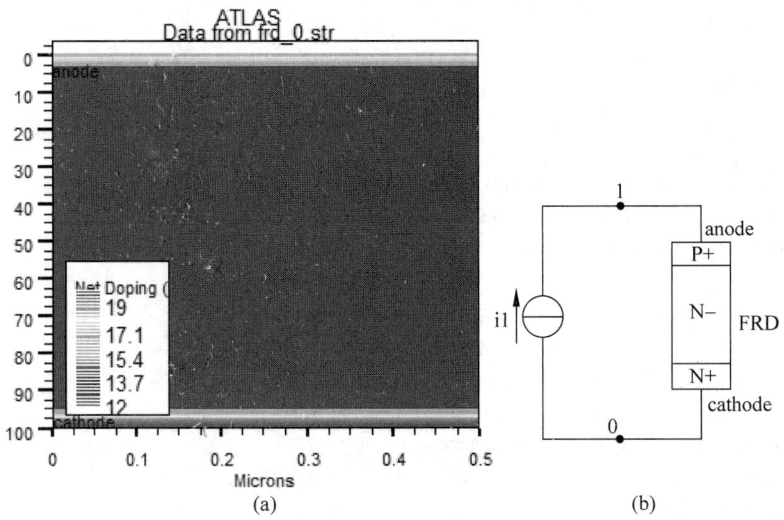

图 4.8 FRD 器件结构和功率二极管最简单的正向恢复电路

例 4-21 FRD 正向恢复仿真，didt=100A/μs。先进行稳态仿真，接着进行瞬态仿真。

```
go atlas
.begin
#   Steady - state simulation of circuit with FRD
#
i1 0 1 0
adiode  0 = cathode 1 = anode width = 5.e7 infile = frd.str

.nodeset v(1) = 0
.numeric lte = 1e - 3 toltr = 1e - 3 vchange = 0.1 imaxdc = 200
#
.save outfile = frd_save
.options fulln print debug
.end

models device = adiode reg = 1 conmob fldmob consrh auger bgn
material device = adiode reg = 1 taun0 = 5e - 6 taup0 = 2e - 6
method gummel block newton maxtrap = 10
###########################################
go atlas
.begin
#   turn on of FRD
#didt = 200A/us
i1 0 1 0 pwl 0 0 1e - 6 0 5e - 6 800
adiode  0 = cathode 1 = anode width = 5.e7 infile = frd.str
#
.numeric lte = 1e - 3 toltr = 1.e - 4 vchange = 10.
.options print relpot write = 5
```

```
#
.log outfile = frd
.load infile = frd_save
.save master = frd
#
.tran 0.1ns 10us
.end

models device = adiode reg = 1 conmob fldmob consrh auger bgn lat.temp
material device = adiode reg = 1 taun0 = 5e - 6 taup0 = 2e - 6
impact device = adiode reg = 1 selb

thermcontact device = adiode num = 1 y.max = 0    ext.temp = 300
thermcontact device = adiode num = 2 y.min = 350 ext.temp = 300

probe device = adiode   name = n_junc n.conc x = 5 y = 20
probe device = adiode   name = p_junc p.conc x = 5 y = 20
probe device = adiode   name = Field_junc field x = 5 y = 20 dir = 270
probe device = adiode   name = lat.temp lat.temp max
quit
```

在功率应用中 PIN 二极管常作为续流二极管，与主开关器件反并联。当主开关器件关断时，由续流二极管提供负载(负载通常是很大的电感)电流，二极管被动导通，称为二极管正向恢复。图 4.9(a)为电流源波形，电流以一定 didt 上升，模拟主开关关断时，续流二极管的电流上升过程。图 4.9(b)为 PIN 二极管正向电压波形，在电流上升的初期，二极管将存在一个电压峰值，didt 越高则该电压峰值也越大。图 4.10(a)是在二极管正向恢复过程中 PN 结处的电子和空穴浓度变化，随着电子和空穴的注入，电导调制效应越来越强，完成正向恢复后载流子浓度不再增加。图 4.10(b)为某一时刻二极管体内纵向的载流子分布。

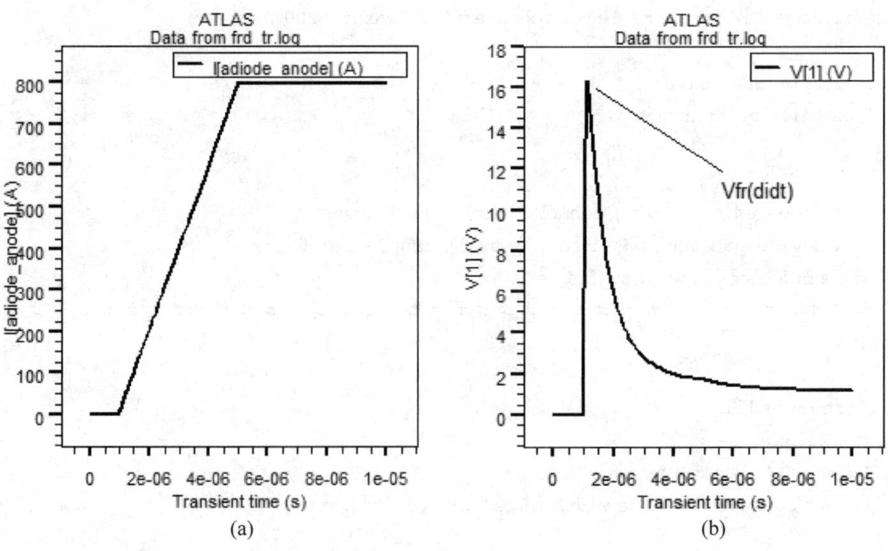

(a) (b)

图 4.9　FRD 正向恢复过程中的电流源和电压波形

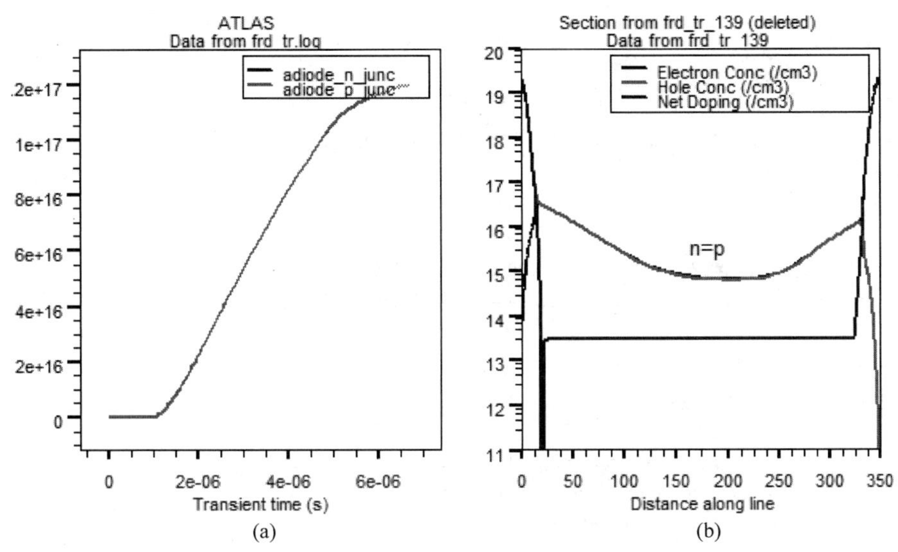

图 4.10 正向恢复过程中 PN 结处的载流子浓度波形及某时刻的纵向载流子分布

例 4-21 的二极管正向恢复仿真包含电路的稳态仿真和瞬态仿真两部分，电路仿真以.begin 开始，然后描述电路的网表、计算方法、精度、保存导入结果等，电路部分的描述以.end 结束。接着是电路内部数值器件的描述，包括物理模型、材料参数、计算方法。当程序逐行运行完这些电路和器件的描述语句后并不立即进行电路和器件的混合求解，而是当遇到 quit 语句或启动仿真器（如下一个 go atlas）之后才开始。因此瞬态求解的最后一句 quit 是不能省略的。

4.4.2 FRD 反向恢复仿真

在功率器件的双脉冲测试电路中，FRD 作为续流二极管在主开关器件第二次开通时将经历反向恢复过程。图 4.11 为反向恢复仿真的简化电路，第一阶段的稳态仿真计算二极管在通态电流下的电路特性。第二阶段仿真反向恢复过程，反向恢复的电流下降速率由电压源电压和电感决定。

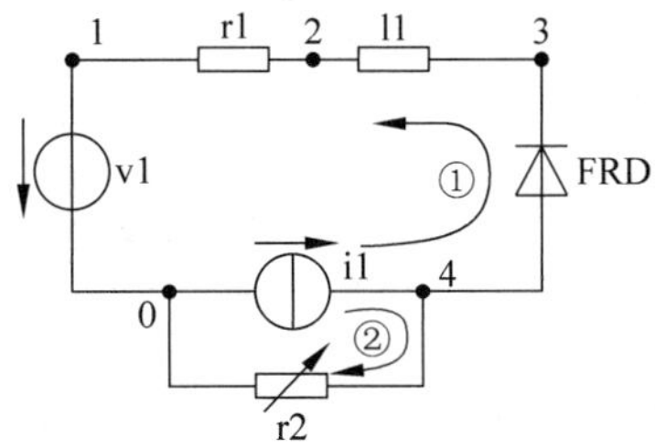

图 4.11 FRD 反向恢复简化电路

例 4-22 FRD 的反向恢复仿真，FRD 电流下降速率 didt＝200A/μs。

```
go atlas
.begin
#  Steady - state simulation of circuit with FRD
```

```
#
v1 1 0  400.
r1 1 2  1m
l1 2 3  2uH
adiode  3 = cathode 4 = anode width = 5.e7 infile = frd.str
r2 4 0  1mg
i1 0 4  500.
#
.nodeset v(1) = 400 v(2) = 400 v(3) = 400 v(4) = 402.5
.numeric lte = 1e-3 toltr = 1e-3 vchange = 0.1 imaxdc = 200
#
.save outfile = frd_save
.options fulln print debug
.end
models device = adiode reg = 1 conmob fldmob consrh auger bgn
material device = adiode reg = 1 taun0 = 5e-6 taup0 = 2e-6
method gummel block newton maxtrap = 10
###########################################
go atlas
.begin
#   Reverse recovery of FRD  didt = 200A/us
#
v1 1 0  400.
r1 1 2  1m
l1 2 3  2uH
adiode  3 = cathode 4 = anode width = 5.e7 infile = frd.str
r2 4 0  1mg EXP 1mg 1e-3 0. 20ns 10 200
i1 0 4  500
#
.numeric lte = 1e-3 toltr = 1.e-4 vchange = 10.
.options print relpot write = 50
#
.log outfile = frd
.load infile = frd_save
.save master = frd
#
.tran 0.1ns 10us
.end

models device = adiode reg = 1 conmob fldmob consrh auger bgn lat.temp
material device = adiode reg = 1 taun0 = 5e-6 taup0 = 2e-6
impact device = adiode reg = 1 selb
thermcontact device = adiode num = 1 y.max = 0 ext.temp = 300
thermcontact device = adiode num = 2 y.min = 350 ext.temp = 300
probe device = adiode   name = n_junc n.conc x = 5 y = 20
probe device = adiode   name = p_junc p.conc x = 5 y = 20
probe device = adiode   name = Field_junc field x = 5 y = 20 dir = 270
probe device = adiode   name = lat.temp lat.temp max
quit
```

FRD反向恢复过程中会有负的电流峰值和负的电压峰值，这一方面和器件结构有关，同时也决定于电路(尤其是 didt)。反向恢复失效是功率 FRD 的重要失效模式之一,因为反向恢复过程中电感上的电动势会叠加在 FRD 上,使其反向电压可以远高于电源电压。如图 4.12(a)所示,反向恢复的峰值电压将近 1100V,远超过电源电压的 400V。运用 probe 参数可以保存瞬态电路仿真过程中的某些物理量至 log 文件,例如图 4.12(b)为晶格最高温的波形。

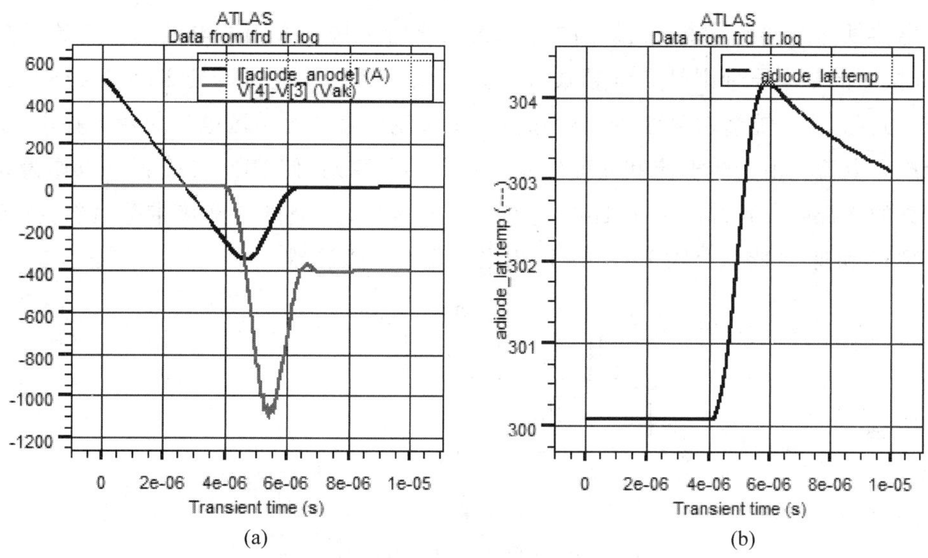

图 4.12 反向恢复的电流和电压波形及温度波形

MixedMode 电路仿真同样可以运用 Giga 仿真模块来求解器件的晶格自加热效应,其定义方式与第 3 章器件仿真的热学特性仿真部分相同,运用 Giga 仿真之后器件温度分布等热学信息将保存在结构文件中,如图 4.13 所示。

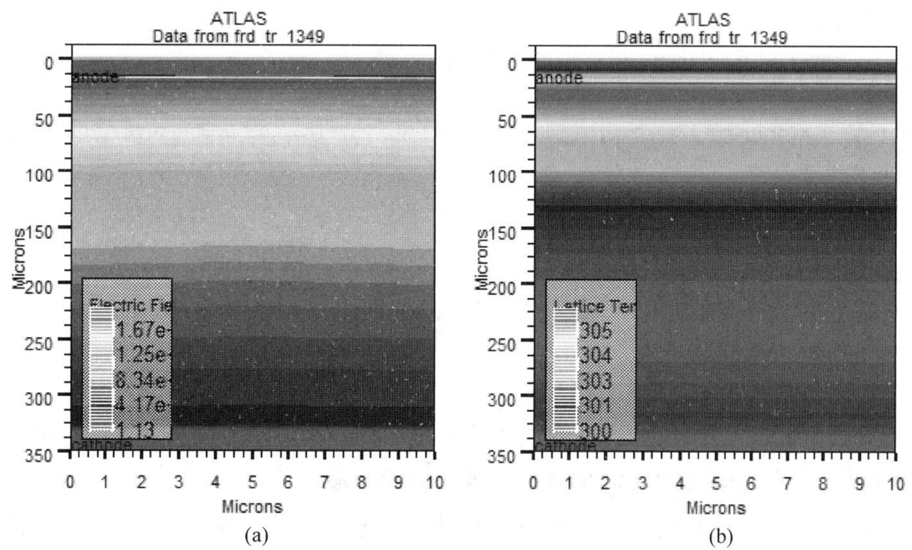

图 4.13 反向恢复过程中某时刻的电场强度分布和晶格温度分布

4.4.3 PIN二极管的光响应仿真

此前FRD的正向恢复和反向恢复仿真的两个例子都是由于电压源和电流源的值随时间改变从而造成电路的瞬态变化的(当然可变电阻也是主要的控制手段),MixedMode也可以定义可变的光源,于是可以仿真光电器件的光响应过程。

光电器件的类型比较多,最简单的是PIN二极管结构。太阳能电池的基本原理是光伏效应,光探测的基本原理则是光电导效应。如图4.14所示,电压源使PIN二极管反偏,当PIN施加光照(光子能量超过禁带宽度)时,光生载流子将在耗尽区电场作用下往电极漂移,从而形成光电流。由于光电流和光强以及波长的某种联系,使PIN二极管可以作为光的探测器。硅的本征吸收长波限为1.1μm,达到了红外光区域,但硅是间接带隙材料,探测效率不高。V_xO和Ⅲ-Ⅴ族化合物InGaAs可用来制作红外探测器。

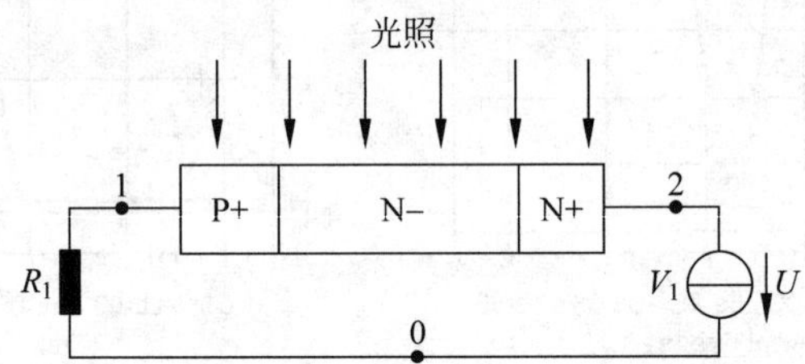

图4.14 PIN二极管的瞬态光响应仿真电路

例4-23 器件仿真得到PIN二极管结构。

```
go atlas
init infile = frd0.str width = 1e6
models conmob  fldmob consrh   bgn
impact selb
material material = silicon taun0 = 20e - 6 taup0 = 20e - 6

beam num = 1 x.origin = 12 y.origin = 175 angle = 180  wavelength = 0.3   rays = 100
method newton trap
output opt.intens

solve init
solve b1 = 5
save outfile = frd_opto.str
tonyplot frd_opto.str
```

图4.15(a)为PIN二极管结构,图4.15(b)为在PIN二极管侧面施加光照后的光强分布。可以预想,存在光电流的区域也就是光被吸收的区域。

为了防止不收敛,通常的做法是先将所有网点的电压偏置为零,计算这种情况下的稳态响应,然后再分析电路的瞬态响应。

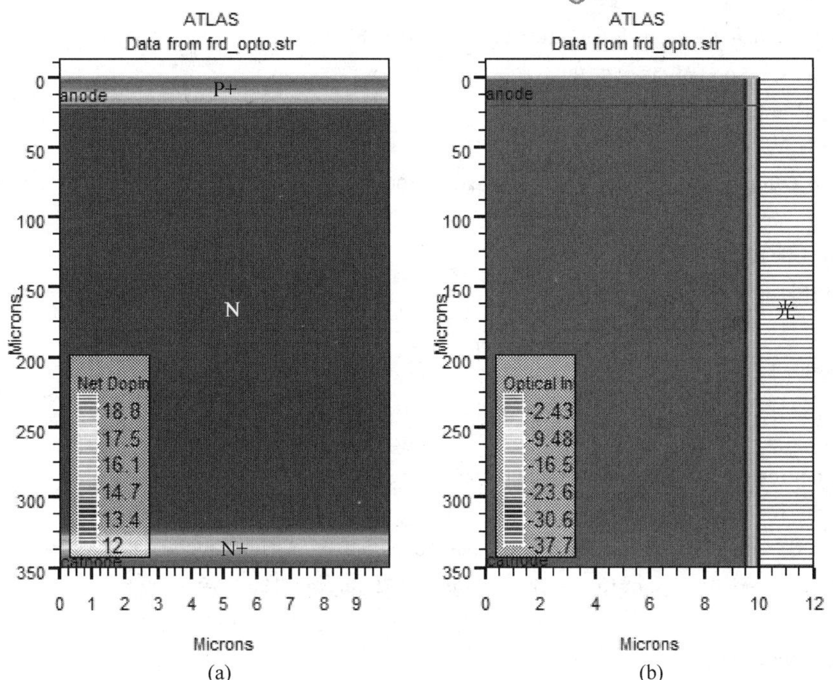

图 4.15 PIN 二极管结构及侧面施加光照后的光强分布

例 4-24 PIN 二极管的光电响应仿真，网表中的 o1 是光源。

```
go atlas
.begin
r1 0 1 1
adiode 1 = anode 2 = cathode infile = frd0.str width = 1e6
v1 2 0 0
o1 1 0

.nodeset v(1) = 0 v(2) = 0
#
.numeric toldc = 1e - 3 vchange = 0.5 imaxdc = 500
.save outfile = frd
.end

models   conmob   fldmob srh auger   bgn
material   material = silicon taun0 = 20e - 6 taup0 = 20e - 6
beam device = adiode x.origin = 12 y.origin = 175 angle = 180   wavelength = 0.3

method gummel newton
##########################################
go atlas
.begin
#
r1 0 1 1
```

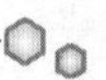

```
adiode 1 = anode 2 = cathode infile = frd0.str width = 1e6
v1 2 0 pwl 0 0 1e-7 0 5e-7 100
o1 1 0 pulse 0 20 1e-5 5e-7 5e-7 40e-6 1

.numeric toldc = 1e-3 vchange = 0.5 imaxdc = 500
.options   write = 10
.tran 0.1ns 100us
.load infile = frd
.log outfile = frd
.save master = frd
.end

models device = adiode conmob   fldmob consrh   bgn
impact device = adiode selb
material device = adiode material = silicon taun0 = 20e-6 taup0 = 20e-6
beam device = adiode   x.origin = 12 y.origin = 175 angle = 180   wavelength = 0.3

method gummel newton
quit
```

图 4.16(a)为光强和光电流的波形，由于载流子需要一定的响应时间，所以光电流有一定滞后。直流光电导衰减法可以测量载流子寿命，即光照撤掉后，根据光电流的衰减曲线来计算少子的寿命。直流光电导法中电流下降到原来值的 1/e(e 为自然对数的底，e=2.718)所用的时间就是少子寿命。图 4.16(b)为有光照时的电流密度分布，二极管反偏时 PN 结边界处存在耗尽区，而当侧面施加光照后，耗尽区内的光生载流子将形成电流。光电流主要存在于光吸收的区域，因为只有这个区域才有光生载流子，才可能引起光电导效应。图 4.17(a)为二维空穴浓度分布，图 4.17(b)为纵向一维的载流子浓度分布，可见光注入也实现了电导调制效应。图 4.16(b)及图 4.17(b)对应图 4.16(a)中光电流稳定的时刻(箭头)。

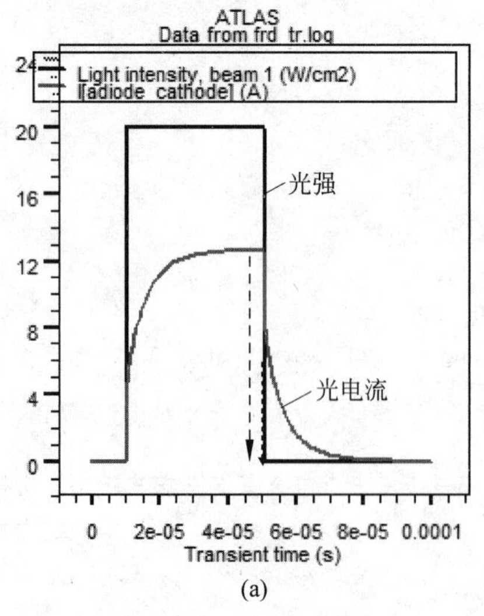

(a)

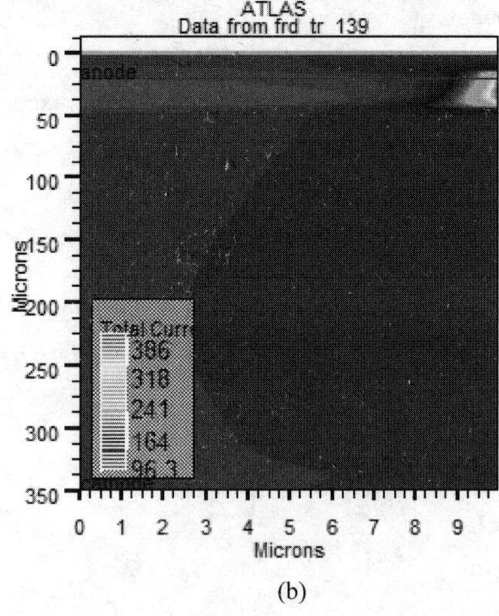

(b)

图 4.16　光强和光电流波形和光照时的电流密度分布

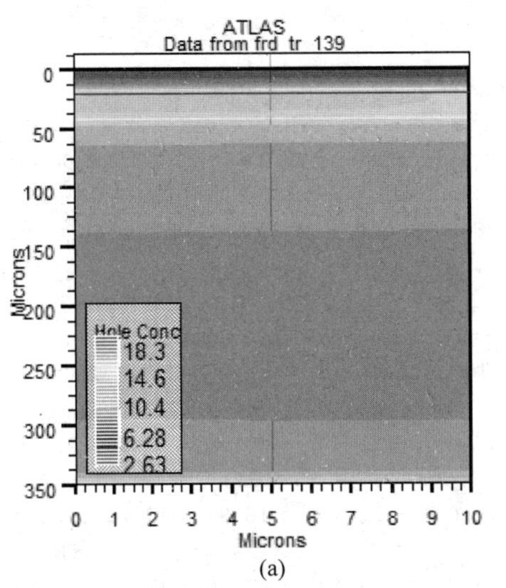

(a)

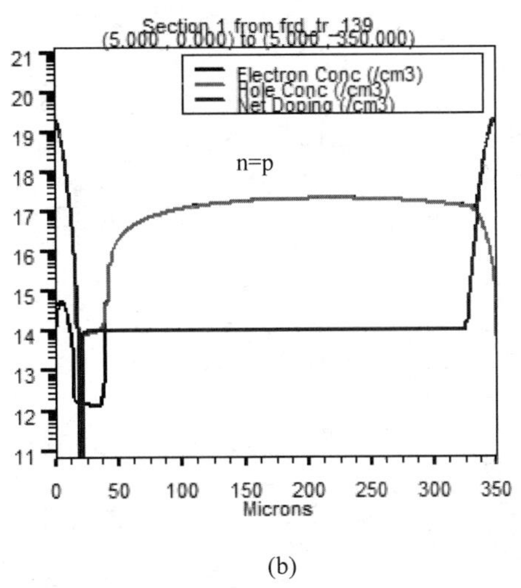

(b)

图 4.17 光照时二维空穴浓度分布和光照时纵向一维载流子浓度分布

4.5 电路仿真结果分析

MixedMode 既然是器件-电路混合仿真，那么仿真的结果必然包含器件和电路两大部分。器件仿真的结果主要是数值器件内部的物理量，如电子浓度、空穴浓度、电势、电场分布等。电路仿真结果主要是电路中的电压和电流信息，电压是每一节点的电压，电流为每一支路的电流或数值器件某电极的电流。

4.5.1 结果输出形式

1. 实时输出

仿真计算都会在 Deckbuild 的实时输出窗口中显示每一步计算的大体信息，器件仿真的实时输出在 3.8.1 节有详细描述，MixedMode 的实时输出的主要信息是网点电压和数值器件在电路求解后的电极的电压和电流。MixedMode 仿真的实时输出样式如下：

```
Starting module:   SPISCES
Starting module:   GIGA
Starting module:   MIXEDMODE

Reading MASTER format file frd_save from ATLAS.
 Read 390 nodes.
 Read 516 triangles.
 Read 3 regions.
 Read 2 electrodes.
 165870 net bytes allocated during read.

Electrode bias information:
 V(   anode    ) =   1.053648E+00
```

```
V( cathode  ) =   0.000000E+00

prev            psi      n       p      TL      psi      n       p      TL       V
direct           x       x       x       x      rhs     rhs     rhs     rhs
  i   imm m  -5.00*  -5.00*  -5.00*  -5.00*  -26.0*  -17.3*  -17.3*   2.00*  -4.00*
--------------------------------------------------------------------------------------
  1    0  N  -4.045  -3.448  -3.397  -3.578  -27.4*  -12.39  -12.64   5.685

prev            psi      n       p      TL      psi      n       p      TL       V
direct           x       x       x       x      rhs     rhs     rhs     rhs
  i   imm m  -5.00*  -5.00*  -5.00*  -5.00*  -26.0*  -17.3*  -17.3*   2.00*  -4.00*
--------------------------------------------------------------------------------------
  1    0  N  -7.72*  -7.59*  -7.59*  -7.24*  -27.4*  -13.96  -13.68   0.61*
  1    1                                                             -1.690
  1    1  N  -11.4*  -11.2*  -11.2*  -14.6*  -27.4*  -16.97  -17.26   0.61*
  1    2                                                             -1.681
  1    2  N  -14.9*  -12.7*  -14.3*  -16.0*  -27.4*  -17.20  -17.27   0.61*
  1    3                                                             -1.672
  1    3  N  -15.2*  -13.5*  -15.0*  -16.0*  -27.4*  -17.11  -17.4*   0.61*
  1    4                                                             -1.663
  1    4  N  -15.1*  -13.5*  -15.1*  -16.0*  -27.4*  -16.97  -17.6*   0.61*
  1    5                                                             -1.653
  1    5  N  -15.0*  -12.8*  -15.2*  -16.0*  -27.4*  -17.11  -17.3*   0.61*
  1    6                                                             -1.643
  1    6  N  -15.1*  -13.2*  -15.3*  -16.0*  -27.4*  -16.97  -17.15   0.61*
  1    7                                                             -1.633
  1    7  N  -15.3*  -13.3*  -15.1*  -16.0*  -27.4*  -17.11  -17.26   0.61*
  1    8                                                             -1.623
  1    8  N  -15.1*  -12.7*  -14.9*  -16.0*  -27.4*  -16.97  -17.3*   0.61*
  1    9                                                             -1.613
  1    9  N  -15.0*  -12.8*  -15.2*  -16.0*  -27.4*  -17.11  -17.4*   0.61*
  1   10                                                             -1.602
  1   10  N  -8.45*  -7.61*  -7.54*  -11.0*  -27.4*  -15.44  -15.90   0.76*
  1   11                                                             -11.2*

**********************************************************************
Transient step # 1
Transient time: 1e-010 (seconds)
Transient step: 1e-010 (seconds)

MASTER format file written to frd_tr_0 at Sun Aug 25 08:32:48 2013

prev            psi      n       p      TL      psi      n       p      TL       V
direct           x       x       x       x      rhs     rhs     rhs     rhs
  i   imm m  -5.00*  -5.00*  -5.00*  -5.00*  -26.0*  -17.3*  -17.3*   2.00*  -4.00*
--------------------------------------------------------------------------------------
  1    1                                                             -11.2*
  1    1  N  -7.27*  -11.1*  -11.2*  -16.6*  -27.4*  -17.02  -17.28   1.09*
  1    2                                                             -3.956
  1    2  N  -15.1*  -13.4*  -15.7*  -16.3*  -27.4*  -16.87  -17.09   1.51*
  1    3                                                             -7.23*
```

```
Solution for circuit nodal voltages:
V[1] = 400
V[2] = 400.5
V[3] = 400.5
V[4] = 401.6

Solution for ATLAS device electrodes:
Device      Electrode           Voltage (V)     Current (A)
adiode      cathode             400.506          -4.999996e+002
adiode      anode               401.559          4.999996e+002
Total                                              -1.378453e-009

Temperature solution summary (K):
Device      Type       Minimum       Maximum
adiode      Lattice     300.0         300.1

Time for bias point/time step: 4.187 seconds
Total time                   : 6.015 seconds

MASTER format file written to frd_tr_1 at Sun Aug 2 08:32:49 2013

******************************************************************
Transient step # 2
Transient time: 2e-010 (seconds)
Transient step: 1e-010 (seconds)
...
```

2. 结构文件

请读者留意一下电路仿真的实时输出样式中有一句"MASTER format file written to frd_tr_1 at..."，这行代码的意思是将电路在第一个瞬态时间点计算得到的数值器件的结果保存在文件"frd_tr_1"中，而 option 命令的 write 参数可以定义保存文件的频率。output 命令在 MixedMode 仿真器中同样可以使用。

3. 日志文件

MixedMode 仿真保存的日志文件主要是电路网点的电压以及元件的电流。采用 probe 命令可以保存器件内的某一些量随时间的变化，这在某种程度上可以降低对保存结构文件的频度的依赖，从而节省硬盘空间和加快计算（保存文件将耗费可观的计算时间）。

4.5.2 结果分析

1. Deckbuild 提取

对于保存的日志文件，可以使用 Deckbuild 提取命令来进行一定的操作（比如计算光电池的开路电压和短路电流）。

2. Tonyplot 显示

Tonyplot 用于显示结构文件和日志文件，也能进行一定的处理。

思考题与习题

1. 简述电路仿真的流程。
2. 描述图 4.18 所示电路的网表。

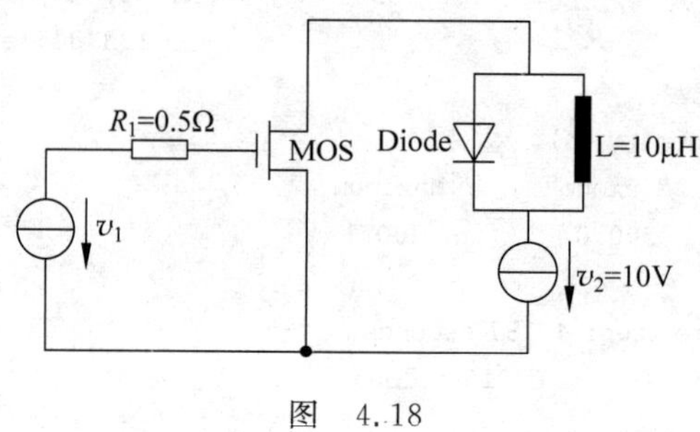

图 4.18

3. MOS 采用第 2 章习题 7 的结构，用习题 2 所示电路仿真 MOS 的阈值电压和输出特性曲线。

4. 仿真 MOS 的均流和延迟，电路结构如图 4.19 所示(MOS1 和 MOS2 可以是第 2 章习题 7 的结构，也可以使用不同结构)，v_2 先加到 5V，然后施加门极脉冲。

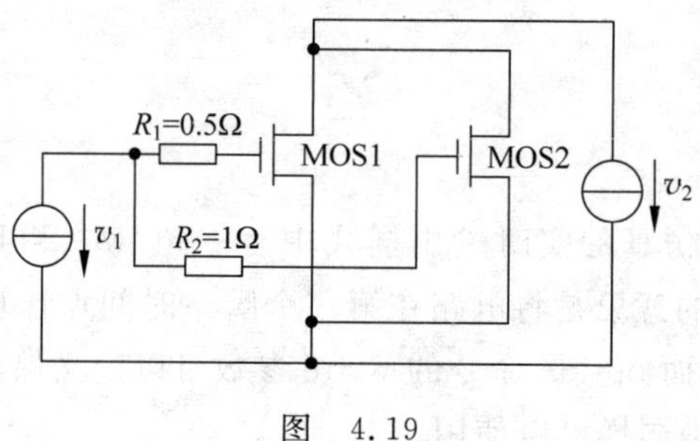

图 4.19

第 5 章

高级特性

第 2 章和第 3 章分别介绍了二维工艺仿真和二维器件仿真。二维仿真的模型很丰富，虽然有些是经验参数和经验公式，但是可以仿真的特性很多，是非常成熟的技术。Silvaco TCAD 也可以仿真一维和三维的工艺及器件特性。SSuprem3 是一维仿真器，在 ATHENA 中可直接调用。产品 ATHENA1D 是 ATHENA 的一维实现形式。三维仿真器 Victory 可以进行三维工艺仿真、三维器件仿真和三维应力仿真等，对应产品为 VictoryCell 和 VictoryProcess、VictoryDevice 和 VictoryStress。本章三维仿真部分只介绍 ATLAS3D 和 VictoryCell。

Silvaco TCAD 有很强的扩展功能，这些功能包括自定义材料、C 注释器描写参数和工艺校准等，实现起来也很方便。

5.1 C 注释器

Silvaco 有内建的 C 注释器(Silvaco C-Interpreter (SCI))，语法很简单，读起来很方便。C 注释器编写的函数文件可用来描述器件的参数，可实现用户定制参数的功能。

以下是定义迁移率随组分、温度和掺杂变化的一个例子。

```
#include <stdio.h>
#include <stdlib.h>
#include <math.h>
#include <ctype.h>
#include <malloc.h>
#include <string.h>
#include <template.h>
/*
 * Electron velocity saturation model.
 * Statement: MATERIAL
 * Parameter: F.MUNSAT
 * Arguments:
 * tl     lattice temperature (K)
 * na     acceptor concentration (per cc)
```

```
  * nd     donor concentration (per cc)
  * e      electric field (V/cm)
  * v      saturation velocity (cm/s)
  * mu0    low field mobility (cm^2/Vs)
  *  *mu    return: field dependent mobility (cm^2/Vs)
  *  *dmde return: derivative of mu with e
  */
int munsat(double tl, double na, double nd, double e,double v,double mu0,double *mu,double *
dmde)
{
/*
  * The following body is set up to emulate the built-in function
  * set by the FLDMOB parameter of the MODELS statement for
  * silicon.  (NOTE: This is for ease of understanding.  Speed
  * improvements can and should be made for user applications.)
  */
    double beta, a, b, c, d, da, db, dc, dd;
    if(e == 0.0)
    {
        *mu = mu0;
        *dmde = 0.0;
    }
    else
    {
        beta = 2.0;                    /* 2 for electrons in silicon */
/*
  * Function evaluation.
  */
        a = mu0*e/v;
        b = pow(a,beta);
        c = 1.0 / (1.0 + b);
        d = pow(c,1.0/beta);
        *mu = mu0*d;
/*
  * Derivative evaluation.
  */
        da = mu0/v;
        db = beta*b/a*da;
        dc = -1.0*pow(1.0+b,-2.0)*db;
        dd = d/(beta*c)*dc;
        *dmde = mu0*dd;
    }
    return(0);                         /* 0 - ok */
}
```

编写的时候需要指明变量，然后对变量的关系进行描述，最后得到目标变量表达式。“return(0)”中的“0”表示 OK，如果是“1”则为 Fail。

C 注释器编写的文件保存为 *.lib 文件，在仿真中调用时需在材料参数处指明函数文件。

例 5-1 由函数文件 my_mun. lib 定义材料参数的迁移率。

```
material f.conmun = "my_mun.lib"
```

目录 X:\sedatools\lib\Atlas\<version_number>. R\common 下的 template. lib 为函数文件的模板，模板中有函数文件编写的规范表述以及很多已编好的函数文件，从这个模板文件中能找到所需的信息。模板 template. lib 的开头部分形如"#include <stdio. h>"为 C 注释器的定义，math. h 中则包含一些常量的数值和可直接使用的函数形式。

注意，将函数文件(F. ***)和器件仿真时介绍的折射率文件(波长和折射率)和 power. file(强度和波长)等相区别。

5.2 自定义材料

5.2.1 材料类型

ATLAS 中所有的材料都是半导体、绝缘体和导体等三类材料中的一种。每一类材料都有相应的特性参数。

1. 半导体

半导体材料必须设定能带参数(E_g、N_C、N_V、χ、align 等)，仿真时所选择的模型的相应方程都会进行计算。当模型中设置了参数 print 时，半导体材料以及采用的模型都将在实时输出窗口中列出来。

如果半导体区域被定义成电极(如多晶硅栅)，那么它将会被当成导体对待。

2. 绝缘体

绝缘体材料只会计算 Poisson 方程和晶格热方程，绝缘体材料要设定介电常数。

3. 导体

所有导体材料必须定义成电极，并且所有电极也都会被认为是导体。如果结构内含有导体区域，则会自动当成未命名的电极。如果含有未知材料则会认为它就是绝缘体材料。

电学仿真时，只会计算电极边界的网格点的特性。电极内部的网格点只在光电仿真时计算光线轨迹和光的吸收。

ATLAS 仿真时已知的材料及其类型如下：

单质半导体：Silicon，Poly，Germanium，Diamond。

二元化合物半导体：GaAs，GaP，CdSe，SnTe，SiGe，InP，CdTe，ScN，SiC-6H，InSb，HgS，GaN，SiC-3C，InAs，HgSe，AlN，SiC-4H，AlP，ZnS，HgTe，InN，AlAs，ZnSe，PbS，BeTe，AlSb，ZnTe，PbSe，Zn0，GaSb，CdS，PbTe，IGZO。

三元化合物半导体：AlGaAs，GaSbP，InAlAs，GaAsP，InGaAs，GaSbAs，InAsP，HgCdTe，InGaP，InGaN，AlGaN，CdZnTe，InAlP，InGaSb，InAlSb，AlGaSb，InAsSb，GaAsSb，AlAsSb，InPSb，AlPSb，AlPAs，AlGaP。

四元化合物半导体：InGaAsP，AlGaAsP，AlGaAsSb，InAlGaN，InGaNAs，InGaNP，AlGaNAs，AlGaNP，AlInNAs，AlInNP，InAlGaAs，InAlGaP，InAlAsP。

绝缘体：Vacuum，Oxide，Nitride，Si_3N_4，Air，SiO_2，SiN，Sapphire，Ambient，InPAsSb，InGaAsSb，InAlAsSb，$CuInGaSe_2$，HfO_2，$HfSiO_4$，OxyNitride，Al_2O_3，BSG，BPSG。

导体：Polysilicon，Palladium，TiW，TaSi，Aluminum，Cobalt，Copper，PaSi，Gold，Molybdenum，Tin，PtSi，Silver，Lead，Nickel，MoSi，AlSi，Iron，WSi，ZrSi，Tungsten，Tantalum，TiSi，AlSi，Titanium，AlSiTi，NiSi，Conductor，Platinum，AlSiCu，CoSi，Contact，ITO。

有机物：Organic，Pentacene，Alq_3，TPD，PPV，Tetracene，NPB，IGZO。

5.2.2 自定义材料

Silvaco TCAD 具有自定义材料功能，可以定义程序中没有包含的材料。5.2.1 节提到材料分成半导体、绝缘体和导体三种，所以自定义的材料也必须是其中的一种。

例 5-2 参数 user.group 定义材料类型。

```
user.group = semiconductor

user.group = insulator

user.group = conductor
```

例 5-3 参数 user.material 定义材料名称。

```
user.material = my_material
```

例 5-4 新定义的材料特性基于已有的材料。

```
user.default = silicon
```

以自定义 GaMnAs 为例，在 GaAs 中引入 Mn 元素可形成稀磁半导体 GaMnAs，于是自定义 GaMnAs 就可以以 GaAs 为基础，再适当修改某些参数即可。

例 5-5 自定义 GaMnAs 材料，形成铁磁半导体的隧穿结构，参数 degeneracy 为自旋退化因子。本例重在展示如何自定义材料，参数定义仅作参考，尤其是自旋退化因子。

```
go atlas
mesh
x.m  l = 0.0  spac = 0.1
x.m  l = 5.0  spac = 0.1
y.m  l = 0.0  spac = 0.05
y.m  l = 3.2  spac = 0.05
y.m  l = 5.0  spac = 0.1

region  num = 1  user.material = GaMnAs y.max = 0.3
region  num = 2  material = AlAs y.min = 0.3  y.max = 0.35
region  num = 3  user.material = GaMnAs y.min = 0.35
#
material material = GaMnAs  user.group = semiconductor  user.default = GaAs  \
    permittivity = 13.2 eg300 = 1.44 affinity = 4.07  augn = 5e - 30 augp = 9.9e - 32  \
    vsat = 7.7e6  degeneracy = 0.3
```

```
#
model fldmob srh auger bgn print temperature = 300
output con.band val.band band.para

save outfile = my_GaMnAs.str
tonyplot   my_GaMnAs.str
```

图 5.1 所示结构中，上下两层为自定义的 GaMnAs 材料，中间层为 AlAs。

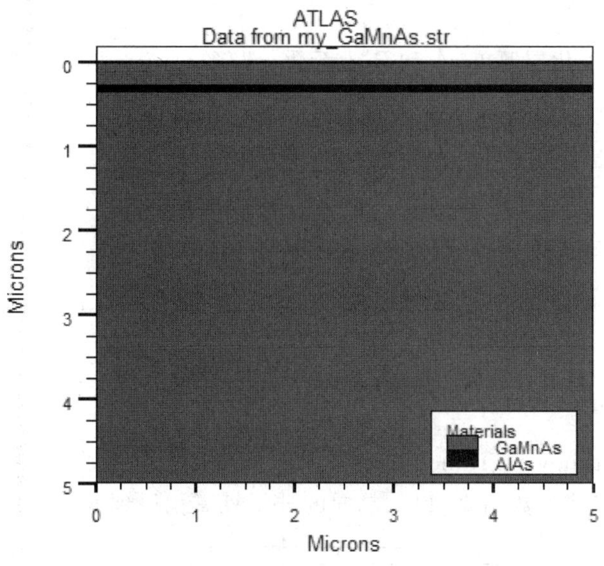

图 5.1 自定义材料 GaMnAs

5.3 工艺参数校准

对于实际生产的情形，工艺控制一直都是需要关注的问题，例如重复性、一致性等特性。结果可能和使用的设备有很大关系，即使是同型号的设备在同样的条件下也可能得到不同的结果。那么，需要针对相应的设备及其状态来探索工艺条件。对于仿真计算，也难免和实验有偏差。怎样尽量减少这种偏差，以使仿真具有更强的指导意义和说服力呢？这就需要对仿真的参数进行校准了。

在第 2 章的结尾曾介绍过工艺优化，应注意“工艺优化”和“工艺参数校准”是不同的概念。工艺优化是在不改变模型参数的情况下得到合适的工艺条件，而工艺参数校准是对模型方程中的参数进行更改以使仿真和实验结果达到一致。实际处理的思路可以是对实验结果按特定的方程形式来进行拟合，拟合得到的参数即可作为新的工艺模型参数。

启动工艺仿真器 ATHENA 时会在实时输出窗口中显示导入模型系数文件 athenamod。文件 athenamod 里含有默认的模型参数，从手册中可以查到方程表达式及参数的默认数值和单位等信息。

例如，athenamod 开头部分就提到了薄氧氧化系数的信息。

```
# ---------- thin dry coeffs
oxide silicon dryo2 orient = 111 thinox.0  = 5.87e6 thinox.e  = 2.32 \
```

```
    thinox.l = 0.0078 thinox.p = 1.0
oxide silicon dryo2 orient = 110 thinox.0  = 5.37e4 thinox.e  = 1.80 \
    thinox.l = 0.0060 thinox.p = 1.0
oxide silicon dryo2 orient = 100 thinox.0  = 6.57e6 thinox.e  = 2.37 \
    thinox.l = 0.0069 thinox.p = 1.0
```

在一般的工艺参考书上都会提到由胡克扩散定律推导而来的氧化层生长速率的表达式

$$\frac{\mathrm{d}x_0}{\mathrm{d}t} = \frac{B}{A + 2x_0} \tag{5.1}$$

其中 x_0 为某时刻的氧化层厚度，A 和 B 为系数，且有

$$A = 2D_{\text{eff}}\left(\frac{1}{k} + \frac{1}{h}\right) \tag{5.2}$$

$$B = 2D_{\text{eff}}\frac{C^*}{N_1} \tag{5.3}$$

而当氧化层很薄（<500Å）①时，氧化速率又有所不同，

$$\frac{\mathrm{d}x_0}{\mathrm{d}t} = \frac{B}{A + 2x_0} + R \tag{5.4}$$

R 可表示为

$$R = \text{thinox.0} \cdot \mathrm{e}^{\frac{\text{thinox.e}}{kt}} \mathrm{e}^{\frac{x_0}{\text{thinox.l}}} P^{\text{thinox.p}} \tag{5.5}$$

其中参数 thinox.0、thinox.e、thinox.l、thinox.p 为薄氧氧化系数，P 为气氛中的氧分压。

图 5.2 为采用默认参数仿真[111]晶向的硅干氧氧化得到的氧化层厚度和时间的关系。

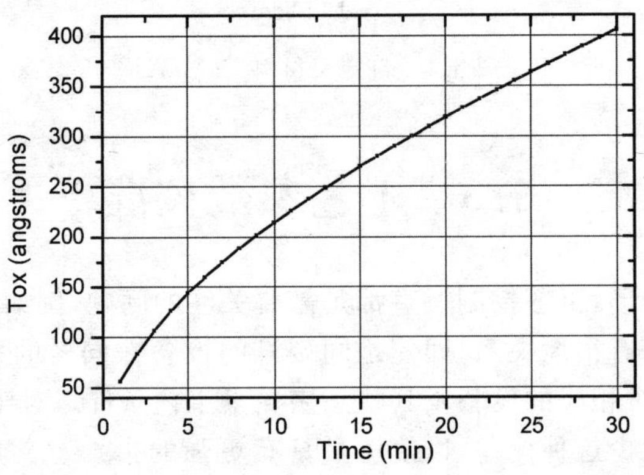

图 5.2　仿真得到的氧化层厚度和氧化时间的关系

因为实际情况下直接得到的是厚度数据，需要先将其转换为速率和厚度的关系，如图 5.3 所示。

如果实验结果和仿真结果有差异，那么差异是体现在 R 上的，若定义 R_0 为原模型的参数，R_1 为需要校准之后的参数，那么

$$R_1 = R_0 + \Delta R = \text{thinox.0}' \mathrm{e}^{\frac{\text{thinox.e}'}{kt}} \mathrm{e}^{\frac{x_0}{\text{thinox.l}'}} P^{\text{thinox.p}} \tag{5.6}$$

R_0 已知，ΔR 已知，于是可以拟合出新的模型参数 thinox.0′、thinox.e′、thinox.l′。工艺参数修改的方法是在 Deckbuild 窗口中输入相应的参数，样式可参考 athenamod 文件的写法。

① 1Å$=10^{-10}$m。

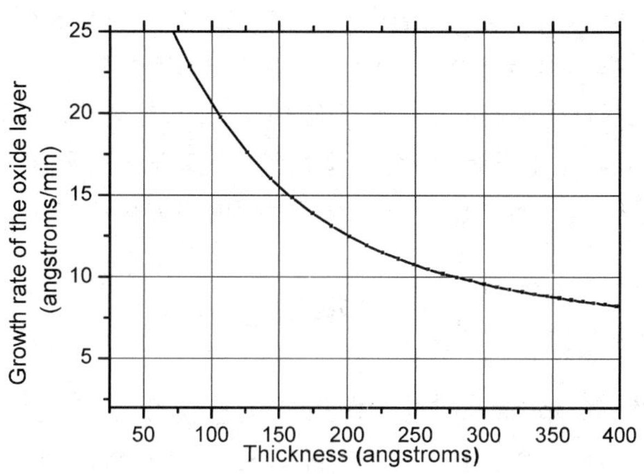

图 5.3 不同厚度时的氧化层生长速率

例 5-6 干氧氧化的模型参数校准。

```
go athena1d
line y loc = 0      spacing = 0.001
line y loc = 0.50   spacing = 0.02
init silicon c.phos = 1.0e14 orient = 111

diffuse time = 30 temperature = 1000 dryo2 press = 1   dump = 2 dump.prefix = original
structure outfile = oringal_30min.str

extract name = "Tox1" thickness oxide mat.occno = 1 x.val = 0
##########################################
go athena1d
line y loc = 0     spacing = 0.001
line y loc = 0.50   spacing = 0.02
init silicon c.phos = 1.0e14 orient = 111

oxide silicon dryo2 orient = 111 thinox.0 = 1e5 thinox.e = 3   \
    thinox.l = 0.01   thinox.p = 1.0

diffuse time = 30 temperature = 1000 dryo2 press = 1   dump = 2 dump.prefix = change_para
structure outfile = change_30min.str

extract name = "Tox2" thickness oxide mat.occno = 1 x.val = 0
```

例 5-6 采用默认模型的干氧厚度为 415.008nm，修改参数后干氧厚度 327.271nm。例中 Y 轴表面的网格间距很小，为 0.001μm，因为氧化层厚度本来就很薄，只有将网格定义得精细才能体现出明显的差别并得到合理的结论。网格定义是一方面，读者也可以尝试将例子中的工艺步骤增多会有怎样的影响，比如保持总的氧化时间为 30min 不变，将氧化分成多次来完成。其结果将是多步实现氧化与单步氧化的结果有所不同，主要是增加工艺步骤的话，使误差积累得也很厉害。作者建议在看连续步骤的效果时，可以每一个节点的数据都从最开始进行计算，以避免误差的累积，或者像例 5-6 中一样采用 dump 和 dump.prefix 保存中间步骤的结构。

在 X:\sedatools\lib\Athena\<version_number>.R\common 的 athenamod 文件中可以找到其他工艺模型参数，然后结合手册的说明去校准模型参数。

Silvaco TCAD 的器件仿真是基于一系列物理模型的，对应特定的模型方程。方程的某些参数可以在 material 状态里设置，结合模型选择、计算方法选择和 C 注释器自定义表达式可以灵活地仿真，所以对于器件仿真部分没有专门的参数校准。

5.4 DBinternal

Silvaco TCAD 除了 Optimizer 工具来进行工艺优化之外，另外还有专门的 DOE (design of experiments，实验设计)工具，它们是 DBinternal 和 VWF。DBinternal 是 Deckbuild 的工具，主要思想是调用已有的输入文件，然后对全局变量进行扫描来实现 DOE。

DBinternal 的运行需要 Template 文件和 Experiment 文件，这两者的后缀名都是 in，都可以在 Deckbuild 中运行，其中 Template 文件具有单独的仿真功能，Experiment 文件则通过调用 Template 文件并扫描其中的参数实现仿真。

5.4.1 Template 文件

4H-SiC 的离子注入由于缺乏注入矩表，不能用 SSuprem4 的注入模型进行仿真，只能采用蒙特卡洛离子注入仿真。蒙特卡洛离子注入的主要参数有注入剂量、能量、注入面内离子束与法线的角度、注入面与仿真面的角度和衬底温度等，4H-SiC 是六方晶系，其晶向和硅有所不同，读者可参考 ATHENA 手册或其他专业资料。

例 5-7 4H-SiC 的 Al 离子注入，结果如图 5.4 所示。

```
go athena1d
set clear
set energy = 500

line y loc = 0   spac = 0.01
line y loc = 2   spac = 0.05
init sic_4h rot.sub = 0

implant aluminum dose = 1e13 energy = $ energy n.ion = 10000 tilt = 7 \
   rot = 0 bca sampling  temperature = 700
struct outfile = energy $ "energy"keV_dose1e13.str remove.gas

extract name = "max_conc" max(curve(depth, (impurity = "aluminum" \
    material = "4h - sic" mat.occno = 1 ))) outfile = "MaxConc_energy $ "energy".dat"

extract name = "Rp" x.val from curve(depth, (impurity = "aluminum" \
    material = "4h - sic" mat.occno = 1 )) where y.val = $ max_conc \
    outfile = "result_energy $ "energy".dat"
```

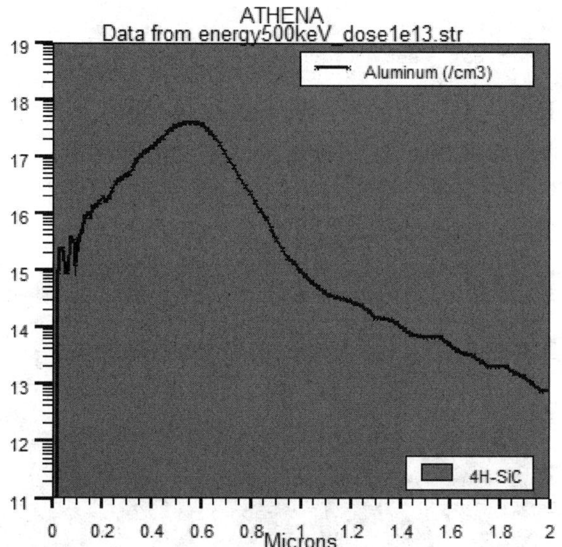

图 5.4 4H-SiC 铝离子注入结果,注入能量 500keV

5.4.2 Experiment 文件

例 5-8 4H-SiC 离子注入能量的实验设计。通过调用 Template 文件,扫描其中的注入能量参数(energy),得到不同注入能量下的结果,进而可以优化注入能量。

```
go internal

load infile = implant_tmpl.in
##########################################
# go athena1d                                                              #
#                                                                          #
# set clear                                                                #
# set energy = 500                                                         #
#                                                                          #
# line y loc = 0   spac = 0.01                                             #
# line y loc = 2   spac = 0.05                                             #
#                                                                          #
# init sic_4h rot.sub = 0                                                  #
#                                                                          #
# implant aluminum dose = 1e13 energy = $ energy n.ion = 10000 tilt = 7 \  #
#    rot = 0 bca sampling  temperature = 700                               #
#                                                                          #
# struct outfile = energy $ "energy"keV_dose1e13.str remove.gas            #
#                                                                          #
# extract name = "max_conc" max(curve(depth, (impurity = "aluminum" \      #
#    material = "4h - sic" mat.occno = 1 ))) outfile = "MaxConc_energy $ "energy".dat"   #
#                                                                          #
# extract name = "Rp" x.val from curve(depth, (impurity = "aluminum" \     #
#    material = "4h - sic" mat.occno = 1 ))  where y.val = $ max_conc \    #
#    outfile = "result_energy $ "energy".dat"                              #
##########################################
sweep  parameter = energy type = linear range = "100, 500, 5"
save type = sdb outfile = 4h - SiC_implant.dat
```

```
tonyplot -overlay *_dose1e13.str -set 4H-SiC_implant.set
tonyplot 4h-SiC_implant.dat -set energy_Rp.set
```

经过例5-8的DOE可得到不同注入能量下的结果，如图5.5所示，随着注入能量的增加，注入深度变深，同时分布范围也更广，造成峰值浓度不断减小。

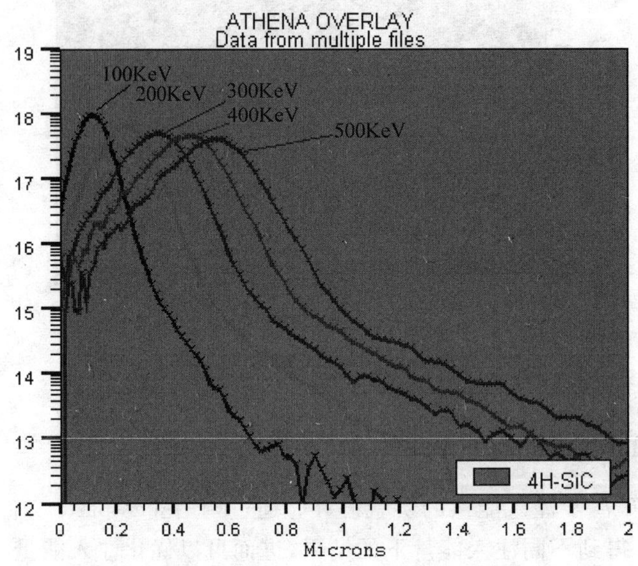

图5.5 4H-SiC铝离子注入能量的DOE(dose=1e13)

除了可以单独得到每个条件下的结果(不用DOE也可以实现)，还可以借助extract实现简单的分析。例5-8中提取了每个条件下的峰值浓度以及峰值浓度对应的深度，将数据存为sdb数据库类型，可得到图5.6所示的注入能量和峰值浓度深度的关系，再择优选择条件，这正是DOE相比Optimizer的优点。

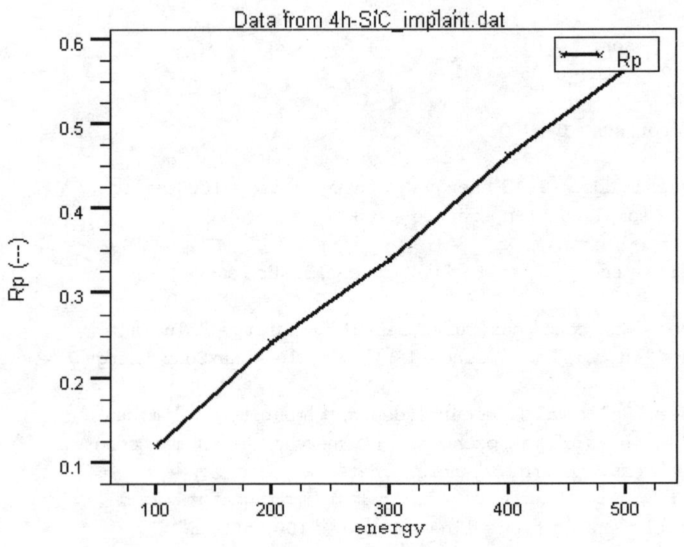

图5.6 4H-SiC铝离子注入能量与峰值浓度、深度的关系

5.4.3 DBinternal 命令

1. sweep

语法如下：

```
SWEEP  PARAMETER = < PARAM1 >  TYPE = < LINEAR | POWER >  RANGE = "START,  STOP, NUM" \
    PARAMETER = < PARAM2 > TYPE = < LIST > DATA = "LIST, OF, ..., POINTS" \
    [LINKED = < PARAM3 > TYPE = < SWEEP_TYPE > RANGE = "RANGE"]
```

参数必须是模板文件中设置的变量，扫描的类型有线性、幂指数和列表。

例 5-9 参数线性扫描，"temp"的取值为 1000、1100、1200，"X_window"取值为 10、15 和 20，因此组合有(1000,10)、(1100,10)、(1200,10)、(1000,15)、(1100,15)、(1200,15)、(1000,20)、(1100,20)和(1200,20)共 9 组。

```
sweep parameter = temp type = linear range = "1000,1200,3 " \
    parameter = X_window  type = linear range = "10,20,3"
```

link 参数使之前的参数优先级高于后面的参数。

例 5-10 link 表示参数扫描时优先级，和例 5-9 不同，link 参数使之前的参数优先级高于后面的参数，并且后续参数联动改动，扫描的组合为(1000,10)、(1100,15)和(1200,20)。

```
sweep parameter = temp type = linear range = "1000,1200,3 " \
    link = X_window  type = linear range = "10,20,3"
```

2. save

其作用是保存 DOE 的结果到文件中，语法如下：

```
SAVE  TYPE = < SDB | SPAYN >  OUTFILE = < FILENAME >  [ALL.BAD.SKIP] [ANY.BAD.SKIP]
```

文件类型有 sdb 格式和 spayn 格式，spayn 格式只可用于 Linux 版本的 SPAYN (statistical parameter and yield analysis)工具进行分析。扫描时只能保存 sdb 格式和 spayn 格式中的一种。参数扫描中保存的数据有实验点的 ID、实验行中定义的参数值以及 extract 命令提取的结果。

例 5-11 保存参数扫描的结果到 SDB 文件。

```
save type = sdb outfile = implant.sdb
```

endsave 命令可以终止之前的扫描，接着便可以重新进行参数扫描。

例 5-12 采用 endsave 终止之前的扫描，实现保存 sdb 格式和 spayn 格式。

```
sweep parameter = doping type = power range = 1e15,1e19,13
save type = sdb outfile = doping1e15_1e19.sdb
endsave
```

```
sweep parameter = doping type = linear range = 1e16,1e17,11
save type = sdb outfile = doping1e16_1e17.sdb
```

3. translate.ise

Silvaco TCAD 提供了和其他 TCAD 仿真软件的接口功能，比如将 ISE 软件的输入文件和数据文件转换成 Silvaco TCAD 的格式，命令采用 translate.ise，语法如下：

```
TRANSLATE.ISE DEVEDIT | ATLAS | TONYPLOT \
[BND.FILE = <FILENAME>] [CMD.FILE = <FILENAME>] \
[PLT.FILE = <FILENAME>] [GRD.FILE = <FILENAME>] \
[DAT.FILE = <FILENAME>] \
[OUT.FILE = <FILENAME>] [PURE.AC] [[!]EXECUTE]
```

outfile 参数定义仿真输入文件和数据文件的文件名。参数 execute 表示转换开始，如果转换之后并不运行相应的仿真程序，则使用！execute。

例 5-13 在 MDRAW™ 和 DevEdit 的命令及数据文件之间进行转换。

```
translate.ise devedit bnd.file = <filename> cmd.file <filename> \
  [out.file = <filename>] [[!]execute]
```

例 5-14 在 DESSIS™ 和 ATLAS 的命令及数据文件之间进行转换。参数 pure.ac 表示外电路只用于交流小信号仿真且可以忽略。

```
translate.ise atlas cmd.file = <filename> \
  [out.file = <filename>] [pure.ac] [[!]execute]
```

例 5-15 在 ISE™ 和 TONYPLOT 的命令及数据文件之间进行转换。

```
translate.ise tonyplot [plt.file = <filename>] \
  [grd.file = <filename>] [dat.file = <filename>] \
  out.file = <filename> [[!]execute]
```

5.5 VWF

虚拟晶圆制造(Virtual Wafer Fab，VWF)是交互式工具，可以进行实验设计、运行仿真和结果分析。实验设计的思想是在特定节点展开多个分支，节点可以是工艺参数、器件参数或电路参数，以此形成一系列实验。VWF 具有非常强的分析功能，如统计分析、参数拟合。VWF 自身没有仿真功能，仿真计算通过调用仿真器来实现。VWF 支持二维和三维的工艺和器件仿真、SPICE 参数提取、电路仿真以及互连寄生参数的提取。

VWF 可应用于：

- 研究工艺变动对电路的影响；
- 工艺误差容限的分析；
- 自动校准；
- 工艺对器件特性影响的分析；

- 电感设计；
- 优化电路参数；
- 优化互连寄生参数；
- SPICE 参数提取及研究工艺变动对 SPICE 参数的影响。

VWF 目前只有 Linux 版本，而且其操作均通过图形界面完成，界面友好，应用起来非常方便，本节将更多的采用截图来展示如何使用 VWF。

在 S. EDA Tools 快捷方式文件夹中双击 VWF 图标可以启动 VWF(见图 5.7)，另一种方式是进入 VWF 可执行程序的目录，打开终端，输入"VWF &"来启动。

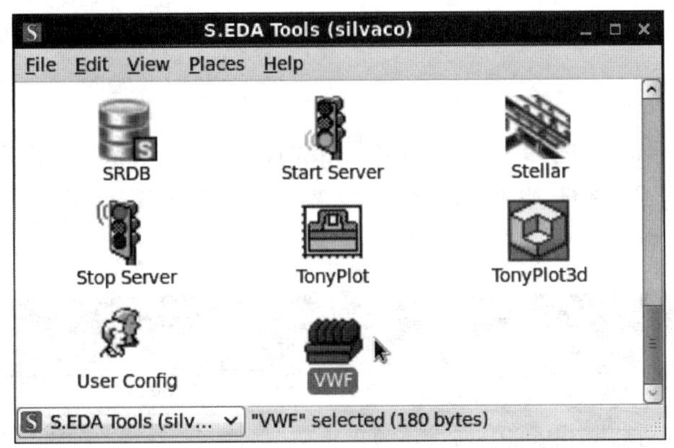

图 5.7　VWF 图标

使用 VWF 前需要建立相应的数据库，VWF 的数据均保存在数据库中，数据库支持多用户。用户有一定的权限控制，一般用户只能查看自己的数据。图 5.8 所示为登录数据库界面。

图 5.8　登录数据库

5.5.1　DOE

实验设计是一种安排实验和分析实验数据的数理统计方法，它主要对实验进行合理安排，以较小的实验规模(实验次数)、较短的实验周期和较低的实验成本，获得理想的实验结果以及得出科学的结论。

常见的实验设计方法可分为两类，一类是正交实验设计法，另一类是析因法。正交实验设计法是研究与处理多因素试验的一种科学方法，它利用一种规格化的表格(正交表)来挑选实验条件，安排实验计划和进行实验，并通过较少次数的实验，找出较好的生产条件，即最优或较优的实验方案。析因法是研究变动着的两个或多个因素效应的有效方法。许多实验要求考察两个或多个变动因素的效应，将所研究的因素按全部因素的所有水平（位级）的一切组合逐次进行实验，称为析因实验。对于实验设计方法及步骤读者可参考相关专业资料。

实验设计的用途如下：

- 科学合理地安排实验，从而减少实验次数、缩短实验周期，提高经济效益。
- 从众多的影响因素中找出影响输出的主要因素。
- 分析影响因素之间交互作用的大小。
- 分析实验误差的影响大小，提高实验精度。
- 找出较优的参数组合，并通过对实验结果的分析、比较，找出达到最优化方案进一步实验的方向。

1. 创建实验

图 5.9 是登录 demo 数据库后的 VWF Explorer 界面，demo 数据库中含有 IGBT 目录和 PIN 目录，开始实验设计或优化之前需要建立 Baseline，仿真的输入文件包含在 Baseline 中。

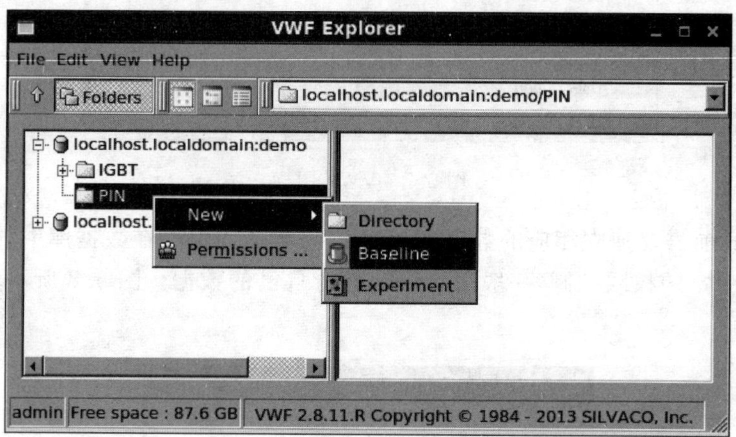

图 5.9 在目录中新建 Baseline

双击 Baseline 将出现 Baseline 界面，如图 5.10 所示，单击 Import 按钮导入仿真输入文件（∗in），程序文件的内容见例 5-16。

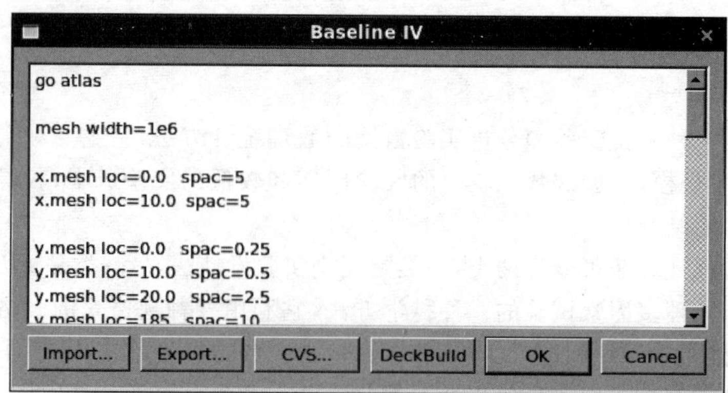

图 5.10 导入仿真程序后的 Baseline 界面

例 5-16　PIN 二极管 IV 特性的 DOE 的仿真输入程序，DOE 围绕 P 型掺杂的峰值浓度和结深展开，研究 P 型掺杂对 IV 特性的影响规律。

```
go atlas
mesh width = 1e6
x.mesh loc = 0.0    spac = 5
x.mesh loc = 10.0   spac = 5
y.mesh loc = 0.0    spac = 0.25
y.mesh loc = 10.0   spac = 0.5
y.mesh loc = 20.0   spac = 2.5
y.mesh loc = 185    spac = 10
y.mesh loc = 330.0   spac = 2.5
y.mesh loc = 340.0   spac = 0.5
y.mesh loc = 350.0   spac = 0.25

region num = 1 silicon
elec num = 1 top name = anode
elec num = 2 bottom name = cathode
doping  uniform conc = 3e13   n.type
doping  gauss conc = 2.e19 p.type peak = 0 junc = 20
doping  gauss conc = 2.e19 n.type peak = 350 char = 7

models conmob fldmob consrh auger bgn
material material = silicon taun0 = 5e-6 taup0 = 5e-6
method gummel newton maxtrap = 10
solve init
save outfile = PIN_0V.str

log outfile = IV_PIN.log
solve vanode = 0.05 vstep = 0.05 vfinal = 1.8 name = anode

extract name = "JV_1.4V" y.val from curve(v."anode",i."anode") where x.val  = 1.4
extract name = "Ron_1.4V" grad from curve(i."anode",v."anode") where y.val  = 1.4
```

当 Baseline 建立好后就可以创建实验了。单击创建实验后将出现新实验的功能选择界面，如图 5.11 所示，功能可以是 DOE 或优化，选择 DOE 再设置相应的名称即可。

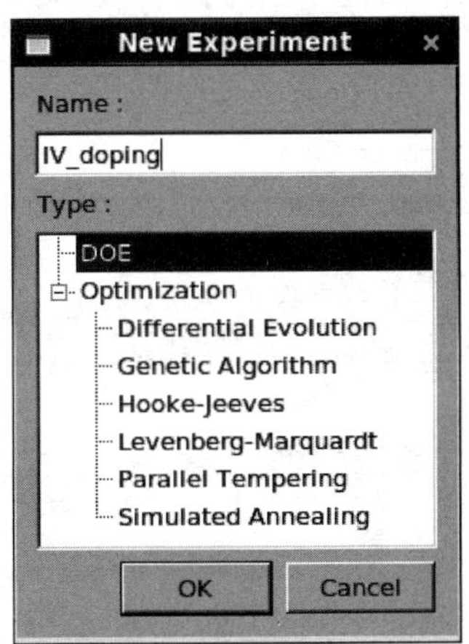

图 5.11　新建实验，选择实验的目的，DOE 或者优化

图 5.12 为创建了 Baseline 和 Experiment 的界面，一个 Baseline 可以创建多个实验，因此每个实验的名称应充分体现其特点，例如用“IV_doping”的名称表示掺杂对 PIN 二极管正向 IV 特性的影响。双击图 5.12 中“IV_doping”的实验的图标，将弹出图 5.13 所示的实验的描述界面，实验界面的主要内容有：

Description——实验描述，记录实验的基本信息。

Resources——资源文件，即仿真过程中需调用的文件，如设置文件或函数文件 *.lib。

Deck——仿真输入文件，在需要调整参数的行右击可选择作为实验节点的参数(见图 5.14)，选择特定参数后，该参数及初始值将以红色显示。提取参数的命令行默认为粗体。

Tree——实验节点改变参数后，其组合形成树形目录，每一个点对应一个条件。

Worksheet——显示实验条件的组合及其提取的特性结果。

Jobs——显示实验的状态及开始和结束时间，状态主要是“等待”、“运行”和“完成”。

SplitPlot Worksheet——显示每个实验的输入和输出文件。

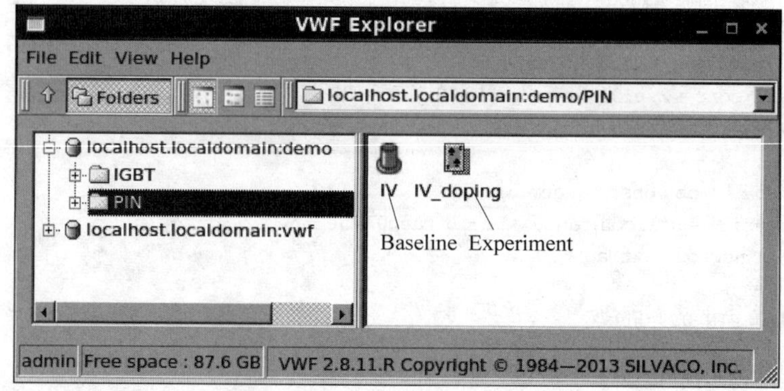

图 5.12 包含 Baseline 和 Experiment 的 VWF Explorer

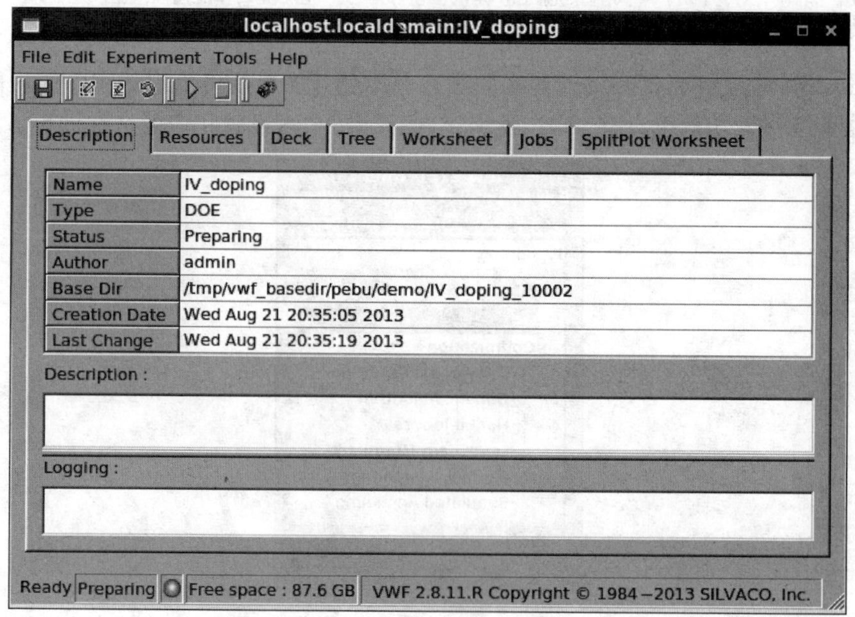

图 5.13 Experiment 的描述

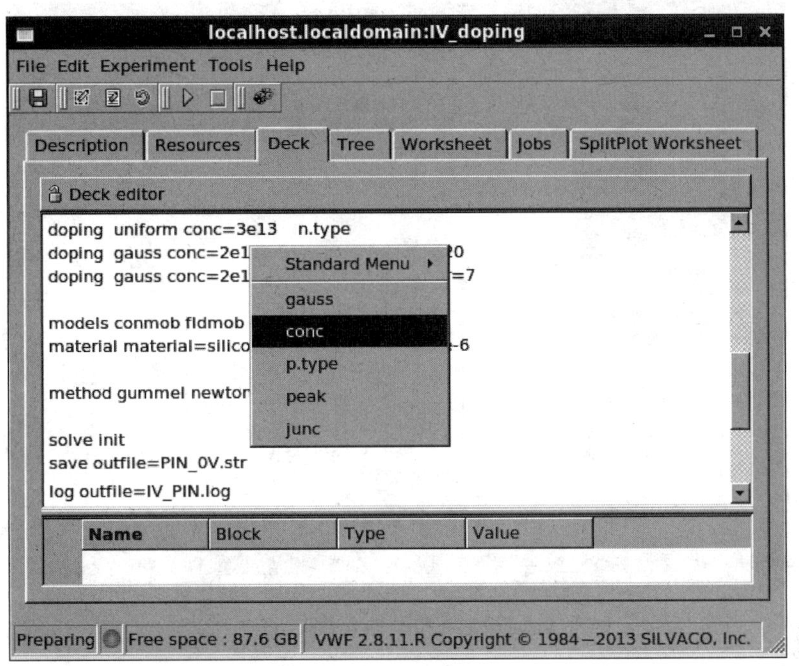

图 5.14 实验节点的设置

如图 5.15 所示，将 P 型掺杂的峰值浓度和结深作为实验节点后，这两个参数将标红。

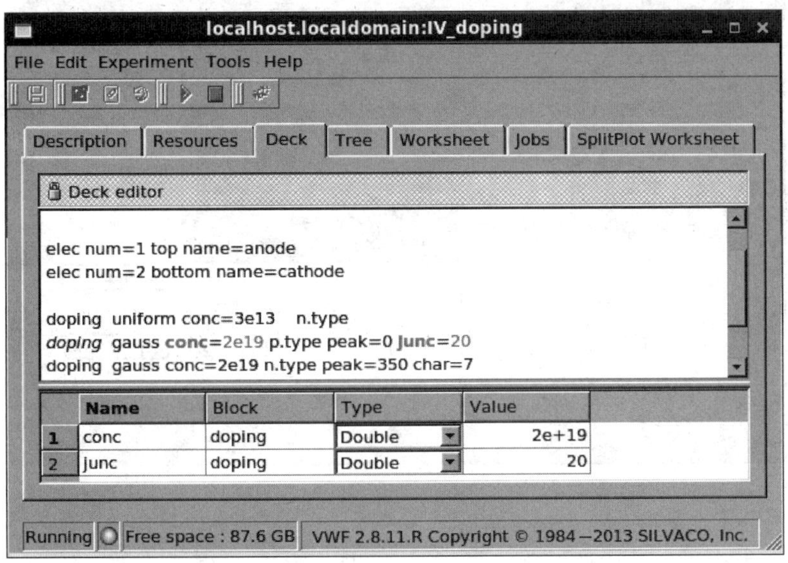

图 5.15 实验节点及初始值

图 5.16 为实验中 Tree 的界面，其中包含两个实验节点，分别是 doping conc 和 doping junc，双击可以得到该节点的值，在实验点上右击可以增加、删除实验值。节点 doping conc 和 doping junc 都有 3 个实验值，因此其组合数为 9。

实验的状态以节点的颜色来区分：蓝色，未加入序列；橙色，加入序列且处于等待状态；绿色闪烁，运行中；绿色，运行完成；灰色，终止。如图 5.17 所示，添加实验序列可在

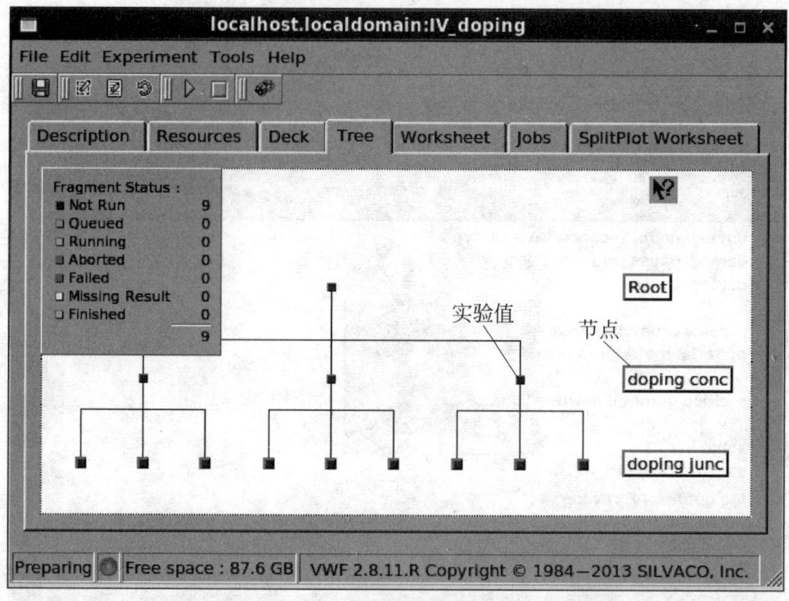

图 5.16 实验节点展开的 Tree

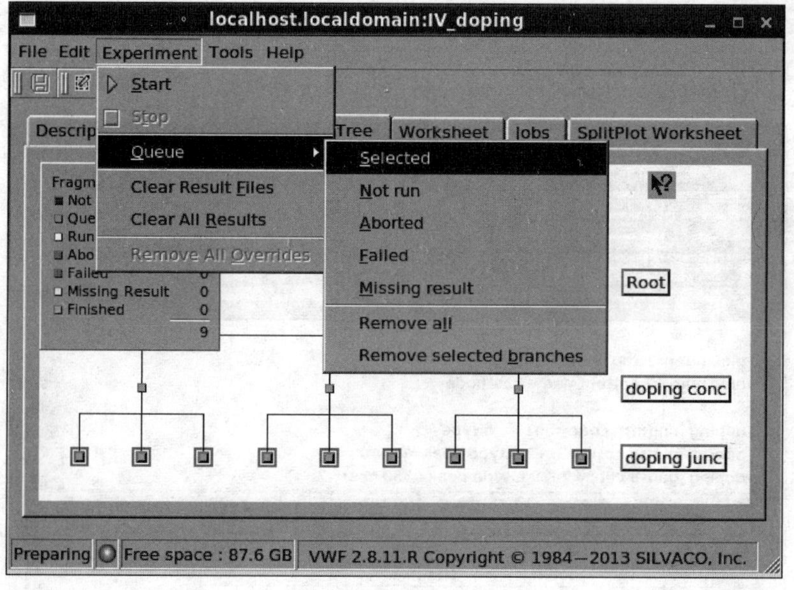

图 5.17 试验序列

Tree 界面中选中待添加的实验并在 Experiment 菜单中选择 Queue，然后单击 Selected。

用鼠标左键框住实验组合，然后在 Experiment 菜单的 Queue 选项中选择 Selected 命令(见图 5.17)，将添加这些实验为运行序列。在 Experiment 菜单中单击 Start 选项，开始运行序列。运行后在实验点右击，选择 Node Summary 将弹出 Node Information 的界面，如图 5.18 所示。在图 5.18 中，Details 部分显示实验的名称、状态和路径；Splits 显示实验条件的组合；Runtime 为实时输出，Attached Data 为实验路径下保存的数据文件，在结果文件上右击可以选择适当的工具打开结果。

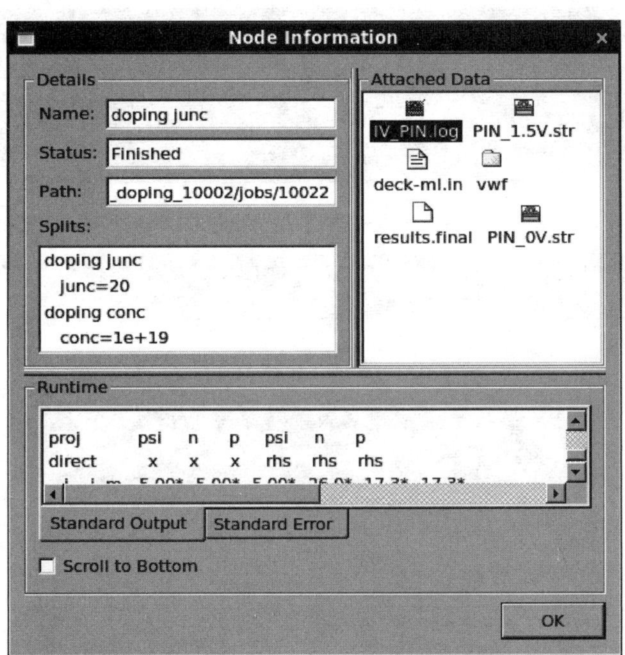

图 5.18　实验点信息

2. 实验结果分析

序列实验运行完成后，提取的结果将显示在 Worksheet 界面中，如图 5.19 所示。

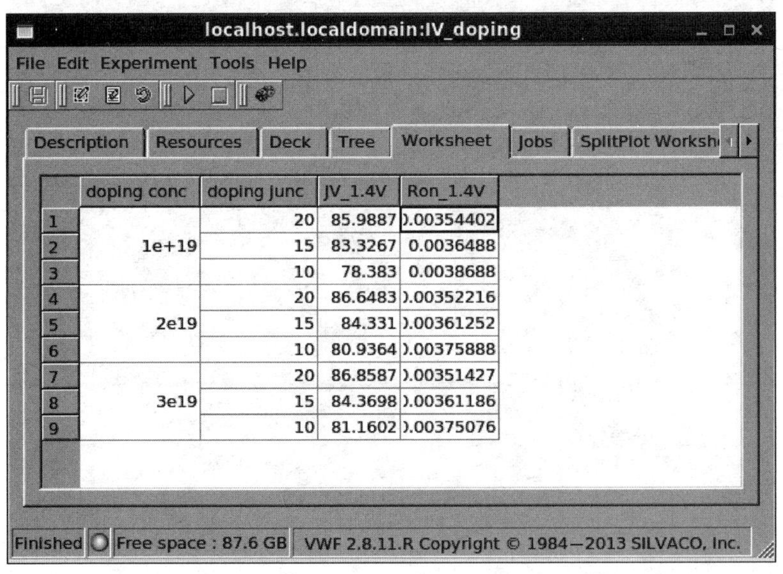

	doping conc	doping junc	JV_1.4V	Ron_1.4V
1	1e+19	20	85.9887	).00354402
2		15	83.3267	0.0036488
3		10	78.383	0.0038688
4	2e19	20	86.6483	).00352216
5		15	84.331	).00361252
6		10	80.9364	).00375888
7	3e19	20	86.8587	).00351427
8		15	84.3698	).00361186
9		10	81.1602	).00375076

图 5.19　Worksheet 界面显示提取的结果

在 Tools 菜单中单击 Spayn 命令，将调出 Spayn 工具(见图 5.20)，图 5.21 为 Spayn 的界面，Spayn 具有丰富的分析功能，如统计、散点图、SPC 和 Wafer Map 等，如图 5.22 所示。

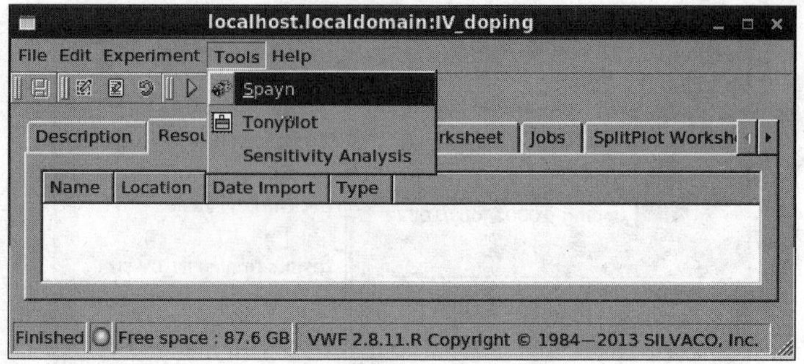

图 5.20 调用 Spayn 分析工具

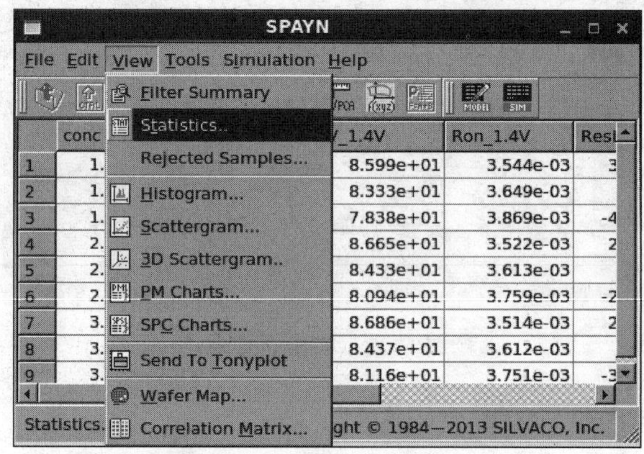

图 5.21 Spayn 的分析功能

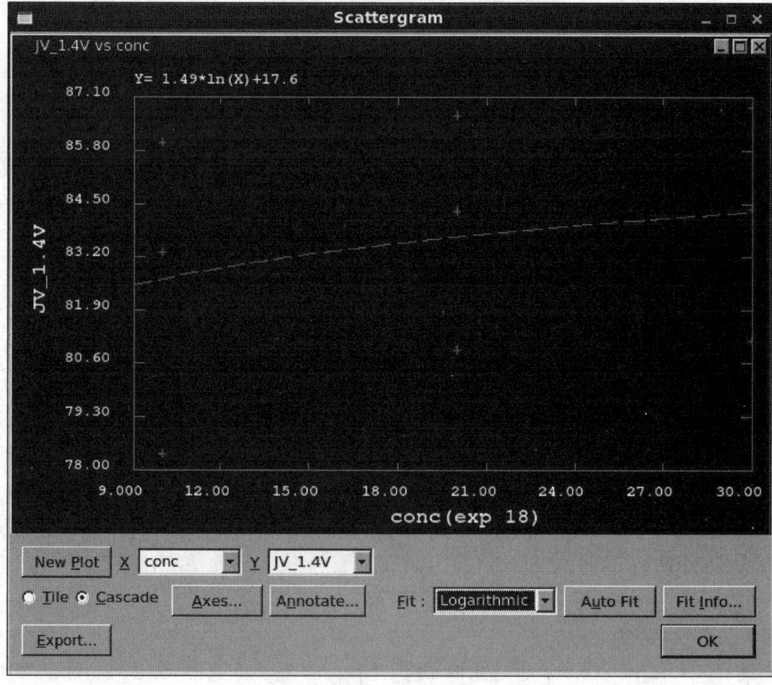

图 5.22 散点图和曲线拟合

Spayn 支持数据的曲线拟合，默认采用线性拟合，图 5.22 中显示了将结果用对数函数拟合后的曲线及其拟合后的方程表达式。

Spayn 的拟合函数包括：线性(Linear)，$y=bx+c$；对数(Logarithmic)，$y=\log(bx+c)$；抛物线(Parabola)，$y=ax^2+bx+c$；倒数(Reciprocal)，$y=1/(bx+c)$；双曲线(Hyperbolic)，$y=b/x+c$；幂函数(Power)，$y=bx^c$；指数(Exponential)，$y=be^{cx}$；Root 函数，$y=be^{c/x}$；三次多项式(3rd Order Polynomial)，$y=ax^3+bx^2+cx+d$。

5.5.2 优化

第 2 章工艺仿真中介绍了 Windows 版本下的优化工具，那是 Deckbuild 中集成的优化功能，而 Linux 版本除此之外，其 VWF 中也具有优化模块。VWF 中的优化功能与 Deckbuild 中集成的优化功能是相同的，使用流程也基本相似。

在 VWF Explorer 界面的实验文件夹上右击，新建实验，并将类型选定为优化中的一种即可建立优化的实验。图 5.24 中名称为"IV_lifetime_optimizer"的实验即为优化实验。

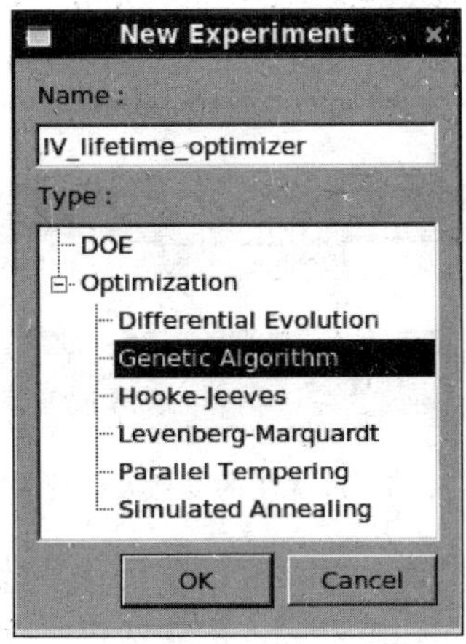

图 5.23 VWF 建立优化的实验

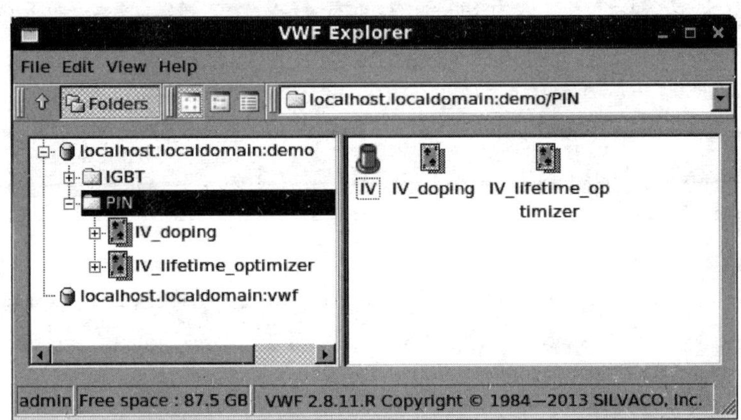

图 5.24 含优化实验的 VWF Explorer 界面

双击优化实验的图标(见图 5.24)将弹出如图 5.25 所示的窗口，其中 Deck 界面为仿真的输入文件，输入文件默认是 Baseline 中导入的程序，建立实验时可在其基础上修改。在输入程序中的某一行右击将出现该行命令中所有的参数，选中某个参数，则会将其设置成待优化的参数，以红色文字显示。粗体显示的提取语句处于锁定状态，右击去除锁定后可修改提取语句，当然只有锁定状态的结果才会作为优化的目标。

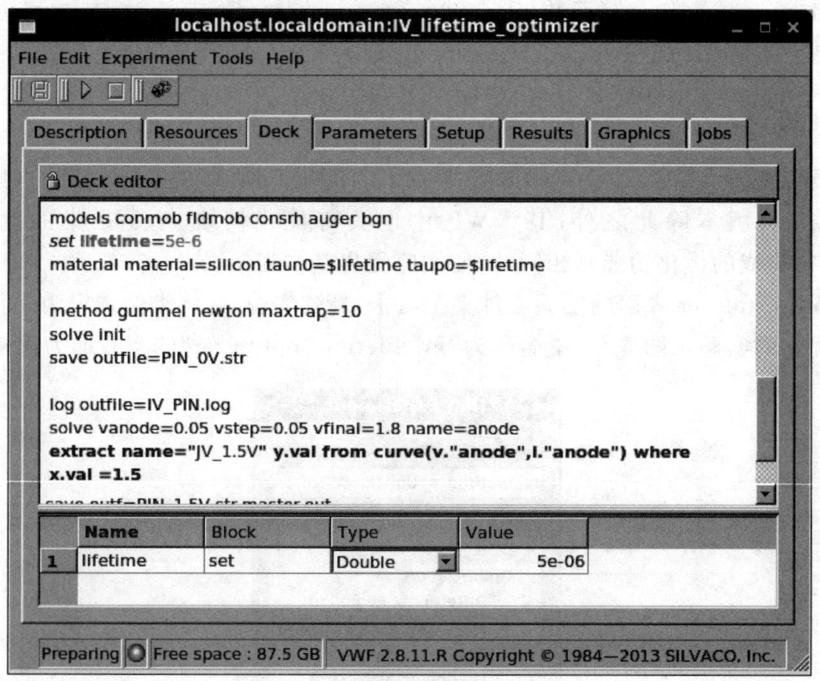

图 5.25 待优化的参数及优化目标

图 5.26 为待优化的参数的设置界面设置好待优化参数后，切换到 Setup 界面可设置优化的目标。如果有多个提取语句，则 Enabled 复选框勾上的参数才会作为优化目标，如图 5.27 所示。

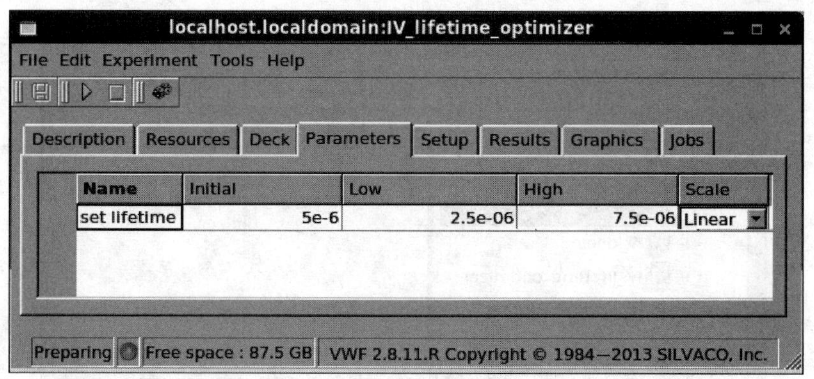

图 5.26 设置待优化参数的范围

保存好设置之后，在界面中单击绿色的三角形按钮即可开始优化，启动优化的另一种方式是从 Experiment 菜单中单击 Start 命令，此时底部的状态栏将显示实验的状态。

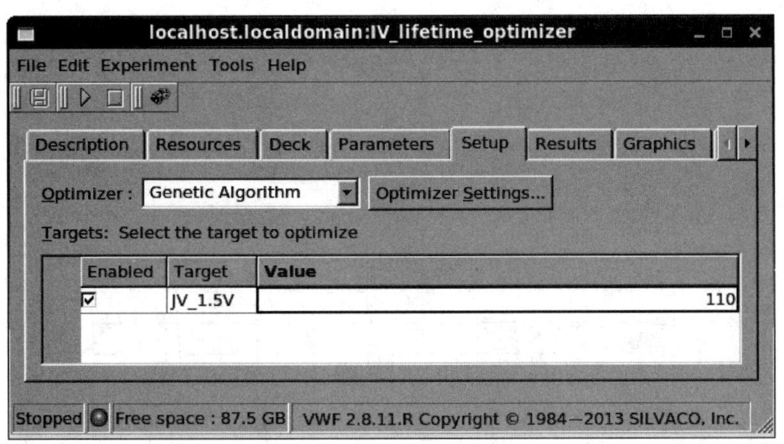

图 5.27　设置目标参数的结果

Result 界面显示优化的结果，如图 5.28 所示，Genetic Algorithm 优化方法会在优化开始之初设置好待优化参数的取值组合，然后按先后顺序仿真得到一系列结果，最接近目标的结果将用绿色显示。

localhost.localdomain:IV_lifetime_optimizer

File Edit Experiment Tools Help

Description Resources Deck Parameters Setup Results Graphics

	set lifetime	JV_1.5V
1	5e-06	116.858
2	3.0819553137e-06	72.1801
3	7.3242339492e-06	147.351
4	6.9148519635e-06	143.204
5	4.6024343371e-06	109.43
6	4.9792817235e-06	116.49
7	5.3869307041e-06	123.325
8	7.2117006779e-06	146.251
9	3.7158119678e-06	89.5687
10	5.250633955e-06	121.126
11	5.9461513162e-06	n/v
12	4.882132113e-06	114.744
13	7.3119783401e-06	147.232
14	4.2208603024e-06	101.487
15	2.8074589372e-06	63.8181

Results Details...

View all results

Running Free space : 87.5 GB VWF 2.8.11.R Copyright © 1984—2013 SILVACO, Inc.

图 5.28　优化的结果

在 Results 界面右击，将出现 Result Details 的按钮，单击之后将弹出 DOE 时类似 Node Summary 的窗口，其中包含仿真的输入程序和输出结果文件。

图 5.29 所示的 Graphics 界面以折线图的方式显示每一次实验的结果，横轴为实验的序列号而不是参数的数值，如图 5.29 所示。

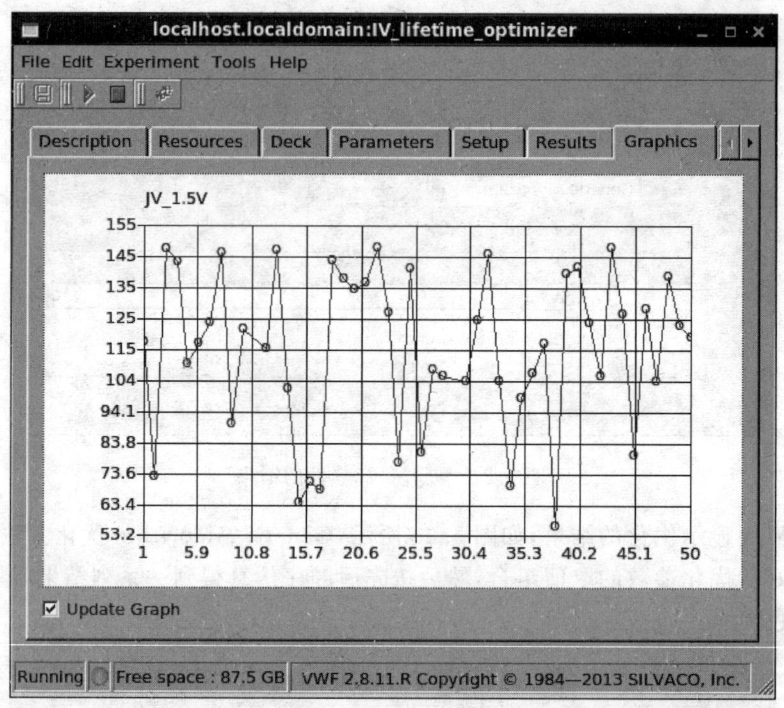

图 5.29 优化结果的波动

5.6 三维仿真

ATLAS 具有三维器件仿真功能。三维器件的结构可由 DevEdit3D 编辑得到，也可以用 ATLAS 描述，但这两种方式描述沿 Z 轴方向的变化都不是很方便，而采用 Victory(三维仿真器)则是严格意义上的三维仿真。

Victory 有 VictoryCell(元件级的三维工艺仿真器)、VictoryProcess(混杂的三维工艺仿真器)、VictoryStress(三维应力仿真器)和 VictoryDevice(三维器件仿真器)等。本书只介绍 VictoryCell，VictoryStress、VictoryProcess 和 VictoryDevice 部分读者可查阅相关手册。

5.6.1 ATLAS3D

三维器件仿真可以用 Victory，也可由 ATLAS 完成。ATLAS 中三维器件仿真的主要模块及功能如下：

- Device3D：硅、化合物材料和异质结仿真。
- Giga3D：不等温仿真。
- MixedMode3D：三维器件-电路混合仿真。
- Thermal3D：三维热有限元分析。
- TFT3D：TFT 三维仿真。
- Quantum3D：三维量子效应仿真。

- Luminous3D：三维光电器件仿真。

仿真之前需定义结构，可以通过 3 种方法得到三维结构：①用三维工艺仿真器 Victory 直接得到三维结构；②用 ATLAS 命令来生成三维结构；③用 DevEdit3D 来生成三维结构，也可从工艺仿真得到的二维结构扩展成三维结构。ATLAS 命令生成结构，其中结构的维度参数有 x. mesh、y. mesh，如果由命令生成三维结构就需指定参数 z. mesh，相应的位置(如电极位置)参数都需定义成三维坐标。

例 5-17　ATLAS 描述三维结构中的区域。

```
region num = 1 material = silicon x.min = 0 x.max = 3 y.min = 0 y.max = 5.0 \
    z. min = 0 z.max = 3
```

例 5-18　ATLAS 描述三维结构中的电极。

```
electrode name = anode x.min =  - 1 x.max = 1 y.min = 0 y.max = 3 z.min = 0 z.max = 1
```

例 5-19　ATLAS 描述三维结构中的掺杂。

```
doping uniform p.type conc = 1e20 junc = .5 z.min = 0 z.max = 2
```

类似地，三维结构还可以用 DevEdit3D 编辑得到，结构编辑方法为在二维结构编写的基础上添加 Z 轴的坐标。Linux 下 DevEdit3D 有图形化的界面，如图 5.30 所示，其中已经编辑好了一个二极管。DevEdit3D 的语法和 DevEdit 相近，大部分参数可以参照理解。

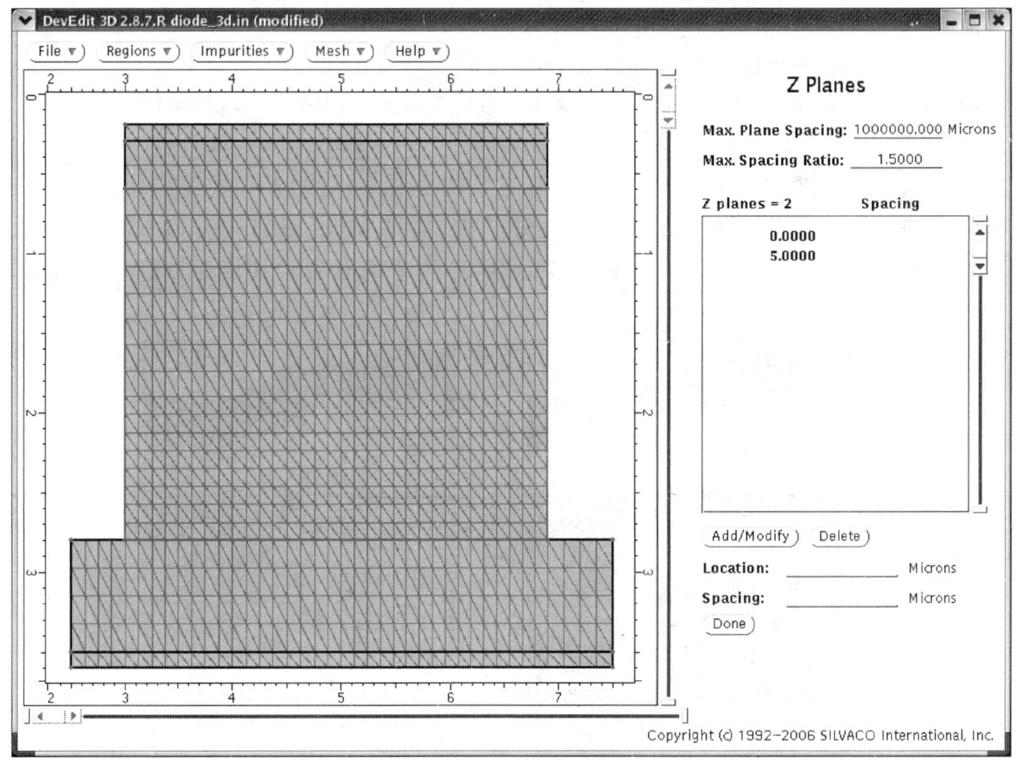

图 5.30　DevEdit3D 界面

例 5-20 DevEdit3D 定义结构的片段。

```
region reg = 1 name = silicon mat = silicon color = 0xffc000 pattern = 0x3 \
    z1 = 0 z2 = 5 points = "3,0.6 6.9,0.6 6.9,2.8 3,2.8"
impurity id = 1 region. id = 1 imp = Phosphorus color = 0x906000 \
    x1 = 0 x2 = 0 y1 = 0 y2 = 0 \
    peak. value = 1e + 16 ref. value = 0 z1 = 0 z2 = 5 comb. func = Multiply \
    rolloff. y = both conc. func. y = Constant \
    rolloff. x = both conc. func. x = Constant \
    rolloff. z = both conc. func. z = Constant
```

器件编辑器除了可以完全定义一个结构之外，还可以在现有的结构（如 ATHENA 仿真得到的结构）基础上进行编辑从而扩展得到三维结构。例 5-21 是用三维器件编辑器导入二维结构文件 mos2d. str，然后进行编辑。

例 5-21 用 DevEdit3D 扩展二维结构到三维，z1 和 z2 参数是将原二维结构扩展到三维时设定 Z 轴的范围。

```
go devedit simflags = " - 3d"
# load file with specified Z exten
init   inf = mos2d. str   z1 = 0   z2 = 1.1

region reg = 1 mat = Silicon z1 = 0 z2 = 1.1
region reg = 2 mat = "Silicon Oxide" z1 = 0 z2 = 1.1
region reg = 3 mat = PolySilicon   z1 = 0.3 z2 = 0.8
region reg = 4 name = source mat = aluminum elec. id = 1 work. func = 0 color = 0xffc8c8 \
    pattern = 0x7 Z1 = 0 Z2 = 0.1 \
    points = "0.6, - 0.01 0.6,0.05 0.2,0.05 0.15,0.05 0.15, - 0.1 0.6, - 0.1 0.6, - 0.01"
```

图 5.31(a)为 ATHENA 仿真得到的二维结构，这是 MOS 垂直于沟道方向的结构（电极只有多晶硅栅 gate）。图 5.31(b)是将图 5.31(a)的结构沿 Z 轴扩展后得到三维结构，再

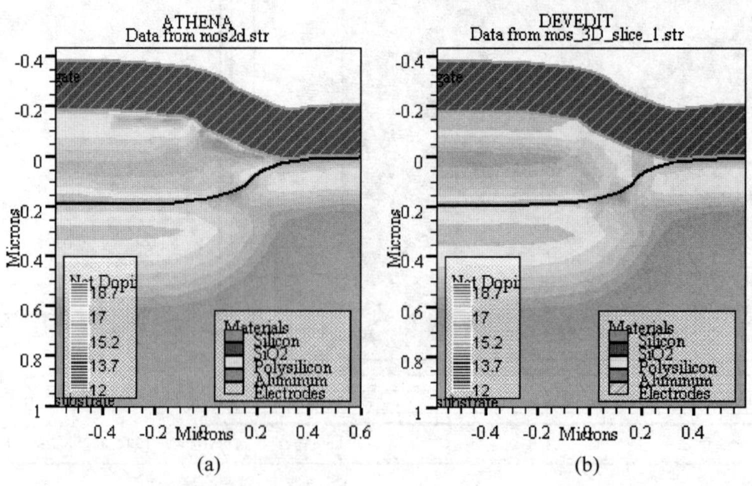

(a) (b)

图 5.31 DevEdit3D 导入的原二维结构以及编辑得到三维结构的二维剖面图

(a) ATHENA 生成的原二维结构；(b) 三维结构中 Cutplane 得到的二维剖面图

从三维结构中 Cutplane 得到的二维剖面。请注意：例 5-21 用 DevEdit3D 扩展二维结构到三维，z1 和 z2 参数是将原二维结构扩展到三维时设定 Z 轴的范围。例 5-21 中 Z 轴扩展中材料 silicon、silicon oxide 和 polysilicon 的扩展范围是不一样的。

和 DevEdit 一样，DevEdit3D 中的区域是由 point 连起来的，相比用 ATLAS 命令得到结构而言有很大的灵活性。三维结构生成后，需设置材料参数和物理模型。材料参数和物理模型的设置和二维器件仿真的状态是通用的，这些状态是：models、impact、material、mobility、interface 和 contact。器件结构、材料参数、物理模型和计算方法(可参考二维器件仿真的设置)设置好即可仿真其电学、热学、磁学和光学等特性。器件特性的获取方式可参考二维器件仿真，只是位置参数需改成三维坐标。

5.6.2 Tonyplot3D

三维结构的数据量要大得多，相应的文件体积也增大，因此仿真速度也会变慢。三维结构的显示需要使用 Tonyplot3D。三维显示使用也很方便，可以按颜色显示物理量的分布，也可用等位面的方式显示。

例 5-22　显示三维 MEMS 结构，如图 5.32 所示。

```
tonyplot3d MEMS.str - set show.set
```

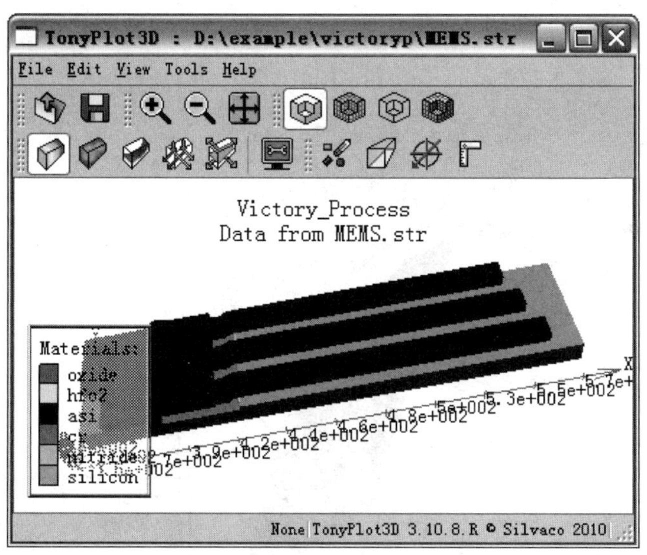

图 5.32　Tonyplot3D 界面

图 5.33 为 Tonyplot3D 显示的三维 MOS 结构，图中还以等位面的方式显示了电场分布。

在介绍 Tonyplot 的时候提到 Cutline 可得到一维信息，同样 Tonyplot3D 可由 Cutplane 得到二维信息。图 5.34 和图 5.35 为 Cutplane 及其预览的效果图，Cutplane 得到的二维结构如图 5.31(b)所示。

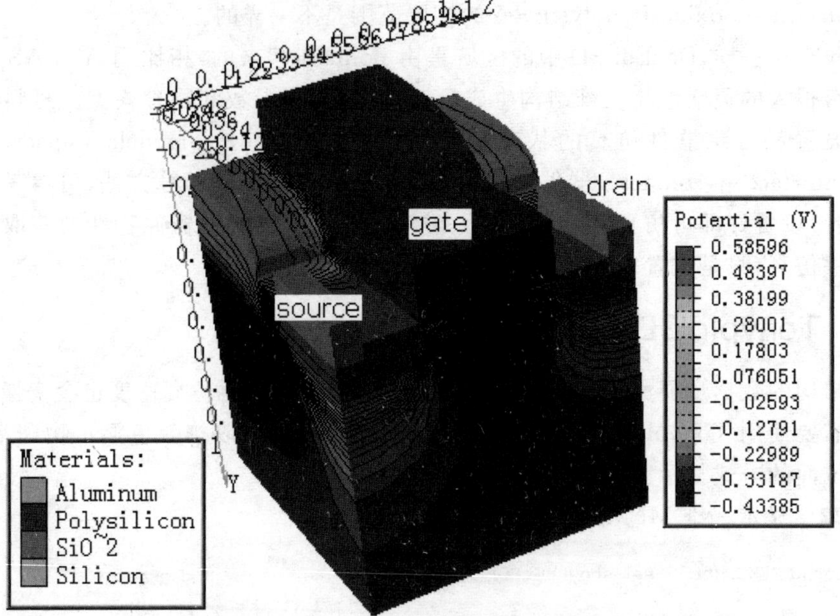

图 5.33 Tonyplot3D 显示三维 MOS 结构

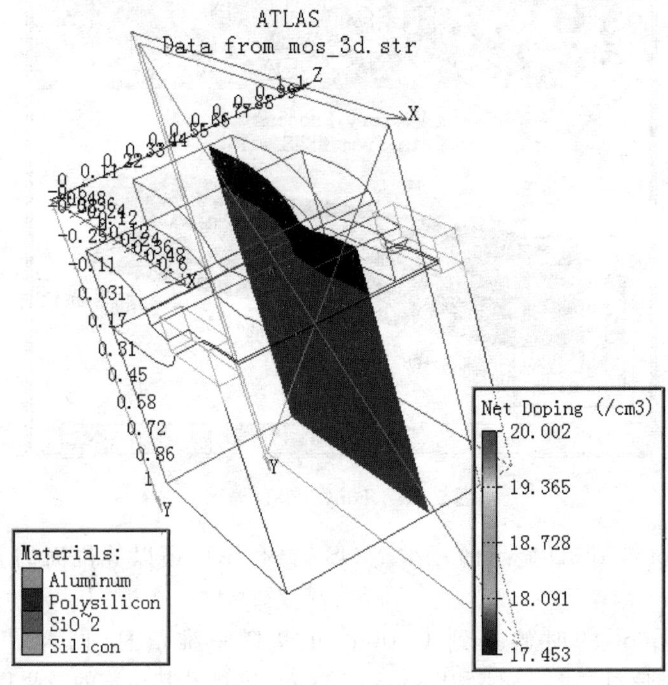

图 5.34 Tonyplot3D 的 Cutplane

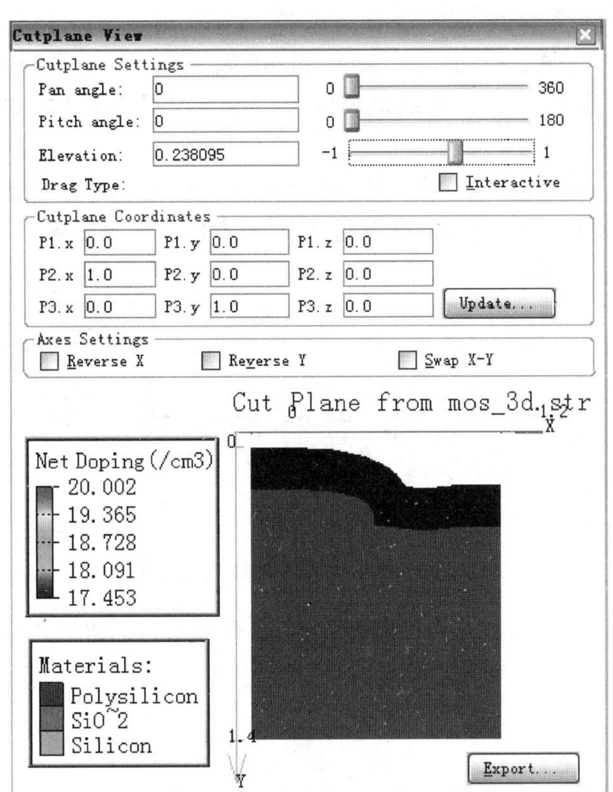

图 5.35 Tonyplot3D 的 Cutplane 预览

5.6.3 VictoryCell

Victory 可以进行三维工艺和器件仿真，Victory 能仿真所有的工艺流程：刻蚀、淀积、光刻、氧化、离子注入和扩散等。Victory 语法和之前介绍的二维仿真器 ATHENA 和 ATLAS 类似，但参数要少很多，可以参照来进行理解。Victory 只有 Linux 版本，本书只简单介绍 VictoryCell 的使用，关于其他三维仿真器读者可自行查阅手册。

VictoryCell 是快速的掩膜驱动的三维仿真器。有内建的三维刻蚀/淀积工艺，用户可挑选的材料名及特性高级的离子注入、扩散和光刻。

VictoryCell 的特性：

- 三维工艺刻蚀、淀积、离子注入和扩散的快速建模；
- GDSII 掩膜组织；
- 精确和多线程的三维蒙特卡洛注入；
- 大器件结构的优化的 mesh 算法；
- 自动的掩膜组织的 mesh 生成；
- 用户可控的 mesh 位置；
- 类似 Suprem 语法；
- 连接三维器件仿真器 ATLAS3D 和 VictoryDevice。

VictoryCell 的工艺状态有：init（仿真结构的初始化）、deposit（淀积）、strip（完全剥离暴露的材料)、machine(定义刻蚀/淀积设置到机器)、etch(刻蚀)、cartesian(立体网格的离散化)、doping(指定材料区域进行均匀掺杂)、implant(离子注入)、diffuse(退火)、save(保存数据结构)、electrodes(添加电极)、mask(掩膜版图)、exprot(导出到器件结构)和 option(分派和触发全局变量)。

图 5.36 为 VictoryCell 的输入和输出,可以看出 VictoryCell 的工艺是按一系列的掩膜组织的。掩膜由 Maskviews 编辑,可以得到 X 和 Y 方向的掩膜图案。

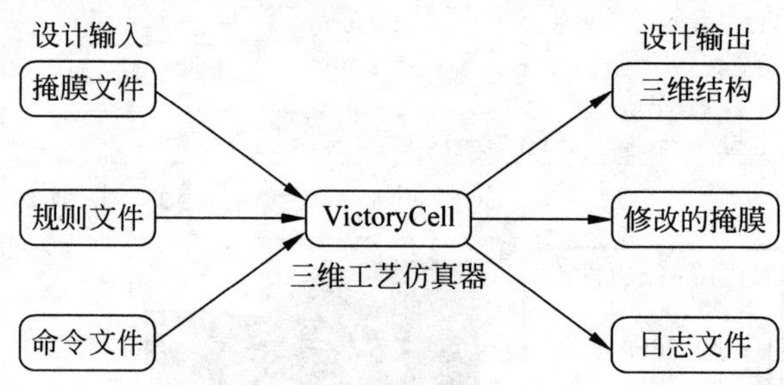

图 5.36　VictoryCell 的输入和输出

本节对 VictoryCell 仿真的介绍以例子为主,命令和参数的讲解将穿插在例子中进行。

例 5-23　VictoryCell 三维工艺仿真。

```
go victorycell

init layout = "vc.lay" silicon depth = 6 gasheight = 5 padding = 0

cartesian line x location = 0      spacing = 0.2
cartesian line x location = 10.1   spacing = 0.1
cartesian line x location = 17.8   spacing = 0.2

cartesian line y location = 0      spacing = 0.25
cartesian line y location = 4      spacing = 0.25

cartesian line z location = -0.22  spacing = 0.05
cartesian line z location = -0.02  spacing = 0.01
cartesian line z location = 0      spacing = 0.01
cartesian line z location = 6      spacing = 0.5

deposit oxide thick = 0.02 max
export atlas3d(regular) structure = "vc1_origin.str"

mask "PBASE" reverse
doping silicon boron = 1e15
implant boron energy = 80 dose = 7e12 tilt = 7 rotation = 27
strip photoresist

export atlas3d(regular) structure = "vc2_pbase.str"

mask "NBUFF" reverse
implant phosphorus energy = 80 dose = 7e12 tilt = 7 rotation = 27
```

```
strip photoresist

diffuse temp = 1100 time = 300
export atlas3d(regular) structure = "vc3_nbuff.str"

mask "NILLAR" reverse
implant phosphorus energy = 40 dose = 7e12 tilt = 7 rotation = 27
strip photoresist

export atlas3d(regular) structure = "vc4_nillar.str"

deposit polysilicon thick = 0.4 max

mask "POLY"
etch polysilicon
strip photoresist

export atlas3d(regular) structure = "vc5_poly.str"

mask "PILLAR" reverse
implant boron energy = 20 dose = 1.4e13 tilt = 7 rotation = 27
strip photoresist

diffuse temp = 1100 time = 120 poly
export atlas3d(regular) structure = "vc6_pillar.str"

mask "NSD" reverse
implant phosphorus energy = 40 dose = 5e15 tilt = 7 rotation = 27
strip photoresist
export atlas3d(regular) structure = "vc7_nsd.str"

mask "PPLUS" reverse
implant boron energy = 40 dose = 2e15 tilt = 7 rotation = 27
strip photoresist

diffuse temp = 1100 time = 3 poly
export atlas3d(regular) structure = "vc8_pplus.str"

mask "CONT" reverse
etch oxide
deposit aluminum thick = - 0.1 max
electrodes "CONT" aluminum
strip resist

export atlas3d(regular) structure = "vc9_cont.str"
```

三维仿真是由光刻掩膜进行组织的，从例 5-23 中即可看出，很多工艺都是先导入光刻掩膜，下一步进行具体工艺，接着是剥离光刻胶。光刻掩膜文件是在 init 状态里导入的。

例 5-24 导入 Maskviews 编辑的掩膜文件 vc.lay，硅衬底，厚度为 6μm，衬底上 gas 高度为 5μm(默认 20μm)。

```
init layout = "vc.lay" silicon depth = 6 gasheight = 5 padding = 0
```

用 Maskviews 打开 vc.lay 则显示图 5.37 所示的掩膜结构，其中各层都显示在界面里，图 5.38 显示的是其中的 PILLAR 层。

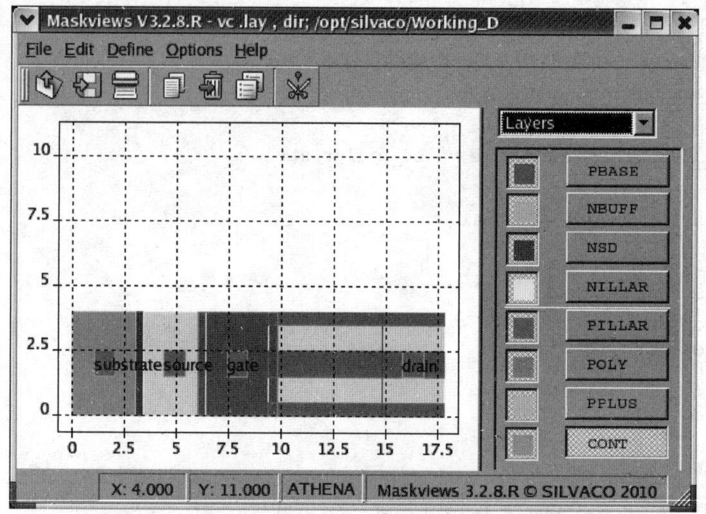

图 5.37　Maskviews 导入的掩膜文件 vc.lay

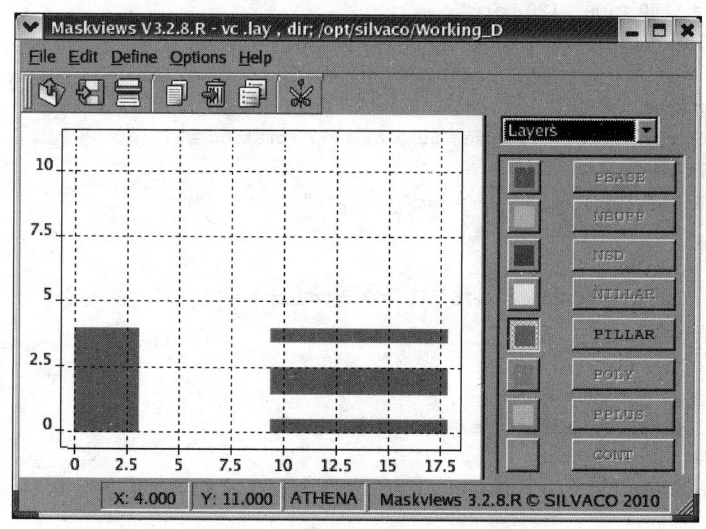

图 5.38　vc.lay 中的层 PILLAR

例 5-23 仿真后得到的器件结构及浓度分布如图 5.39 所示。

VictoryCell 可仿真的工艺有淀积、扩散、刻蚀、离子注入和光刻等，因为和二维的相似，可以互相参照进行学习，接下来各给出一些例句及其说明。

cartesian 定义三维网格线分布。

例 5-25　X 方向的网格线分布，在 0μm 处网格线间隙为 0.2μm，在 17.8μm 处为 0.2μm。

```
cartesian line x location = 0      spacing = 0.2
cartesian line x location = 17.8   spacing = 0.2
```

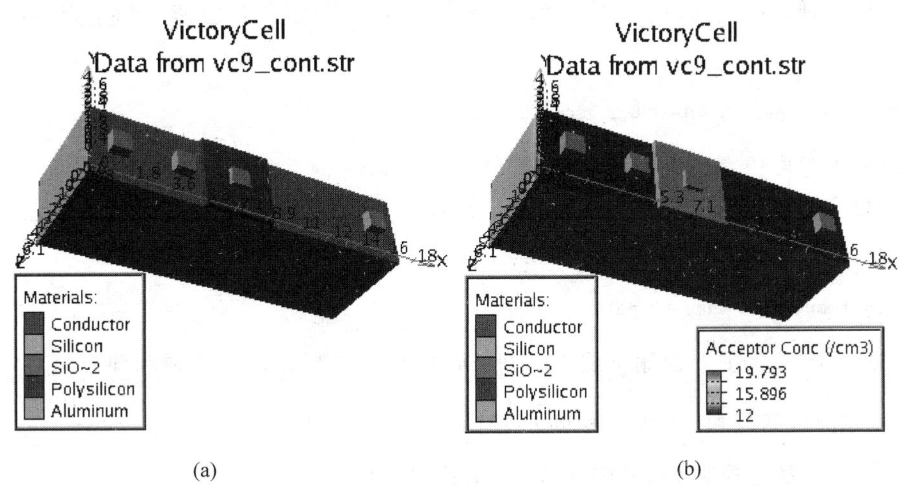

图 5.39 VictoryCell 仿真后得到的三维结构和浓度分布

例 5-26 掩膜层指定水平(X 或 Y 方向)网格线。

```
cart mask = "metal" spac = 0.05
```

init 用来初始化掩膜和衬底结构。

例 5-27 导入已有的结构。

```
init structure = "my_structure.str"
```

例 5-28 导入掩膜 MEMS. lay,衬底深度 2μm,将 XY 面仿真范围限制在(0,0)和(1,2)内。

```
init layout = "MEMS.lay" depth = 2 box = (0,0 1,2)
```

implant 仿真三维离子注入工艺。

例 5-29 掩膜使用 NBUFF 层,负性光刻胶,注入磷之后剥离光刻胶。

```
mask "NBUFF" reverse
implant phosphorus energy = 80 dose = 7e12 tilt = 7 rotation = 27
strip photoresist
```

例 5-30 磷离子注入。

```
implant phosphorus energy = 20 dose = 1e14 bca n.ion = 500000 tilt = 45 rotation = 0
```

etch 为将表面材料部分或全部地刻蚀掉。

例 5-31 平面型(以最高点计算淀积厚度)淀积光刻胶 0.3μm,刻蚀使用掩膜 poly 层。刻蚀多晶硅,max 参数表示刻蚀厚度(以初始表面的最高点计算刻蚀厚度),刻蚀得到倾斜侧墙,角度为与竖直方向夹角 20°(0°<angle<90°,0°为竖直方向),钻蚀 2μm。

```
deposit resist thickness = 0.3 max
```

```
mask "poly"
etch poly max angle = 20 deltam =  - 2
```

例 5-32 刻蚀氮化硅，速率 1μm/min，各向异性比率(水平刻蚀速率和垂直刻蚀速率的比值)为 0。

```
etch nitride rate = 1 time = 0.2 isotropic = 0
```

diffuse 工艺可仿真退火或杂质扩散。

例 5-33 扩散温度 1100℃，时间 3min，poly 参数指定杂质可在多晶硅中扩散(同样有参数 oxide)。扩散温度需在 700～1200℃。

```
diffuse temp = 1100 time = 3 poly
```

例 5-34 扩散氛围中含硼杂质 $1\times10^{20}\text{cm}^{-3}$，气氛杂质还可以是磷和砷。

```
diffuse time = 30 temp = 1100 c.boron = 1e20
```

例 5-35 扩散温度在 5min 内从 800℃升高到 1000℃。

```
diffuse time = 5 temp = 800 t.final = 1000
```

deposit 指定在原结构上淀积特定材料。

例 5-36 淀积二氧化硅 0.1μm，淀积厚度以最高点计算。

```
deposit oxide thickness = 0.1 max
```

例 5-37 淀积氮化硅，速率 0.2μm/min，淀积的各向异性比率(水平淀积速率和垂直淀积速率的比值)为 0.6。

```
deposit nitride rate = 0.2 time = 2 isotropic = 0.6
```

例 5-38 将淀积特性赋予机器 CVD，淀积时使用该机器。

```
machine name = "CVD" deposit silicon rate = 0.1 isotropic = 0.1
deposit time = 5 machine = "CVD"
```

例 5-39 淀积硅，含磷浓度为 $1\times10^{16}\text{cm}^{-3}$。杂质可以是硼、磷、砷、锑和 BF2。

```
deposit silicon conformal thickness = 0.5 phosphorus = 1e16
```

strip 为完全剥离暴露的材料。

例 5-40 剥离光刻胶。

```
strip resist
```

illumination 定义光刻的照明参数。

例 5-41 圆形光圈，光源为 i 线。

```
illumination iline shape = circle
```

例 5-42 波长 0.4μm，光强为高斯分布，光强和圆心的关系为 $\exp(-\text{gamma} * r^2)$。

```
illumination wavelength = 0.4 shape = gaussian gamma = 0.1
```

pupil 设置光学光刻系统的孔径参数。

例 5-43 孔径的透射率为高斯分布，透射率和半径的关系 exp(-gamma * r^2)，gamma＝0 表明为均匀分布，此例为 1，即完全透过。孔径的形状可以是 circle、square、gauss 或 antigauss。

```
pupil transmittance = 1.0 phase = 0 shape = gaussian gamma = 0.0
```

例 5-44 圆形光学孔径，透射率为 1，相变为 0°，强度透射率和相位透射率的变化从 0 到 0.6。

```
pupil transmittance = 1.0 phase = 0 shape = circle innerradius = 0.0 outerradius = 0.6
```

filter 设置光刻系统的滤波特性。

例 5-45 圆形滤波器。

```
filter shape = circle transmittance = 1.0 phase = 0.0 innerradius = 0.1 outerradius = 0.5
```

export 状态可导出结构。

例 5-46 导出柱状结构到文件 vc9_cont.str，结构可在 ATLAS3D 仿真器中直接导入。

```
export atlas3d(regular) structure = "vc9_cont.str"
```

例 5-47 导出四面体结构以供 VictoryDevice 进行三维器件仿真。

```
export device structure = "my_structure.str"
```

思考题与习题

1. 以 SiO_2 为基础，自定义一种绝缘体材料，修改介电常数，评判介电常数对器件击穿的影响。
2. 简述如何实现离子注入的工艺校准。
3. 自定义陷阱函数文件，重新计算第 3 章习题 7 的 MOS 器件的输出特性。
4. 用 DBinternal 实现多晶硅干法氧化的 DOE，氧化层目标厚度为 200nm。
5. 简述 DOE 和优化的区别。

参考文献

[1] VWF User's Manual. SILVACO International Inc，February，2012.

[2] TonyPlot QT User's Manual. SILVACO International Inc，February，2012.

[3] ATHENA User's Manual. SILVACO International Inc，February，2012.

[4] ATLAS User's Manual. SILVACO International Inc，March，2012.

[5] DevEdit User's Manual. SILVACO International Inc，February，2012.

[6] TonyPlot3D User's Manual. SILVACO International Inc，February，2012.

[7] VICTORY Process Cell User's Manual. SILVACO International Inc，February，2012.